3G 手机维修从入门到精通

第 3 版

阳鸿钧 等编著

机械工业出版社

随着 3G、4G 手机的推广与应用，其维修技术也需要跟进。本书的编写目的就是使读者能够快速入门、轻松掌握 3G、4G 手机的维修技能与相关知识。

本书主要针对维修 3G 手机中会遇到的疑难问题进行精细的解答，从而排除 3G 手机维修实战中的一些障碍。另外，本书还对 2.5G 移动通信技术、TD-SCDMA 频率段、WCDMA 频率段、cdma2000 频率段、3.5G 技术、4G 技术、3G 手机元器件、零部件与外设、维修技法、电路原理与故障检修、维修 3G 与 4G 手机备查资料等知识做了精答。

本书可供 3G 手机的维修人员阅读，也可作为 3G 手机维修培训的教学用书。由于本书同时也兼顾了 2G、2.5G、3.5G、4G 手机，所以也适用于维修 GSM、4G 手机的人员和手机维修的初学者阅读。

图书在版编目（CIP）数据

3G 手机维修从入门到精通/阳鸿钧等编著. —3 版. —北京：机械工业出版社，2013.9

ISBN 978-7-111-43960-8

Ⅰ.①3… Ⅱ.①阳… Ⅲ.①码分多址移动通信-移动电话机-维修 Ⅳ.①TN929.53

中国版本图书馆 CIP 数据核字（2013）第 212012 号

机械工业出版社（北京市百万庄大街 22 号　邮政编码 100037）
策划编辑：付承桂　责任编辑：闰洪庆　版式设计：霍永明
责任校对：佟瑞鑫　封面设计：路恩中　责任印制：杨　曦
保定市中画美凯印刷有限公司印刷
2014 年 1 月第 3 版第 1 次印刷
210mm×285mm · 17.25 印张 · 7 插页 · 584 千字
0001—4000 册
标准书号：ISBN 978-7-111-43960-8
定价：59.90 元

第3版前言

本书第1版、第2版自出版以来，得到了广大读者的肯定和支持。随着3G手机的不断普及与发展，3G手机出现了新的变化，并且很多处于返修期。因此，结合3G手机维修的特点，以及一些读者的建议和有关专家、行业精英的意见，特在第1版、第2版的基础上，进行第3版修订。

第3版修订主要增加了3G手机维修实例、维修技巧的总结、维修规律的指点、实战维修速查资料，以及有关3G手机维修所需的部分参考线路。同时，删掉了第1版、第2版中部分内容。也就是说，第3版修订是跟进了3G手机返修期的深入需要而编写的。

另外，随着4G手机的到来，本次修订也增加了4G手机维修的相关知识介绍与资料速查。

因此，希望本书第3版修订能够给广大读者提供更新、更全、更给力的维修引导与帮助。

有多位同志参加了本书的修订工作，并且也得到了一些同志的帮助，以及参考了一些珍贵的资料，在此，向他们表示感谢。

由于作者水平与时间有限，书中错漏、不足之处在所难免，请广大读者批评指正。

编　者

第2版前言

自本书第1版出版以来，得到了广大读者的肯定、厚爱、支持。随着3G手机的不断普及与发展，3G手机维修也需要不断跟进变化。因此，结合3G手机维修发展的特点以及一些读者的建议和有关专家、行业精英的意见，特在第1版的基础上，进行修订。

本次修订主要增加了3G手机维修实例、实战维修速查资料以及iPhone4部分电路。也就是说本次修订是跟进了3G手机返修期的实战需要而编写的。希望本书第2版能给广大读者提供更新、更全、更给力的维修引导与帮助。

有多位同志参加本书修订工作，此外也得到了一些同志的帮助，以及参考了其他作者的一些珍贵的资料，在此向他们表示感谢。

由于作者水平与时间有限，书中错漏、不足之处在所难免，请读者批评指正。

编　者

第1版前言

鉴于目前是 2G 到 3G 无缝隙地平滑升级，因此目前大量的 3G 手机属于双模手机，加上一些早期具备 3G 频段的手机（主要是 WCDMA 制 3G 手机），这些构成了目前 3G 手机的主流。

为了使读者能够快速入门、轻松掌握 3G 手机维修的必备知识与各项技能技巧，编者特编写了本书。

本书主要介绍维修 3G 手机的相关知识，同时也兼顾了 2G、2.5G 手机，展望了 4G 手机。本书采用一问一答的方式，读者可以根据自身的实际情况通读通查，也可以有针对性地进行阅读，灵活性很强，具有高效、实用的特点。

全书共分 6 章，各章内容如下：

第 1 章主要介绍了 3G 通信网的有关基础知识以及 3G 手机维修相关的必备知识，具体包括 2.5G 移动通信技术、TD-SCDMA 与 WCDMA、cdma2000 的频率段、3.5G 技术知识等。

第 2 章主要介绍了手机概述与 3G 手机总论，具体包括各种手机名称的解说、通信术语解释以及 3G 手机相关知识。

第 3 章主要介绍了 3G 手机元器件、零部件与外设，具体包括电阻、电容、二极管、晶体管、场效应晶体管、集成电路、零部件与外设等有关知识的问答。

第 4 章主要介绍了维修工具、仪器设备及维修技法，具体包括怎样选择电烙铁、怎样使用热风枪、什么是询问法以及如何应用、什么是电流法以及如何应用、什么是开路法以及如何应用、什么是温度法以及如何应用等知识的疑问精答。

第 5 章主要介绍了电路原理与故障检修，具体包括 GSM、TD-SCDMA、WCDMA、cdma2000 手机电路原理与故障检修等有关知识的疑问精答。

第 6 章主要介绍了目前 3G 手机用集成电路以及维修 3G 手机的备查资料。

附录主要提供了 iPhone 主板图、诺基亚 5730 拆机部分图例、iPhone4 主要应用元器件速查，以供维修参阅。

本书由阳鸿钧、许小菊、欧小宝、曾力亭、任立志、阳苟妹、凌芳芳、阳梅开、阳红珍、周小华、许满菊、单冬梅、阳红林、周维尊、毛采云、许秋菊、阳红艳、任杰、张晓红、李德等同志不同程度地参与编写或给予支持。另外，本书在编写过程中参考了一些资料，在此向其作者表示感谢。

由于时间有限，书中难免有不足之处，请读者批评指正。

编　者

目　录

第1章 3G 概述

【问1】 什么是模拟网和数字网？

【精答】 手机通信网可以分为模拟网与数字网。模拟网的信号以模拟方式进行调制，其模拟级数采用的是频分多址，该网为早期的通信网。数字网是利用数字信号传输的通信网络，目前的 GSM、CDMA、3G 网均采用数字网。

【问2】 FDMA、TDMA 与 CDMA 有什么差异？

【精答】 FDMA、TDMA 与 CDMA 的比较见表1-1。

表1-1 FDMA、TDMA 与 CDMA 的比较

缩写	名称	解　说
FDMA	频分多址	FDMA(Frequency Division Multiple Access)是根据频率波段不同来区分用户的，是一套用户被指定分配频率波段的多地址方法。在整个通话过程中，用户具有单独的权利来使用这个频率波段
TDMA	时分多址	TDMA(Time Division Multiple Access)是根据时间片的不同来区分用户的，即在一部分用户中共享一个指定频率波段的方法。但是，每一个用户只允许传送一个预先设定好的时间片，因此，用户使用信道的方法是通过一个特定的时间段
CDMA	码分多址	CDMA(Code Division Multiple Access)是一种用户共享时间和频率分配的方法，并且只被分配唯一的信道。依据纠正器的工作，信号被分割成片段，纠正器只接收来自所需信道的信号能量。不需要的信号只被当作噪声，根据码的不同来区分用户

【问3】 什么是上行和下行？

【精答】 手机通信如果只有一条链路，则不能够在接听的同时进行通话，即等同于"对讲机"一样。为此，手机通信在逻辑上具有两条链路，即一条是输出（上行），一条是输入（下行）。

上行链路（UpLink，UL）就是指信号从手机到移动基站。下行链路（DownLink，DL）就是指信号从移动基站到手机。为了有效地分开上下行频率，上行频率与下行频率必须有一定的间隔作为保护带，并且一般下行频率高于上行频率。

【问4】 什么是 GSM、GSM 1X 和 DAMPS？

【精答】 GSM 是 Global System for Mobile Communications 的缩写，中文含义为全球移动通信系统，也就是俗称的"全球通"。GSM 起源于欧洲，属于 2G 移动通信技术。GSM 是数字调制技术，其关键技术之一是时分多址。我国 20 世纪 90 年代初引进。目前，中国移动、中国联通各拥有一个 GSM 网。GSM 包括 GSM 900：900MHz、GSM1800：1800MHz 及 GSM1900：1900MHz 等几个频段。目前我国主要的 GSM 是 GSM 900、GSM1800（或 DCS1800），这几个频段中的上行与下行频段如下：

1）GSM 900 频段：

中国移动：885~909MHz（上行）、930~954MHz（下行）。

中国联通：909~915MHz（上行）、954~960MHz（下行）。

2）GSM1800 频段：

中国移动 1710~1725MHz（上行）、1805~1820MHz（下行）。

中国联通 1745~1755MHz（上行）1840~1850MHz（下行）。

双频手机可以实现在此两个频段间切换。GSM 1X 就是指支持两种制式网络的技术或者双模手机。

欧洲国家普遍使用 GSM900、GSM1800、GSM1900，能够对应在此三个频段间切换的手机即为三频手机。

美洲使用的 PCS（个人通信服务）频率为 1900MHz。另外，IS-95 是北美的另一种数字蜂窝标准，使用 800MHz 或 1900MHz 频带。

DAMPS 就是先进的数字移动电话系统，也称为 IS-54（北美数字蜂窝标准）。DAMPS 使用 800MHz 或 1900MHz 频带，指定使用 CDMA 方式。IS-54 从 IS-95A（传输速率为 9.6/14.4kbit/s），变化发展成 IS-95B（传输速率为 115.2kbit/s）。

【问5】　什么是 CDMA？

【精答】　CDMA 是 Code Division Multiple Access 的缩写，中文含义为码分多址。它是利用数字编码扩谱无线电频率技术。CDMA 数字网具有频谱利用率高、语音质量好、保密性强等特点。

【问6】　什么是 C 网和 G 网？

【精答】　C 网就是指 CDMA 网，G 网是指 GSM 网。

【问7】　哪些属于 2.5G 移动通信技术以及它们的特点是怎样的？

【精答】　2.5G 移动通信技术是 2G 迈向 3G 的衔接性技术，主要是加快了数据传输速率。属于 2.5G 移动通信技术包括 GPRS、蓝牙、WAP、HSCSD、EDGE、EPOC 等。它们的特点见表 1-2。

表 1-2　2.5G 移动通信技术以及它们的特点

名称	解　说
EDGE	EDGE 是 Enhanced Data Rate for GSM Evolution 的缩写，含义为增强型数据速率 GSM 演进技术，是从 GSM/GPRS 到 3G 移动通信的过渡性方案。EDGE 又被定为 2.75 代技术。它以 GSM 标准为架构，将 GPRS 的功能发挥到极限，还可以利用无线网络提供宽频带多媒体服务
EPOC	EPOC 是一种实现手机无线信息装置化的操作系统
GPRS	GPRS 是 General Packet Radio Services 的缩写，中文含义为通用分组无线业务。GPRS 是一项以分组形式传送数据的高速数据处理的 GSM 2.5G 技术。GPRS 具有下载数据与通话可以同时进行、随时都在上线的状态等特点。GPRS 传输速率为 144kbit/s
HSCSD	HSCSD 是 High Speed Circuit Switched Data 的缩写，中文含义为高速电路交换数据，是 GSM 网的升级版本。其能够透过多重时分同时进行传输，传输速度大幅提升（传输速率为 14.4～64kbit/s）
WAP	WAP 是 Wireless Application Protocol 的缩写，中文含义为无线应用协议，是一种向移动终端提供互联网内容和先进增值服务的全球统一的开放式协议，是移动通信与互联网结合的第 1 阶段的产物
蓝牙	蓝牙（Bluetooth）是一种支持设备短距离通信（一般是 10m 之内）的高速跳频与时分多址无线电技术。蓝牙能在包括移动电话、无线耳机等众多设备之间进行无线信息交换。蓝牙的标准是 IEEE 802.15，工作在 2.4GHz 频带，带宽为 1Mbit/s

【问8】　什么是 3G 通信？

【精答】　3G 全称为 3rd Generation，中文含义为第三代移动通信。3G 通信的名称多，国际电信联盟规定为 "IMT-2000"（国际移动电话 2000）标准，欧洲的电信业称之为 UMTS（通用移动通信系统）。

3G 通信与 2G 通信最大差别在于 3G 通信的下行传输速率在 384kbit/s 以上，2G 通信的下行传输速率一般是 128kbit/s。2G 通信网提供的数据传输速率是 9.6kbit/s，2.5G 通信网数据传输速率是 56kbit/s，3G 通信网提供的数据传输速率是 100kbit/s 以上，从而由传输速率的提升带来一系列应用的展开。

【问9】　3GPP 协议版本有哪些以及它们的特点是怎样的？

【精答】　3GPP（3rd Generation Partnership Project，第三代合作伙伴计划）协议版本的特点见表 1-3。

表 1-3　3GPP 协议版本的特点

名称	特　点
R99 版本	R99 版本为最成熟的一个版本。它的核心网继承了传统的电路语音交换。核心网为 GSM/GPRS
R4 版本	R4 版本电路域实现了承载与控制的分离，引入了移动软交换概念及相应的协议，以及正式在无线接入网系统中引入了 TD-SCDMA
R5 版本	R5 版本引入了 HSDPA（High Speed Downlink Packages Access，高速下行链路分组接入）技术，使传输速率大大提高到约 10Mbit/s，增加了 IMS（IP Multimedia Subsystem，IP 多媒体子系统）域，支持 VoIP（Voice over Internet Protocol，网际协议语音）。HSDPA 是现有 WCDMA 网的升级，具有 3.5G 技术的美誉
R6 版本	R6 版本实现 WLAN（Wireless LAN，无线局域网）与 3G 系统的融合，并加入了多媒体广播与多播业务

【问 10】 什么是 TD-SCDMA？

【精答】 3G 标准组织主要由 3GPP、3GPP2 组成。目前国际上代表性的第三代移动通信技术标准有 cdma2000、WCDMA 和 TD-SCDMA 三种，其中，cdma2000 与 WCDMA 属于 FDD（频分双工）方式，TD-SCDMA 属于 TDD（时分双工）方式。

TD-SCDMA 是我国 3G 通信标准，3G 手机可以基于 TD-SCDMA 技术的无线通信网络。TD-SCDMA 的中文含义是时分同步的码分多址，其为英文 Time Division-Synchronous Code Division Multiple Access 的缩写。

TD-SCDMA 标准由 3GPP 组织制订，目前采用的是我国无线通信标准组织（CWTS）制订的 TSM（TD-SCDMAoverGSM）标准。

TD-SCDMA 有两种制式：一种是 TSM，另一种是 LCR。TSM 是将 TD-SCDMA 的空中接口技术嫁接在 2G 的 GSM 核心网上，并不是完全的 3G 核心网标准。LCR 是 3G 核心网标准。

TD-SCDMA 手机需要支持包括电信、承载、补充、多媒体、增值服务等业务。因此，TD-SCDMA 的特点如下：

（1）工作频段与速率

码片速率：1.28Mchip/s。

数据速率：384kbit/s（下行），64kbit/s（上行）。

工作频段：2010～2025MHz，1900～1920MHz。

TDD 扩展频段：1880～1900MHz；2300～2400MHz。

根据 ITU（国际电信联盟）的规定，TD-SCDMA 使用 2010～2025MHz 频率范围，信道号为 10050～10125。

（2）工作带宽

工作带宽为 15MHz，共 9 个载波，每 5MHz 含 3 个载波。

TD-SCDMA 手机常简称为 TD 手机。

【问 11】 什么是 WCDMA？

【精答】 WCDMA 属于无线宽带通信，是欧洲主导的一种无线通信标准。WCDMA 是 Wideband Code Division Multiple Access 的简写，其中文含义为宽带码分多址。WCDMA（带宽为 5MHz）中的 W，即 Wideband，就是"宽带"的意思，而 CDMA 是"窄带"（带宽为 1.25MHz）。WCDMA 可以支持 384kbit/s～2Mbit/s 的数据传输速率。基于 WCDMA 标准的 3G 手机可使消费者能够同时接听电话与访问互联网。WCDMA 网使用费用不是以接入的时间来计算的，而是以消费者的数据传输量来决定的。

WCDMA 标准由 3GPP 组织制订，目前已经有四个版本，即 Release99（简写为 R99）、R4、R5 和 R6。GSM 向 WCDMA 的演进过程为 GSM→HSCSD→GPRS→WCDMA。WCDMA 发展阶段特点如下：R99 WCDMA（DL：384kbit/s，UL：384kbit/s）→R5HSDPA（DL：7.2Mbit/s，UL：384kbit/s）→R6HSDPA（DL：7.2Mbit/s，UL：5.8Mbit/s）→R7HSDPA+→R8HSDPA+。

中国联通 WCDMA 频段：1940～1955MHz（上行）、2130～2145MHz（下行）。

欧洲的 WCDMA 技术与日本提出的 WCDMA 技术基本相同。WCDMA 是在现有的 GSM 网上进行使用的。

WCDMA 制式的手机业界定义为 3G 手机。

【问 12】 什么是 cdma2000？

【精答】 cdma2000 是 Code Division Multiple Access2000 的缩写，其意为码分多址技术。

CDMA 是数字移动通信中的一种无线扩频通信技术，具有频谱利用率高、保密性强、掉话率低、电磁辐射小、容量大、话音质量好、覆盖广等特点，

CDMA 是由美国主导的一种无线通信标准。早期的 CDMA 与 GSM 属于 2G、2.5G 技术。后来发展的 cdma2000 是属于 3G 技术。IS-95 向 cdma2000 的演进过程为 IS-95A→IS-95B→cdma20001X。

cdma2000 1X 后续的演进过程为 cdma2000 1X→增强型 cdma2000 1X EV。cdma2000 1X EV2 的分支为仅支持数据业务的分支 cdma2000 1X EV-DO、同时支持数据与语音业务的分支 cdma2000 1X EV-DV，具体特点如下：

cdma2000 1X（DL：153kbit/s，UL：153kbit/s）→ cdma2000 1X EV-DO（DL：2.4Mbit/s，UL：153kbit/s）→ cdma2000 EV-DO RevA（DL：3.1Mbit/s，UL：1.8Mbit/s）→ cdma2000 EV-DO RevB（DL：73Mbit/s，UL：27Mbit/s）。

cdma2000 1X（DL：153kbit/s，UL：153kbit/s）→ cdma2000 1X EV-DO（DL：2.4Mbit/s，UL：153kbit/s）→ cdma2000 EV-DO RevC（DL：250Mbit/s，UL：100Mbit/s）→ cdma2000 EV-DO RevD。

cdma2000 标准由 3GPP2 组织制订，版本包括 Release0、ReleaseA、EV-DO 和 EV-DV。cdma2000 1X 能提供 144kbit/s 的高速数据传输速率。

中国电信 cdma2000 频段：1920 ~ 1935MHz（上行）、2110 ~ 2125MHz（下行）。

cdma2000 1X、cdma2000 1X EV-DO、cdma2000 1X EV-DV 制式的手机定义为 3G 手机。

【问 13】 部分国家或者地区商用 3G 网络标准使用情况是怎样的？

【精答】 部分国家或者地区商用 3G 网络使用标准如下：

1) 中国香港地区（WCDMA）；

2) 中国澳门地区（cdma2000 1X、WCDMA）；

3) 中国台湾地区（cdma2000 1X、WCDMA）；

4) 阿根廷（cdma2000 1X）；

5) 百慕大群岛（cdma2000 1X）；

6) 巴西（cdma2000 1X）；

7) 加拿大（cdma2000 1X）；

8) 智利（cdma2000 1X）；

9) 澳大利亚（cdma2000 1X、WCDMA）；

10) 奥地利（WCDMA）；

11) 阿塞拜疆（cdma2000 1X）；

12) 白俄罗斯（cdma2000 1X）。

【问 14】 中国 IMT-2000 频谱分配是怎样的？

【精答】 中国 IMT-2000 频谱分配（中国 3G 频谱分配）见表 1-4。

表 1-4　中国 IMT-2000 频谱分配

项目	方　式	频　谱　段
主要工作频段	频分双工（FDD）方式	1920 ~ 1980MHz、2110 ~ 2170MHz
	时分双工（TDD）方式	1880 ~ 1920MHz、2010 ~ 2025MHz
补充工作频率	频分双工（FDD）方式	1755 ~ 1785MHz、1850 ~ 1880MHz
	时分双工（TDD）方式	2300 ~ 2400MHz，与无线电定位业务共用
卫星移动通信系统（MSS）工作频段		1980 ~ 2010MHz、2170 ~ 2200MHz

图例1：

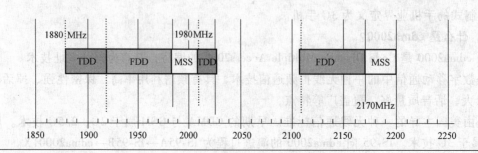

（续）

图例 2：

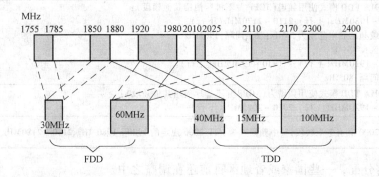

手机常用的频段如下：

CDMA 手机——CDMA 1X 800MHz 频段。

GSM 手机——900MHz、1800MHz、1900MHz 频段。GSM 1X 双模占用 900MHz、1800MHz 频段。

3G 手机——900MHz、1800MHz、1900MHz、2100MHz 频段。

我国 GSM 手机占用频段主要是 900MHz 与 1800MHz。北美地区（美国、加拿大）及欧洲国家通信网领域普遍使用的网段为 1900MHz。

【问 15】 目前其他国家或者地区 3G 频谱分配与我国 3G 频谱分配比较是怎样的？

【精答】 目前其他国家或者地区 3G 频谱分配与我国 3G 频谱分配比较见表 1-5。

表 1-5　目前其他国家或者地区 3G 频谱分配与我国 3G 频谱分配比较

国家或者地区	解　说
北美	3G 低频段为 1850～1990MHz，已经划给 PCS 使用，且已划成 2×15MHz 和 2×5MHz 的多个频段。后来经过调整，但仍需共用
韩国	与 ITU 建议一样，共计 170MHz
欧洲	陆地通信为 1900～1980MHz、2010～2025MHz、2110～2170MHz，共计 155MHz
日本	1893.5～1919.6MHz 已用于 PHS（个人手持电话系统）频段，还可以提供 135MHz 的 3G 频段（1920～1980MHz、2110～2170MHz、2010～2025MHz）

图例：

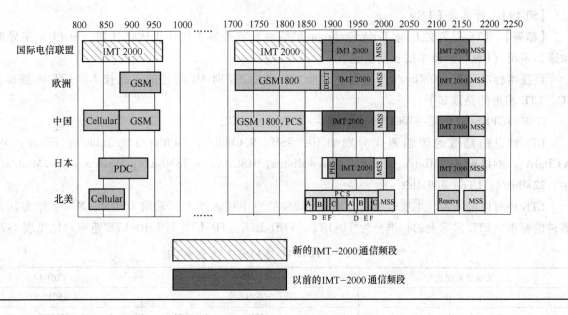

下面从模式（制式）来比较，具体见表 1-6。

表 1-6　从模式（制式）来比较

模 式	解 说
WCDMA FDD	WCDMA FDD 模式使用频谱(3GPP 并不排斥使用其他频段)： 1920 ~ 1980MHz(上行)；2110 ~ 2170MHz(下行)； 每个载频的频率范围为 5MHz；双工间隔：190MHz 美洲地区： 1850 ~ 1910MHz(上行)；　1930 ~ 1990MHz(下行)。 双工间隔：80MHz
WCDMA TDD	WCDMA TDD 模式使用频谱为(3GPP 并不排斥使用其他频段)： 1900 ~ 1920MHz(上行)；2010 ~ 2025MHz(下行)
cdma2000 FDD	cdma2000 共有 7 个频段，其中频段 6 为 IMT-2000 规定的 1920 ~ 1980MHz、2110 ~ 2180MHz 的频段

总之，对于 3G 频谱分配，一些国家或者地区目前还在调整之中。

【问 16】　什么是 WiMAX？

【精答】　WiMAX 是 Worldwide Interoperability for Microwave Access 的缩写，其中文含义为微波接入全球互通。WiMAX 属于无线城域网与"最后一英里"的宽带无线连接方案。

目前，移动无线技术的演进路径主要有三条：一是 WCDMA 和 TD-SCDMA，均从 HSPA 演进至 HSPA＋，进而到 LTE（长期演进）；二是 cdma2000 沿着 EV-DO Rev. 0/Rev. A/Rev. B，最终到 UMB（超移动宽带）；三是 IEEE 802. 16m 的 WiMAX 路线。

【问 17】　什么是 HSDPA？

【精答】　HSDPA 技术就是高速下行链路分组接入，即是 High Speed Downlink Packages Access 的缩写。HSDPA 技术是 3GPP 在 R5 协议中为了满足上下行数据业务不对称的需求而发展的一种 3G 技术，是一些无线增强技术的集合，可以提高用户下行数据业务速率与小区数据吞吐率。

HSDPA 技术可以将 WCDMA 网络升级，把下行数据业务传输速率提高到 10Mbit/s。WCDMA 的 HSDPA 技术也称为 WCDMA 的增强版。

另外，也有 TDD TD-SCDMA 的 HSDPA 技术。

【问 18】　什么是 EDGE？

【精答】　EDGE 是增强型数据速率 GSM 演进技术，即是 Enhanced Data Rate for GSM Evolution 的缩写。EDGE 是属于一种从 GSM 到 3G 的过渡技术，其主要是在 GSM 中采用最先进的多时隙操作和 8PSK（8 状态相移键控）调制技术。

【问 19】　什么是 LTE？

【精答】　LTE 是英文 Long Term Evolution 的缩写，其是第 3 代合作伙伴计划（3GPP）主导的通用移动通信系统（UMTS）技术的长期演进。

该技术标准具有 100Mbit/s 的数据下载能力，是从 3G 向 4G 演进的主流技术。LTE 也被称为 3.9G、4G。LTE 演进的路线如下：

GSM→GPRS→EDGE→WCDMA→HSPA→HSPA＋→LTE。

LTE 演进的路线的传输速度分别如下：GSM：9. 6kbit/s；GPRS：171. 2kbit/s；EDGE：384kbit/s；WCDMA：384kbit/s ~ 2Mbit/s；HSDPA：14. 4Mbit/s；HSUPA：5. 76Mbit/s；HSDPA＋：42Mbit/s；HSUPA＋：22Mbit/s；LTE：300Mbit/s。

LTE 相对以前技术，主要改进以及增强了 3G 的空中接入技术，采用 OFDM、MIMO 作为其无线网络演进的标准。LTE 国际上的标准分为 TD-LTE、FDD-LTE。TD-LTE 与 FDD-LTE 速率对比见表 1-7。

表 1-7　TD-LTE 与 FDD-LTE 速率对比

无线蜂窝制式	TD-LTE	FDD-LTE
下行速率	100Mbit/s	150Mbit/s
上行速率	50Mbit/s	40Mbit/s

第2章　手机概述与3G手机总论

【问1】　什么是1G手机？

【精答】　1G手机就是指第一代模拟制式手机，1G手机是1995年问世的。1G手机只能进行语音通话。以前那种砖块式的"大哥大"就是1G手机，如图2-1所示。

1G中的G就是Generation的首字母，Generation中文为"代"的意思。1G就是第1代通信标准，2G就是第2代通信标准，3G就是第3代通信标准，4G就是第4代通信标准。

【问2】　什么是2G手机？

【精答】　2G手机就是指目前也应用的GSM、TDMA等数字手机，2G手机是1996～1997年出现的。2G手机能够进行语音通话、接收数据（如接收电子邮件、网页）。目前，许多3G手机兼容2G手机的应用功能。

【问3】　什么是音乐手机？

【精答】　音乐手机就以音乐播放功能为主，外形与功能都为音乐播放做了优化的手机。音乐手机一般需要良好的内放音乐与外放音乐效果，其在音频解码方式、存储介质、耳机接口类型、音乐来源、音乐管理等方面均具有一定的应用。音乐手机也是不断发展变化的。

图 2-1　1G手机"大哥大"

音乐手机一般功耗大，需要配备大容量电池。音乐手机具有数字音乐播放器、软件音乐解码器或者硬件音乐解码器、耳机接口、一定容量的内部与外部存储介质以及独立的音乐芯片。

【问4】　什么是商务手机？

【精答】　商务手机除了具备通用普通手机的功能外，还具备一些处理商务活动的功能，即拥有大容量的电话簿、短信存储、时尚或者非凡气度的外壳、备忘录、录音功能等。

有的3G商务手机采用了两块显示屏（一内一外），具有键盘手写笔共用、增强的软件与硬件等特点。

【问5】　什么是时尚手机？

【精答】　时尚手机一般重视手机的外观，突出新颖的外形。

【问6】　什么是智能手机？

【精答】　智能手机一般内置操作系统，支持第三方软件的安装、使用，可以通过第三方软件的支持，实现功能。其特点如下：

1）智能手机需要具备支持GSM网络下的GPRS、CDMA网络下的CDMA 1X或者3G网络。

2）需要具备普通手机的全部功能。

3）需要具备PIM（个人信息管理）、日程记事、任务安排、多媒体应用、浏览网页等PDA（个人数字助理）的功能。

4）需要具备一个开放性的操作系统。只有硬件没有软件的智能手机称为裸机。

有的智能手机采用双CPU结构，分别处理应用系统与通信系统。

【问7】　什么是GPS手机？

【精答】　GPS是Global Positioning System（全球定位系统）的缩写。GPS是一种基于卫星的定位系统，用于获得地理位置信息以及准确的通用协调时间。GPS手机具有一般手机的通信功能，并且内置GPS芯片，以支持导航、监控、位置查询等功能。

GPS手机不一定是智能手机。GPS手机不一定需要具有操作系统才能安装导航软件，有的可以在GPS蓝牙模块下实现导航功能。有的3G手机具有GPS功能，这就是3G GPS手机。

【问 8】　什么是山寨手机？

【精答】　山寨手机一般是指国内一些杂牌手机或者仿品牌的手机。

【问 9】　什么是拼装手机？

【精答】　拼装手机也叫做组装机、并装机、板机。拼装手机是通过把主板、零件等拼装成成品机。拼装手机其拼装检测往往有欠缺，而且连接可能松弛。

【问 10】　什么是翻新手机？

【精答】　翻新手机就是把一些回收的二手手机清洁干净，重新换上新外壳，配上电池、充电器与包装后当作新机销售的手机。水货手机、行货手机都可以翻新成翻新手机。翻新手机的特点如下：

1）把旧手机的电路板修好，重新换上新的外壳包装出售，可能存在性能不稳定等现象。

2）把正常的旧手机的外壳重新换上新的外壳包装出售。

3）把非正规渠道的手机通过软件刷新，再重新包装出售，可能存在软件不稳定等现象。

4）翻新手机一般不能够享受正规行货的售后服务。

【问 11】　怎样识别翻新手机？

【精答】　识别翻新手机的方法见表 2-1。

表 2-1　识别翻新手机的方法

名　称	正　品	翻新手机
查看 IMEI（国际移动设备识别码、手机串号）	每一台手机的 IMEI 是唯一的。正品手机一般显示主板串号、机壳上的串号、包装盒上的 IMEI 号，三者是一致的，另外，还具有入网许可证号	如果是翻新手机则手机显示的主板串号、机壳上的串号、包装盒上的 IMEI 号三者可能不一致，即使一致，也可能是造假的
看外包装、说明书	印刷精美、字体清晰、图像清晰、图像有层次感等	字体模糊、图像粗糙、包装盒磨损等
入网许可证	有水印、表面颜色不均匀、表面颜色有深有浅、有防伪图案	表面颜色无变化、图案模糊不清
手机外壳	外壳关键部位有贴膜、膜上无指纹痕迹、新手机有檀香味	有灰尘、外壳缝隙较大、翻盖转轴有用过的痕迹、外壳是仿原装、机身螺钉是旧的、机身螺钉有螺钉旋具拧动过的痕迹、松香味等现象
配件	原厂配件	配件不齐全、配件不是原厂的
使用记录	手机中的短信、电话本、通话记录、自编铃声等项目没有使用过的记录	手机中的短信、电话本、通话记录、自编铃声等项目有使用过的记录

【问 12】　什么是改版手机？

【精答】　改版手机就是把原先已经出的一款手机，经过一定时间后，其配置或者功能已经落后，于是经过改换成配置与机身较新的新款手机。改版手机一般是针对手机主板容易改的手机。

【问 13】　什么是充新手机？

【精答】　充新手机就是一些回收的很新的、使用时间不长的手机或者是一些在我国香港地区及其他国家或地区的一些电信商入网的手机。这些手机在当地使用的时间不长就会当作二手机卖掉，然后通过走私进入国内销售。一般而言，充新手机与新手机基本一样。

【问 14】　什么是水货手机？

【精答】　水货是行业内的称呼，目前没有国家标准定义。一般是指没有经过授权、没有经过国家检验或者没有正规经销商而直接销售的手机。水货手机根据来源，分为我国的港行、澳行，以及欧水、马来行、北美版、阿拉伯版、亚太版等。水货手机有 A 版、B 版、C 版，它们的特点见表 2-2。

表 2-2　水货手机 A 版、B 版、C 版的比较

类型	名称	特　点
A 版水货	港行	我国香港地区市场发售的行货，走私到内地
B 版水货	欧水	欧美市场发售的手机，走私到内地，并且刷入中文版本以及中文字库
C 版水货	翻新手机、二手机	

一些 B 版水货 3G 手机能够支持国内 3G 网——WCDMA。

【问 15】　什么是行货手机？

【精答】　在我国能够销售，并且具有正规的销售渠道与相应的售后服务的手机。行货手机有 A 行内地行货与 B 行内地行货。其中，A 行是指在我国内地生产，销售于我国市场的手机。A 行手机一般可以在国内所有客服中心免费保修服务。B 行手机是指把港行手机写软件、改串号，改成内地行货。B 行手机多数可以享受全国联保服务。

【问 16】　水货手机与行货手机比较是怎样的？

【精答】　从水货手机与行货手机的对比而言，尽管它们的功能没有变化，但是它们在一定地区（当地）是行货手机，到了另外一个地方就是水货手机。也就是它们具有区域销售概念差异。

由于地区与服务的不同，则可能带来软件不同、是否汉化，甚至有的硬件也存在差异。可见，它们的差别不仅表现在价格、外观、保修等附属方面，而且也表现在手机本身上。

另外，行货手机一般由厂商或者授权机构保修，水货手机一般只能由销售商来保修。有些水货的数据线是标配，有些没有随机数据线。行货手机往往具有随机数据线。

【问 17】　什么是水改手机及它有哪些特征？

【精答】　水改手机也称为纯水手机、欧版机、欧改机。它是指欧美的行货经过软件汉化后的水货手机。其特征如下：

1）水改手机一般产自国外，硬件质量并不低于行货。

2）水改手机的外壳有所不同。

3）水改手机的电池与配件的标签一般是外文的。

4）水改手机说明书是翻印的，质量粗糙，有可能与手机的功能对不上。

【问 18】　港行手机有什么特征？

【精答】　港行手机的特征如下：

1）键盘上有中文笔画，是人为刻上去的笔画，粗糙且不自然，不透光，在光线暗的地方打开键盘灯就能看得出来。

2）标签与说明书采用繁体字。

3）国内不保修。

4）外观与行货一样。

5）只有线充，没有座充或者配备的座充质量较差。

【问 19】　什么是歪货手机？

【精答】　歪货手机是水改行手机、翻新手机等的统称。歪货手机其实是一种俗称。

【问 20】　什么是贴牌手机？

【精答】　贴牌俗称 OEM（授权贴牌生产商），贴牌手机就是国外厂商找国内厂商代工生产的手机，或者无手机生产牌照的厂商租用生产牌照而生产的手机，或者未获手机生产准入资格的企业从国外或其他国内手机厂商那里一次性购买大量的手机整机，然后再打上自己的品牌进行销售的手机。

【问 21】　怎样速查其他一些手机名称？

【精答】　其他一些手机名称速查见表 2-3。

表 2-3　其他一些手机名称速查

名　称	解　说
普通手机	普通手机就是以语音为主的一类手机。其电路主要是围绕单一基带处理器进行电路搭建，硬件平台主要由射频模块与基带处理器模块两大部组成。所采用的单一基带处理器处理通信、人机界面、简单应用任务等。射频模块主要负责高频信号的滤波、放大、调制等。基带处理器模块一般由模拟基带与数字基带组成，其中模拟基带主要实现模拟信号与数字信号的转换，数字基带主要由微处理器、数字信号处理器、存储器、硬件逻辑电路等组成
多功能手机	多功能手机即增值手机，其特点如下：没有很复杂的操作系统（通常采用封闭实时嵌入操作系统）、可下载简单的 Java 程序等。多功能手机电路平台与普通手机电路平台特点差不多。因此，普通手机与多功能手机属于通用型

（续）

名　称	解　说
滑盖式手机	滑盖式手机由机身、机盖组成，只需滑开，即可方便地打开键盘，具有保护键盘的作用
翻盖式手机	翻盖式手机也叫做折叠式手机。翻盖式手机由机身、机盖组成，其中打开机盖可以接听来电或编写文字短信，合上机盖则挂机。翻盖式式手机有单屏翻盖式手机与双屏翻盖式手机
蓝牙手机	蓝牙手机是具有蓝牙功能的手机。其中，蓝牙耳可以在开车或其他场所不用手握手机也可通话。另外，蓝牙手机还可以实现无线连接收听音乐、上网、传送等功能
直板式手机	该类手机以其直板式外形而命名的。它具有按钮使用方便、屏幕显示突出等特点
旋转手机	旋转手机就是手机的屏幕能够旋转的手机
三网三待手机	可以适用 3G 网、G 网、C 网的手机
三卡三待手机	一部手机可以插入 3 张 SIM（用户身份模块）卡，并且 3 张 SIM 卡均可以处于待机状态。三卡三待手机主要为方便一些 3G 网、G 网、C 网均需要使用的用户
多频手机	多频手机是指在同一移动通信网标准中能采用不同频段进行传输的手机
定制手机	定制手机是指移动通信运营商为自己的手机客户量身定做的手机。定制手机一般不仅机身与外包装都加上通信运营商的标志，而且手机里的菜单与内置服务也经过一定的定制
板机	板机就是把非原厂的机板、维修过的机板、从报废机上取下有用的零件进行拼装的机板，再装上外壳，配上电池，重新包装后销售的手机
黑手机	没有入网证、3C 认证，或采用假冒的入网证、3C 认证的手机

【问 22】　什么是 MP3 格式？

【精答】　MP3（动态影像专家压缩标准音频层面 3）是手机铃音格式，MP3 铃音除了音乐外，还包含歌手的原声原唱，文件容量会相对偏大，下载时间比和弦铃音稍长。相比较而言，MP3 比 MMF（移动式应用合成音乐格式）容量更大，音质更好。

【问 23】　什么是 MMF 格式？

【精答】　MMF 也称为 SMAF 格式，与 MP3 一样是手机铃音格式。MMF 格式是真人真唱铃声格式。它是 YAMAHA 公司推出的一种比较常见的铃声格式，国内常见有 MA2（16 和弦）、MA3（40 和弦）、MA5（64 和弦）三种。MA2 有 4000Hz、8000Hz 两种，其中 4000Hz 主要用于低频音效播放，8000Hz 适合制作语音真人真唱铃声。

【问 24】　什么是 3G 手机？

【精答】　3G 全称为 3rd Generation，中文含义为第 3 代移动通信。3G 手机就是应用于第 3 代移动通信技术的个人手持 3G 终端。

3G 手机除了 2G 手机的功能外，还具有手机电视、手机音乐、手机上网、手机报、视频电话、网络会议、全球眼（无线视频监控）、手机搜索、邮箱等功能。另外，3G 比 2G 还具有速度更快、网络覆盖更宽广等特点。目前，一些 3G 手机外形与 2G 手机外形差不多，例如三星 SGH-L288 3G 手机外形如图 2-2 所示。

目前的 3G 手机一般可以兼容 2G、2.5G 网络，即双模方式。纯粹的 3G 手机，目前还不很适应实际。

3G 手机是一种智能手机，但是平时讲的智能手机不一定是 3G 手机。智能手机一般是指带 PDA 功能的手机。

3G 手机主要结构与 2G 手机结构差不多，例如电池盖一般采用 PC（聚碳酸酯）+ ABS（丙烯腈-丁二烯-苯乙烯共聚物）材料制作而成，具有整体式（电池盖与电池合为一体）、分体式（电池盖与电池为单独的两个部件）、卡勾连接式、后盖连接式等。LCD（液晶显示屏）镜片主要用于保护 LCD，属于光学镜片。其一般是用卡勾 + 背胶与前盖连接或者用背胶与前盖连接。

【问 25】　什么是 4G 手机？

【精答】　4G 也就是第 4 代移动通信。4G 手机目前还没有明朗化，4G 手机与 3G 手机的差异，主要在于速度更快（4G 通信达到 100Mbit/s 的传输速率）、网络覆盖更宽广、通信更加灵活、智能性能更高、更高质量的多媒体通信、兼容性能更平滑等。

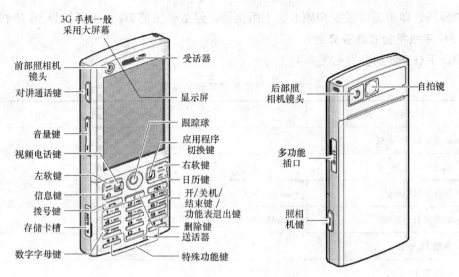

图 2-2　三星 SGH-L288 3G 手机

【问 26】　什么是双网双待 3G 手机？

【精答】　双网双待手机又叫做双模双待手机。以前的双网双待手机是指手机可以同时支持 C 网与 G 网两个网络通信技术，并且在使用时可同时放置 C 网与 G 网两张手机卡，保证 C 网与 G 网两个手机号码同时处于开机状态，使用其中任何一个号码均能实现相应的通信功能。

目前 3G 的双网双待手机则指手机可以同时支持 C 网与 3G 网（例如 GSM/TD-CDMA 双网双待机、WCDMA/GSM 双网双待机、cdma2000/GSM 双网双待机）两个网络通信技术。目前，许多 3G 手机支持单卡双模，这是 GSM、CDMA 网走向 3G 网的必须经历的过渡期，也是目前的主流与无法回避的 3G 手机。

双网双待 3G 手机的类型比较多，例如 GSM/TD-CDMA（即 TD 与 G 网，支持 TD-SCDMA 网并可向下兼容 GSM 网）、cdma2000 1X/1X EV-DO、GSM/cdma2000、GSM/WCDMA 等。

双网双待手机与双卡双待手机不同，双卡双待手机是指一部手机可以插入两张 SIM 卡〔或者 UIM（通用身份模块）卡〕，并且两张 SIM 卡均可以处于待机状态。

【问 27】　什么是四通道 3G 手机？

【精答】　四通道手机就是指具有双网双待语音双通道以及具有 3G、WAPI（无线局域网鉴别和保密基础结构）、Wi-Fi（无线相容认证）互联网双通道，即可以通过 EVDO、1X、WAPI、Wi-Fi 四种方式上网的具有 GSM 卡与 3G 卡的手机。

【问 28】　怎样使用 3G 手机开展手机上网业务？

【精答】　只要点击 3G 手机上网键或者通过 3G 手机菜单访问网站，就可以开展手机上网业务，如图 2-3 所示。

图 2-3　手机上网

【问 29】　2G 手机的号码可以用于 3G 手机吗？

【精答】　如果为同一运营商网络（例如电信、移动、联通）内升级为 3G，3G 手机用户可以继续使用原 2G 手机的号码，即不需要更换 SIM 卡、不用换号，但是必须把 2G 手机更换为 3G 手机。

【问 30】 **3G 手机平台有哪些分类？**

【精答】 3G 手机平台的分类见表 2-4。

表 2-4 3G 手机平台的分类

依　据	种　　类	举　　例
应用	高端智能 3G 手机	
	低端多功能 3G 手机	
操作系统	开放式操作系统	Symbian、Windows Mobile、Linux 等
	封闭式操作系统	ThreadX、Nucleus、OSEck 等
价格	高端 3G 手机	
	中低端 3G 手机	
硬件结构	单芯片 3G 手机	QSC7230、BC21551、SC8800H、AD6903（LeMans-LCR +）、AD6905 等
	基带 + 应用处理器 3G 手机	VideoCore Ⅲ（BCM2727）、OMAP3503、Marvel PXA310 等

【问 31】 **手机操作系统的种类有哪些？**

【精答】 手机操作系统的种类见表 2-5。

表 2-5 手机操作系统

名　称	特　点
Linux	Linux 不是一个统一平台，操作系统都是厂商自己开发的
MAC	MAC 是苹果 iPhone 的操作系统
Palm	Palm 是 Palm 公司用于 PDA 的一种系统。目前娱乐功能不强，例如不支持 MP3、不支持录音功能等
S60	S60 操作系统，也就是 Series 60，为 Symbian 系统开发的一个 UI（用户界面）。S60 也可以说不是手机操作系统，而是一个基于 Symbian 系统的用户图形操作界面
Symbian	NOKIA 开发的手机操作系统
Windows Mobile	Windows Mobile 沿用了微软 Windows OS 的界面，产品具备了音频、视频、文件播放、MSN（微软网络服务）聊天等功能。Windows Mobile 分为 Pocket PC 和 Smartphone 两种系统

另外，手机操作系统还有 KCP +、Android、ThreadX 等。

【问 32】 **手机电视有哪几种播放方式？**

【精答】 手机电视不但可以看到普通电视节目的同步直播，还可以欣赏到专为手机定制的各种影视、音乐、时尚、资讯等内容。手机电视根据播放方式的不同，可以分为

1）点播方式，即可以是在线或下载收看视频片断，在线观看期间，可以进行播放、快进、快退、停止、暂停等操作。

2）直播方式，即可以实时收看各个电视频道，在观看期间，可以对节目进行播放、停止操作，但是不能进行快进、快退、拖动等操作。另外，直播方式还可以进行实时互动。

【问 33】 **什么是手机音乐？**

【精答】 手机音乐是能够支持一项综合音乐服务的手机。也就是用户可以通过下载音乐到手机客户端或访问手机音乐门户网 [WAP、Web、IVR（交互语音应答）等] 使用音乐俱乐部、榜单查询、在线收听、炫铃、音乐搜索、音乐社区、音乐资讯等丰富多彩的音乐服务。作为新兴的 3G 手机，许多机型均具备手机音乐这一功能。

【问 34】 怎样在 3G 手机上拨打可视电话？

【精答】 一般 3G 手机可以通过通讯录选择向某联系人发起可视电话呼叫，也可以输入被叫号码后，选择"选项"中的"视频通话"，即可发起可视电话呼叫。

【问 35】 3G 手机搜索有哪些特色？

【精答】 3G 手机搜索一般具有关键字纠错搜索功能、相关搜索功能、热点推荐功能等，具体因机型而异。

【问 36】 3G 手机的种类有哪些？

【精答】 3G 手机根据不同的依据有不同的分类。根据网络标准可以分为 TD-SCDMA 3G 手机、WCDMA 3G 手机、cdma2000 3G 手机。根据外观可以分为直板 3G 手机、翻盖 3G 手机、滑盖 3G 手机。根据发展历程，有双模/多模手机、完全 3G 网手机。另外，3G 手机也有行货 3G 手机、水货 3G 手机等种类。

【问 37】 如何胜任 3G 手机维修？

【精答】 目前，对于一些 3G 手机拆机发现，3G 手机许多基本零部件与 2G、2.5G 手机没有很大改动（毕竟手机的基本功能还是一样的）。但是，由于 3G 手机增设了一些功能，因此其相应要增设一些电路或者采用新的集成块，并且为满足工艺、抗干扰、维修方便等要求，往往部件之间的连接方式、主板与部件的焊接方法会采用一些新的设计、新的布局。另外，电路与元器件的模块化、功能化越来越明显。

【问 38】 手机的基本组成是怎样的？

【精答】 手机是一种收发信机，其内部基本上由控制模块（Controller）、接收机（Receiver）、发射机（Transmitter）、人机界面（Interface）部分、电源（Power Supply）、附属件等组成。3G 手机基本组成为射频模块、基带、应用处理电路、连接器、外设等。

【问 39】 什么是手机病毒以及怎样防范？

【精答】 手机病毒一般会对手机进行攻击，造成手机信息泄密以及功能失常。例如，手机无法接收到正常信息、手机用户大量发送垃圾信息、手机无法提供服务、损毁芯片等。

手机病毒的一些传播方式、攻击方法以及防范措施如下：

1）病毒短信——不要打开，删掉。

2）乱码电话——删掉，不要保存。

3）手机上网时，浏览了一些病毒网页或者安装一些非法手机程序——浏览正规网页，不要随意告诉他人电话号码。

4）直接复制病毒软件——尽量不租借手机供他人使用。

5）利用蓝牙攻击——注意关闭蓝牙。

【问 40】 什么是手机一级维修、二级维修、三级维修？

【精答】 手机一级维修、二级维修、三级维修的概念与特点见表 2-6。

表 2-6 手机一级维修、二级维修、三级维修的概念与特点

名称	解　说
一级维修	一级维修一般是经验性维修,通常不使用热风枪,不采用专用与特殊设备进行维修,不维修涉及 IC 等复杂故障
二级维修	二级维修可采用专用与特殊设备进行维修,维修的故障可包罗万象,检测的元器件与零部件没有局限
三级维修	三级维修主要是解决一级维修与二级维修无法解决的故障

【问 41】 什么是机卡一体和机卡分离？

【精答】 机卡一体就是指手机与 SIM 卡是一体的，早期的小灵通就是如此。机卡一体手机的鉴权数据均通过专用写码器由相关方写到手机中。

机卡分离就是指手机与 SIM 卡是分离的，目前的 CDMA、GSM、3G 手机等就是机卡分离机。

【问 42】 语音编码的种类有哪些？

【精答】 语音编码主要有波形编码与声源编码两种，各自的特点见表 2-7。

表 2-7　波形编码与声源编码的特点

名称	特点
声源编码	该方式是将人类语音信息用特定的声源模型表示。发送端编码,接收端译码,混合出语音信号 该方式具有比特速率大大降低、自然度差等特点
波形编码	该方式以再现波形为目的,利用波形相关性采用线性预测技术,尽量真实地恢复原始输入语音波形 该方式具有语音质量高、硬件容易实现、比特速率较高等特点

3G 系统一般采用波形编码与声源编码的混合编码技术,例如采用码激励线性预测等。

【问 43】　信道编码技术应用情况是怎样的?

【精答】　常见的信道编码技术见表 2-8。

表 2-8　常见的信道编码技术

名　　称	特　　点	应　　用
传统卷积码	能够将误码率提高两个数量级,达到 $10^{-4} \sim 10^{-3}$	低数据传输速率的语音系统
Turbo 码	能够将误码率提高达到 10^{-6}	3G 系统

【问 44】　什么是可视电话?

【精答】　可视电话就是集视频、语音于一体的 3G 多媒体通信产品,利用通信网络同时实现用户之间音频、视频的通信。

【问 45】　什么是无线上网卡?

【精答】　无线上网卡就是在 3G 移动通信网络覆盖范围内,为计算机用户提供高速无线上网服务。

【问 46】　什么是手机电视?

【精答】　手机电视就是利用流媒体、视频 IVR 等技术,能够在具有手机电视业务的手机上观看视频节目的一种通信。

【问 47】　什么是手机上网?

【精答】　手机上网就是用户采用手机终端通过移动网络接入互联网获得相关信息的一种服务业务。

【问 48】　什么是手机报?

【精答】　手机报就是一项资讯类业务,它是指与媒体机构合作,通过手机为用户提供各类资讯信息的服务。各类资讯信息包括新闻、娱乐、文化、生活、体育、财经等,并以具体报刊产品体现相关内容。

【问 49】　什么是易碎贴?

【精答】　一般手机相应部位具有易碎贴。易碎贴又叫做质保贴。易碎贴一般采用不干胶,上面标有购买手机的年、月,以及厂商的标识,还有确定享受质保的期限的记号。为避免用户擅自拆卸,因此易碎贴很脆,揭下即碎。

【问 50】　什么是固件?

【精答】　固件就是写入存储器中的程序,是固化在集成电路内部的负责控制和协调集成电路的程序代码。

固件是一种特殊的软件,因此不是所有的软件都可以叫做固件。一般承担着系统最基础、最底层工作的软件才叫做固件。

固件虽然是一种"固化的程序软件",但是可以通过特定的程序进行升级。固件能否升级或者更新,与采用的存储器有关。固件升级可以通过网络直接升级,也可以下载到计算机后再升级。固件升级有时也是打补丁。另外,固件也可以降级。

有的中国港版、美版的手机不能使用,但只要升级固件或者更新即可解决问题。

【问 51】　什么是 Java?

【精答】　Java 是 Sun Microsystems 公司于 1995 年推出的 Java 程序设计语言,即 Java 语言与 Java 平台的总称。Java 是一种对象导向的程序语言。目前,其在手机上应用最多的就是 Java 游戏。Java 可以在不同种机器、不同操作系统平台的网络环境中开发软件。

【问 52】　怎样识读进网许可标志？

【精答】　进网许可标志图标如图 2-4 所示。

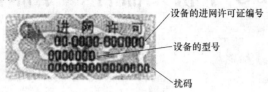

图 2-4　进网许可标志图标

进网许可标志图标识读方法如下：

第一行是设备的进网许可证编号。

第二行是设备的型号。

第三行是扰码。扰码是由工业和信息化部发放的唯一识别码，其数据具有准确性、唯一性、安全性、不缺位性、不增位性等特点。扰码一般由数字与英文字母组成。

【问 53】　什么是 Wi-Fi？

【精答】　Wi-Fi 是 Wireless Fidelity 的缩写，又叫做 IEEE 802.11 标准、无线保真度。它具有传输速率较高（IEEE 802.11b 可达 11Mbit/s、IEEE 802.11a 可达 54Mbit/s、IEEE 802.11g 可达 54Mbit/s）、有效距离也长（开放性区域内通信距离可达 305m；封闭区域内通信距离可达 76～122m）。

Wi-Fi 与蓝牙技术均属于在办公室、家庭中使用的短距离无线技术。

【问 54】　MBBMS 与 CMMB 的关系是怎样的？

【精答】　MBBMS 是 Mobile Broadcast Business Management System 的英文缩写，中文为移动式广播业务管理系统。MBBMS 是由中国移动主导推出，针对各种广播式多媒体标准的一套管理标准。该标准的基础是利用现有移动通信网络的管理、计费系统和认证鉴权机制，实现广播式手机电视业务的可运营、可管理。后来，国家广播电影电视总局与中国移动达成了合作协议，用 MBBMS 搭载广电系的 CMMB（中国移动多媒体广播）标准。

第3章 3G手机元器件、零部件与外设

一、概述

【问1】 什么是主动元器件？

【精答】 主动元器件就是指该元器件通电前后其特性会发生变化。该类型元器件包括所有的半导体元器件、手机中的和弦处理器、内存、基频处理器、射频处理器、应用处理器、摄像头模组等。

3G手机主动元器件中的集成度高的半导体器件一般随着3G手机应用功能的拓展与2G手机中的集成度高的半导体器件具有差异。其中最大的变化是基频处理器、微处理器、存储器、射频电路、多媒体处理器等。

3G手机的硬件精髓就是基带或者包括CPU的芯片组，手机平台的核心是基频处理器，因此基频处理器是整个手机中最关键的元器件。有的3G手机应用处理器与基频处理器是分开的，有的应用处理器与基频处理器是集成在一起的。

【问2】 什么是被动元器件？

【精答】 被动元器件是指该元器件通电前后其特性不会发生变化。该类型元器件包括电阻、电容、电感、连接器、电路板等。

3G手机被动元器件与2G手机用的被动元器件多数没有太大的变化，如图3-1所示。随着手机元器件密度需求的提升，部分被动元器件封装从0402改变为0201。目前，实际使用的3G手机中也有采用0603（0.6mm×0.3mm）、1005（1.0mm×0.5mm）的。

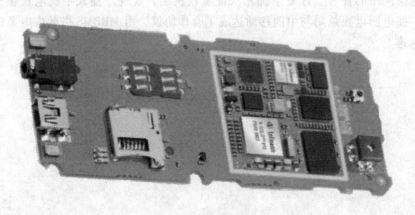

图3-1　3G手机主板

【问3】 3G手机常用的保护元器件有哪些？

【精答】 3G手机常用的保护元器件见表3-1。

【问4】 什么是IPD以及它有什么应用特点？

【精答】 IPD中文名称为集成无源元件，贴片排阻、贴片排容等就是IPD。IPD的应用可以提高印制电路板组装密度、降低成本、减少电路的电磁干扰、提高数据传输速率等。

表3-1　3G手机常用的保护元器件

分　类	种　类
电压保护	瞬时电压抑制器、静电放电（ESD）保护元件
	压敏电阻

（续）

分　类	种　类
电流保护	PTC 浪涌电流限制器
	NTC 浪涌电流限制器
	过电流保护用 PTC
	通信保护用 PTC
过热保护	PTC 限温传感器

【问 5】　什么是 SMT、SMC、SMD 以及它们的关系是怎样的？

【精答】　SMT 是 Surface Mounted Technology 的缩写，中文含义是表面组装技术。SMT 元器件就是表面组装技术所用元器件，包括表面组装元件（Surface Mounted Components，SMC）与表面组装器件（Surface Mounted Devices，SMD）。其中，SMC 主要包括矩形贴片元件、圆柱形贴片元件、复合贴片元件、异形贴片元件等。SMD 主要包括片式半导体器件与集成电路，集成电路又包括 SOP、SOJ、PLCC、LCCC、QFP、BGA、CSP、FC、MCM 等封装形式。半导体器件又包括二极管、晶体管、场效应晶体管等。

二、电阻

【问 6】　什么是电阻以及它有哪些特点？

【精答】　电阻就是对电荷、电流具有阻挡作用的一种元件。手机中的电阻一般是指一种元件，有时也指电阻数值，具体根据内容来定。3G 手机中的电阻如图 3-2 所示。

电阻对电荷阻碍能力的大小一般用电阻数值表示，简称电阻值，常用单位为欧（Ω）或者千欧（kΩ）。对于维修、代换电阻比较重要的参数还有功率。

图 3-2　3G 手机中的电阻

【问 7】　3G 手机用电阻有哪些特点？

【精答】　3G 手机用电阻主要是固定电阻，而且主要是贴片电阻，插件电阻用很少。手机用电阻还有 0Ω 电阻、排阻。采用片式电阻，主流尺寸是 0402。贴片电阻外形一般为薄片形，引脚为元器件的两端。从板件看，引脚就是两端有白色（焊锡）的地方。贴片电阻颜色一般为黑色（中间），手机中的贴片电阻大多没有标注其阻值，个别体积大的贴片电阻在其表面一般用三位数表示其阻值的大小。

3G 手机用排阻内部电路结构形式具有多样性。3G 手机用电阻常见故障为阻值变化、脱焊、温度特性变差、开路等。

【问 8】　怎样识别数字法表示的贴片电阻？

【精答】　贴片电阻的标称方法有数字法与色环法，其中数字法的识别方法如下：

（1）电阻表示

数字法是贴片电阻常用的表示方法。对于允许偏差大于 ±2% 的电阻，阻值用三位数字表示（例如 E24 系列），其中，前两个数字依次为十位、个位，最后一位数字为 10 的 x（x 等于最后那位数字）次方，也就是加零的个数。这个电阻的具体阻值就是前两个数组成的两位数乘上 10 的 x 次方，单位一般为欧（Ω）。例如，标有 103 的电阻器的阻值就是 10000Ω（即 10kΩ）。

四位数 E96 系列前三位表示有效数字，第四位表示有效数字后零的个数，例如标有 1003 的电阻器的阻值为 100kΩ（E96 系列）。

小于 1Ω 的电阻则用字母 "R" 代表小数点，后面的数字为有效数字。例如，标有 R10 的电阻器的阻值为 0.10Ω，1R5 表示 1.5Ω。

贴片高精密电阻，一般是黑色片式封装，底面及两边为白色，在上表面标出代码。有的代码由两位数字和一位字母组成，即 DDM，其中前两位数字是有效数值的代码，后一位字母是有效数值后应乘的数，基本单位为欧（Ω）。数字代码的数值对照见表 3-2。

表 3-2　数字代码的数值对照

代码	数值	代码	数值	代码	数值	代码	数值
01	100	25	178	49	316	73	562
02	102	26	182	50	324	74	576
03	105	27	187	51	332	75	590
04	107	28	191	52	340	76	604
05	110	29	196	53	348	77	619
06	113	30	200	54	357	78	634
07	115	31	205	55	365	79	649
08	118	32	210	56	374	80	665
09	121	33	215	57	383	81	681
10	124	34	221	58	392	82	698
11	127	35	226	59	402	83	715
12	130	36	232	60	412	84	732
13	133	37	237	61	422	85	750
14	137	38	243	62	432	86	768
15	140	39	249	63	442	87	787
16	143	40	255	64	453	88	806
17	147	41	261	65	464	89	825
18	150	42	267	66	475	90	845
19	154	43	274	67	487	91	866
20	158	44	280	68	499	92	887
21	162	45	287	69	511	93	909
22	165	46	294	70	523	94	931
23	169	47	301	71	536	95	953
24	174	48	309	72	549	96	976

字母表示乘数对照见表 3-3。

表 3-3　字母表示乘数对照

字母代码	A	B	C	D	E	F	G	H	X	Y	Z
应乘的数	10^0	10^1	10^2	10^3	10^4	10^5	10^6	10^7	10^{-1}	10^{-2}	10^{-3}

例如标有 63B 的电阻器就为 $442 \times 10^1 \Omega = 4420\Omega = 4.42k\Omega$。

（2）误差表示

贴片电阻的误差一般用单独的字母表示，具体见表 3-4。例如，苹果 3G 手机广泛应用的电阻允许偏差为 1%、5% 等。

表 3-4　贴片电阻的误差字母对照

字母	C	D	F	G	J	K	M
允许偏差（±%）	25	0.5	1	2	5	10	20

（3）功率表示

贴片电阻的功率一般用三位数字表示，例如 005 表示为 5W。目前，手机广泛应用的电阻功率的 1/16W 的。

【问 9】　贴片排阻引脚识别方法是怎样的？

【精答】　特殊结构的贴片排阻其封装外壳一般具有引脚识别标志，因此，在不明白贴片排阻引脚特征时，仔细看看其"外表"会有一些收获，如图 3-3 所示。

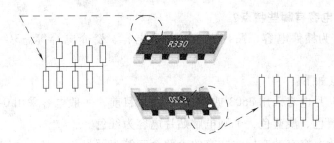

图 3-3　贴片排阻封装上的标志

【问 10】　怎样检测贴片电阻?

【精答】　首先把万用表调到相应电阻挡,然后两表笔接触贴片电阻的两端头,根据万用表读数与其所用挡位就可以检测出贴片电阻。一般电阻值为无穷大,说明采用的挡位不正确或者所检测的贴片电阻开路、断路。如果电阻值为 0,说明所测的电阻短路。

【问 11】　什么是去耦电阻?

【精答】　去除电源与用电单元间的交流耦合就是去耦。起去耦作用的电阻就是去耦电阻,如图 3-4所示。

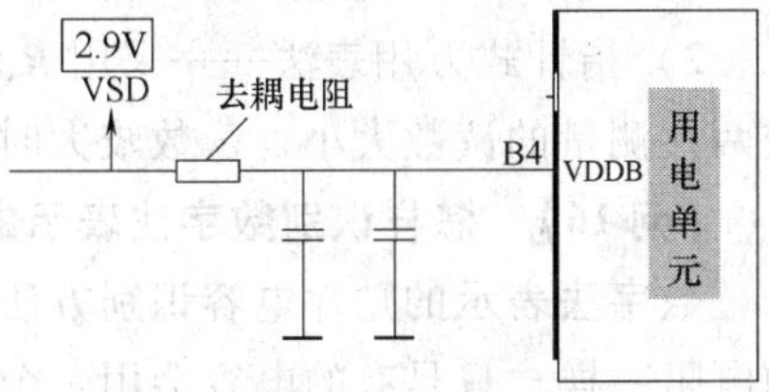

去耦电阻在电路中主要是缓和电源上升沿、下降沿的速度,从而抑制高频噪声。有时应用了去耦电容,则去耦电阻也可以不再采用。

【问 12】　怎样加电流巧检贴片电阻?

【精答】　加电流巧检贴片电阻就是首先构建简单电路,再利用欧姆定律 ($R = U/I$) 来计算出贴片电阻。具体方法是利用贴片电阻组成一个简单的电路,给该电路通电,然后检测出流过贴片电阻的电流以及贴片电阻两端的电压,再利用 $R = U/I$ 计算出电阻。

图 3-4　去耦电阻

三、电容

【问 13】　什么是电容?

【精答】　电容是一种基本的电子元件,它的基本作用就是能够存储电荷,基本工作原理就是充电、放电。电容的特点是通交流、隔直流。

电容的具体参数见表 3-5。

表 3-5　电容的具体参数

名称	解　说
标称容量	标称容量是指在电容上标注的容量
允许偏差	电容的实际容量与标称容量之间的允许最大偏差范围,即电容误差。用字母表示允许偏差:D 级—±0.5%;F 级—±1%;G 级—±2%;J 级—±5%;K 级—±10%;M 级—±20%。有的直接标出
额定电压	额定电压指电容在规定温度范围内,正常工作所能够承受的最大电压,该电压就是额定电压、电容耐压值。超过额定电压一般会使电容损坏。3G 手机用电容额定电压有 2.5V、6.3V、10V、16V、50V
绝缘耐压	绝缘耐压指电容绝缘物质最大的耐压。绝缘耐压一般是额定工作电压的 1.5~2 倍
漏电流	电容的介质材料不是绝对的绝缘,在一定条件下也会产生漏电流。一般电解电容的漏电流比其他类型的电容大一些
绝缘电阻	电容介质存在电阻、两电极间的绝缘物质存在电阻,绝缘电阻就是电容两电极间的综合电阻的描述
温度范围	电容存储、应用时允许的工作温度范围
温度系数	温度变化,则电容容量所受到的影响,即温度每变化 1℃,电容容量变化的相对值
介电耗损	介电耗损与两极板面积、距离、容量有关
频率特性	电容对应不同频率所表现的特性。低频电路一般选择大容量的电解电容等;高频电路一般选择小容量的云母电容、瓷介电容等。3G 手机一般选择贴片电容
损耗	交流信号通过电容一般会存在一定的损耗,一般用损耗角 $\tan\delta$ 表示,$\tan\delta$ 越大,则电容的损耗越大。$\tan\delta$ 为损耗功率与无功功率的比值
冲击电压	一般以电容本身额定电压的 1.3 倍加压,需工作正常、无异常状态的电压

【问 14】　3G 手机用电容有哪些特点？

【精答】　电容可以分为插件电容、贴片电容、云母电容、瓷介电容等。3G 手机用电容主要是贴片电容。

3G 手机用电容的特点如下：

1）尺寸——大容量贴片电容采用 0603 或 0805 尺寸。目前，一般电容采用 0402 居多。

2）颜色——一般为黄色、淡蓝色，个别电解贴片电容为红色。

3）容量标注——贴片电容有的有标注，有的由两个字符表示。

4）极性标注——有的贴片电解电容，其一端有一较窄的暗条，表示该端为正极端。

5）识读——两个字符标注：一般第一个字符是英文字母，代表有效数字。第二个字符是数字，代表 10 的指数，电容单位为 pF。

6）电容常见故障——击穿、漏电、容量变化、断路、脱焊等现象。

【问 15】　怎样判断电解电容的极性？

【精答】　电解电容的极性判断方法如下：

1）观察法——根据外壳的极性标志来判断。

2）指针式万用表法——采用 $R \times 10k$ 挡，分别两次对调测量电容两端的电阻值，当指针稳定时，比较两次测量的读数大小，读数较大时，红表笔接的是电容的负极，万用表黑表笔接的是电容的正极。

【问 16】　怎样识别数字法表示的贴片电容？

数字法表示的贴片电容识别方法与贴片电阻一样，只是单位符号为 pF。容量标称方法与数字法表示的电阻一样，只是有的电容会用一个"n"表示，"n"的意思是 1000，并且"n"所处位置与容量值有关系。例如，标称 10n 的电容的容量就是 10nF（10000pF），标称为 4n7 的电容的容量就是 4.7nF。电容的耐压值有的在电容上标出来了，少数的贴片电容没有标出来，但是可以通过所在电路估计得到。

【问 17】　怎样识别贴片电容的颜色？

【精答】　贴片铝电解电容外壳深颜色带是负电极标注，而矩形钽电容外壳深颜色带是正电极标注。贴片圆柱形钽电容色标含义见表 3-6。

表 3-6　贴片圆柱形钽电容色标含义

本体涂色	1 环	2 环	3 环	4 环	标称容量/μF	额定电压/V
粉红色、橘红色	茶色	黑色	黄色	粉红色	0.1	35
	茶色	绿色			0.15	35
	红色	红色			0.22	35
	橘红色	橘红色			0.33	35
	黄色	紫色			0.47	35
	蓝色	灰色			0.68	35
	茶色	黑色	绿色	绿色	1	10
	茶色	绿色		绿色	1.5	10
	红色	红色		绿色	2.2	10
	橘红色	橘红色		黄色	3.3	6.3
	黄色	紫色		黄色	4.7	6.3

【问 18】　怎样识别字母 + 数字法表示的贴片电容？

【精答】　KEMET 公司的字母 + 数字法表示的贴片电容识别见表 3-7。

表 3-7　KEMET 公司的字母 + 数字法表示的贴片电容识别

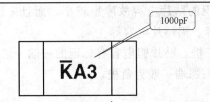

1000pF

$\overline{K}A3$

KEMET 公司产品：

	9	0	1	2	3	4	5	6	7
A	0.1	1.0	10	100	1000	10000	100000	1000000	10000000
B	0.11	1.1	11	110	1100	11000	110000	1100000	11000000
C	0.12	1.2	12	120	1200	12000	120000	1200000	12000000
D	0.13	1.3	13	130	1300	13000	130000	1300000	13000000
E	0.15	1.5	15	150	1500	15000	150000	1500000	15000000
F	0.16	1.6	16	160	1600	16000	160000	1600000	16000000
G	0.18	1.8	18	180	1800	18000	180000	1800000	18000000
H	0.2	2	20	200	2000	20000	200000	2000000	20000000
J	0.22	2.2	22	220	2200	22000	220000	2200000	22000000
K	0.24	2.4	24	240	2400	24000	240000	2400000	24000000
L	0.27	2.7	27	270	2700	27000	270000	2700000	27000000
M	0.3	3	30	300	3000	30000	300000	3000000	30000000
N	0.33	3.3	33	330	3300	33000	330000	3300000	33000000
P	0.36	3.6	36	360	3600	36000	360000	3600000	36000000
Q	0.39	3.9	39	390	3900	39000	390000	3900000	39000000
R	0.43	4.3	43	430	4300	43000	430000	4300000	43000000
S	0.47	4.7	47	470	4700	47000	470000	4700000	47000000
T	0.51	5.1	51	510	5100	51000	510000	5100000	51000000
U	0.56	5.6	56	560	5600	56000	560000	5600000	56000000
V	0.62	6.2	62	620	6200	62000	620000	6200000	62000000
W	0.68	6.8	68	680	6800	68000	680000	6800000	68000000
X	0.75	7.5	75	750	7500	75000	750000	7500000	75000000
Z	0.91	9.1	91	910	9100	91000	910000	9100000	91000000

另外，还有用 a、b、d、e、f、m、n、t、Y 等表示的，表示规律与上面的倍率关系一样，只是表示的代数不同：a——25、b——35、d——40、e——45、f——50、m——60、n——70、t——80、Y——90。

有时 K 省略了，只用一个字母与一个数字表示。

【问 19】　怎样识别一个字母 + 三位数字法表示的贴片电容？

【精答】　贴片电容还有一种表示法：一个字母 + 三位数字组成。其中字母对应一定的额定电压（对应关系见表 3-8），数字前两位表示有效数字，第 3 位表示 10 的倍率。

表 3-8　字母与额定电压对应

字母	额定电压/V	字母	额定电压/V
e	2.5	C	16
G	4	D	20
J	6.3	E	25
A	10	V	35
H	50		

【问 20】　怎样识别有极性的贴片电容正极、负极？

【精答】　据统计，多数没有标识的贴片电容故障率较小，而且一般属于无极性电容。有极性的贴片电容包括一些电解电容、贴片钽电容、铝贴片电容等。

电解电容有较窄暗条的一端为正极。贴片钽电容有标记的一端一般为正极，另外一端则为负极。铝贴片电容（圆形银白色）有黑色一道的那端一般为负极。

【问 21】　怎样识读实物电容？

【精答】　实物电容的识读方法见表 3-9。

【问 22】　怎样识别电容的功能？

【精答】　电容的功能见表 3-10。

表 3-9　实物电容的识读方法

实　物	电路图中	识　别
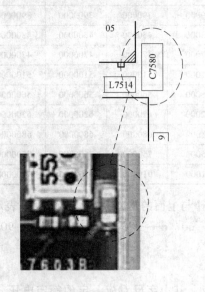	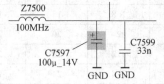标识：107C 107 表示 $10 \times 10^7 \mathrm{pF} = 100 \mu \mathrm{F}$，C 代表耐压 14V	
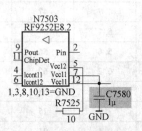 见上	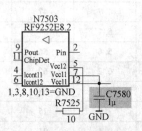	电容上没有任何标识，可以通过观察贴片元件的颜色来判断，中间是浅黄色的，一般是电容。电阻大多数为黑色。也可以拆下来检测，如果用指针式万用表检测有充放电现象，则判定为电容。另外，还可以根据所连接的集成电路引脚功能来判断，例如电源引脚常外接滤波电容
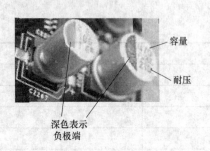		铝电解电容有深色的一端一般表示负极端

表 3-10　电容的功能

名称	解　说	图　例
隔直电容	对于交流信号处理电路的信号放大电路一般不希望连同直流成分同时引入，以免放大电路处于饱和状态。因此，利用电容对一定频率以下，特别是直流信号阻滞开路，对交流信号则为通路。隔直电容一般串联安放在处理电路输入端。隔直电容的容量大小取决于处理交流信号的频率	交流信号 直流成分　信号　隔直电容　放大处理电路　交流信号
去耦电容	去除电源与用电单元间的交流耦合就是去耦。起去耦作用的电容就是去耦电容。去耦电容离用电模块越近去耦效果越好。电源去耦低通滤波网络中，常采用滤波特性是互补的多只电容并联。其中，高频电容一般取值在 0.1μF 以下	2.9V VSD　去耦电容　B4　用电单元 VDDB　R5259 100k　2.2μ　C5260　C5259 100n　GNDGND GND 其容量一般较大，在低频时能提供好的通路，而在高频时阻抗将变大无法提供滤波通路　其容量一般较小，所以在低频时阻抗较大，无法提供滤波通路，而在高频时阻抗变小则会有很好的滤波特性

【问 23】　怎样检测较小容量的贴片电容？

【精答】　首先把万用表调到 $R \times 10k$ 挡，然后用万用表表笔同时触碰贴片电容的端头，在触碰瞬间观察万用表指针，应有小幅度摆动，即贴片电容的充电过程。如果触碰贴片电容没有充电过程，说明该电容异常。

然后把万用表的两表笔对调，触碰贴片电容的端头，在触碰瞬间观察万用表指针，应有小幅度摆动，即正常的贴片电容的具有反充电与放电过程。如果触碰贴片电容没有反充电与放电过程，说明该电容异常。

如果是过小容量的贴片电容，即使采用上述挡位与检测方法，也难以观察到微小的摆动。因此，检测过小容量的贴片电容不能因指针不摆动就判断其异常。

【问 24】　怎样检测较小容量的贴片电容漏电？

【精答】　在采用指针式万用表检测贴片电容时，如果指针有摆动，并且固定在一定位置不动或者摆动不能够回到原点位置，则一般说明所检测的贴片电容漏电。

【问 25】　怎样检测较小容量的贴片电容击穿短路？

【精答】　在采用指针式万用表检测贴片电容时，如果指针摆动很大，甚至指到 0，不再回归，则说明所检测的贴片电容击穿短路。

【问 26】　什么是贴片电解电容的正测与反测？

【精答】　万用表的黑表笔一般是其内部电池的正极端，万用表的红表笔一般是其内部电池的负极端，如图 3-5 所示。当万用表的黑表笔接贴片电解电容的正极端，红表笔接贴片电解电容的负极端，这就是正测。如果万用表的黑表笔接贴片电解电容的负极端，红表笔接贴片电解电容的正极端，则为反测。

容量较大的贴片电解电容的正测与反测判断现象不同。

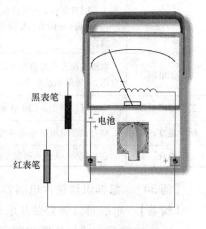

黑表笔　电池　红表笔

图 3-5　万用表表笔与内部电池极性连接

【问 27】　容量较大的贴片电解电容的正测判断是怎样的？

【精答】　容量较大的贴片电解电容正测时，如果万用表指针摆动大，然后慢慢回归无穷大处或者 $500k\Omega$ 处，电容容量越大，回归越慢。如果回归小于 $500k\Omega$ 处，说明电解电容漏电，并且是阻值越小漏电越大。如果指针在 0 位置不动，说明所检测的贴片电容击穿短路。

四、电感

【问 28】　什么是电感？

【精答】　电感是表征载流线圈及其周围导磁物质性能的参量，而更多的时候电感是指电感线圈、电感元件。电感元件的电流不能突变，电感元件在直流电路中相当于短路。在交流电路中，电感元件的感抗随频率的增高而增大，即电感具有通直阻交的特性。

电感在应用电路中用 L 表示，单位有亨（H）、毫亨（mH）、微亨（μH），它们之间的关系为 $1H = 1000mH = 1000000\mu H$。

电感滤波主要是利用电感对直流分量，感抗相当于短路，则电压大部分降在后级负载上。对谐波分量来说，频率越高，感抗越大，则电压大部分降在电感上。因此，电感的输出端能输出比较平滑的直流电压。

【问 29】　电感的主要特性参数是怎样的？

【精答】　电感的主要特性参数见表 3-11。

表 3-11　电感的主要特性参数

名称	解　说
标称电流	电感允许通过的电流大小，常用字母 A、B、C、D、E 分别表示，对应的标称电流值分别为 50mA、150mA、300mA、700mA、1600mA
最大工作电流	一般取电感额定电流的 1.25～1.5 倍为电感的最大工作电流。因此，一般降额 50% 使用较为安全
电感量(L)	电感量表示电感本身固有的特性，与电流大小无关。电感量一般没有标注在线圈上，而是以特定的名称标注。该数值可以反映电感通过变化电流时产生感应电动势的能力、电感线圈存储磁场能的能力等。电感量的单位是亨，用字母 H 表示。实际标称电感量常用毫亨（mH）、微亨（μH）表示，一般电感的电感量准确度在 ±5%～±20% 之间
分布电容(C)	分布电容就是线圈匝与匝间存在的电容。分布电容使线圈的 Q 值减小，稳定性变差
感抗(X_L)	感抗就是电感线圈对交流电流阻碍作用的大小，单位是欧。感抗与电感量 L、交流电频率 f 的关系式为 $X_L = 2\pi fL$
品质因数(Q)	品质因数表示线圈质量的一个物理量，Q 为感抗 X_L 与其等效的电阻的比值：$Q = X_L/R$。线圈的 Q 值愈高，回路的损耗愈小。线圈的 Q 通常为几十到几百
允许偏差	电感量的实际值与标称值之差除以标称值所得的百分数，即实际电感量相对于标称值的最大允许偏差范围。一般具有 Ⅰ、Ⅱ、Ⅲ 等级，分别表示 ±5%、±10%、±20%。偏差细分为：F 级（±1%）、G 级（±2%）、H 级（±3%）、J 级（±5%）、K 级（±10%）、L 级（±15%）、M 级（±20%）、P 级（±25%）、N 级（±30%）。一般使用电感，常选择等级为 J、K、M 级即可
直流电阻	电感线圈在非交流电下的电阻数值。除功率电感不测直流电阻、只检查导线规格以外，其他电感按要求规定最大直流电阻，一般越小越好
工作温度范围	电感可以安全连续工作的环境温度范围
储存温度范围	储存温度范围指环境温度范围，电感在此温度范围内可被安全储存
温升	在空气中，电感表面温度因元件内部能量的释放所造成温度的增加量

【问 30】　怎样识别贴片电感？

【精答】　电感可以分为贴片电感、插件电感、色码电感、叠层电感等。贴片电感的表示方法如下：

1) 有的贴片电感的外形和数字标识与贴片电阻是一样的，只是贴片电感没有数字，取而代之的是一个小圆圈，如图 3-6 所示。

2）贴片电感上没有任何标识，可以通过其在电路中的符号"L"来识别。

3）根据贴片电感常见应用来判断，如图 3-7 所示，实物上没有标识，可以根据 LM2706TLX 的 7 脚常接外接件的特点来判断。

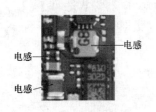

图 3-6　贴片电感

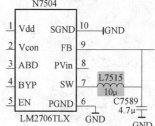

图 3-7　贴片电感的识读

贴片电感特点如下：

电感——一根导线绕在铁心或磁心、特殊印制铜线（微带线）、多层电感等。

颜色——两端银白色中间白色、两端银白色中间蓝色、黑色等。

形状——片状、圆形、方形等。

电感常见故障——断线、脱焊、变质、失调、老化等。

【问 31】　怎样区别贴片电感与贴片电阻？

【精答】　三位数字标示的贴片电感与三位数标示的贴片电阻的区别可以结合两点来判断：

1）根据外形来判断。电感的外形具有一些多边形状，而电阻基本上以长方体为主。当需要判断的元件是多边形状，特别是趋向圆形形状的一般是电感。

2）测量电阻数值。电感电阻数值一般较小，电阻则相对大一些。

【问 32】　怎样区别贴片电感与贴片电容？

【精答】　贴片电感与贴片电容的区别判断如下：

1）看颜色（黑色）——一般黑色的都是贴片电感。黑色贴片电容只有用于精密设备中的贴片钽电容才是黑色的，其他普通贴片电容基本不是黑色的。

2）看型号编号——贴片电感以 L 开头，贴片电容以 C 开头。

3）检测——贴片电感一般阻值小，更没有充放电引发的万用表指针来回偏转现象。而贴片电容应具有充放电现象。

4）看内部结构——找来相同的可以剖开的元件，看看内部结构，具有线圈结构的为贴片电感。

【问 33】　怎样判断贴片电感的断路？

【精答】　一般贴片电感的电阻比较小，如果用万表表检测为∞，说明该贴片电感可能断路。

【问 34】　手机微带线有哪些特点？

【精答】　手机微带线的特点如下：

1）有效地传输高频信号。

2）与其他固体器件构成匹配网络，使信号输出端与负载能很好地匹配。

3）微带线耦合器常用在射频电路中，特别是接收的前级和发射的末级。

4）注意点，不能将微带线始点和末点短接。

5）检测，用万用表量微带线的始点和末点，正常时应是相通的。

【问 35】　去耦电感的功能是怎样的？

【精答】　去除电源与用电单元间的交流耦合就是去耦。起去耦作用的电感就是去耦电感。去耦电感在电路中通过阻碍高频交流成分达到隔离作用。有时可以使用扼流磁珠来获得更强的隔离作用。去耦电感的应用如图 3-8 所示。

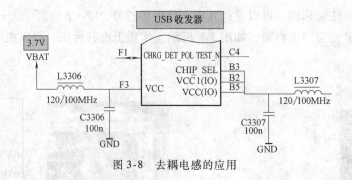

图 3-8　去耦电感的应用

五、二极管

【问 36】　什么是二极管？

【精答】　二极管又叫做半导体二极管、晶体二极管。它是一种基本的半导体器件，是由一个 PN 结构成的半导体器件。二极管具有正、负两端子，即 A 阳极正端、K 阴极负端，如图 3-9 所示，电流只能从阳极向阴极方向移动。

二极管的结构有点接触型、面接触型、平面型等种类。二极管具有整流二极管、稳压二极管、变容二极管等类型。

图 3-9　半导体二极管

【问 37】　怎样识别普通二极管？

【精答】　普通二极管颜色一般为黑色，其一端有一白色的竖条，表示该端为负极。普通二极管一般是两端，但是一些特殊的普通二极管为多端，因此，识别时需要注意。

二极管常见故障——击穿、开路、参数变化等。

【问 38】　怎样识读贴片二极管？

【精答】　贴片二极管表面的标识有型号代码、日期代码、产地代码等，不同贴片二极管表面的标识不同，下面简单介绍一些贴片二极管标识识读。

（1）USM 封装

KEC 公司的 USM 封装的 KDS120 识读技巧见表 3-12。

（2）SMA 封装

KEC 公司的 SMA 封装的 GN1G 识读技巧如图 3-10 所示。

（3）ESC 封装

KEC 公司的 ESC 封装 KDR367E 识读技巧如图 3-11 所示。

表 3-12　KEC 的 USM 封装的 KDS120 识读技巧

字符排列	第1字符	1 (A)	2 (B)	3 (C)	4 (D)	5 (E)	6 (F)	7 (G)	8 (H)	9 (I)	0 (J)
	第2字符	A (1)	B (2)	C (3)	D (4)	E (5)	F (6)	G (7)	H (8)	I (9)	J (0)
年份			标识（周）				周期（年）			备注	
第 1 年（2006）	01	02	…	51	52	2006-2010-2014…					
第 2 年（2007）	0A	0B	…	5A	5B	2007-2011-2015…			四年轮换		
第 3 年（2008）	J1	J2	…	E1	E2	2008-2012-2016…					
第 4 年（2009）	JA	JB	…	EA	E	2009-2013-2017…					

举例：（KDS120）

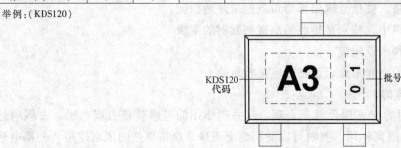

注：图例中的虚线框仅为表述所需，实际中一般没有。其他类似之处，也一样。

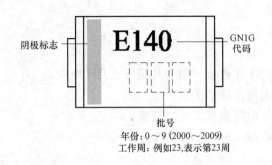

图 3-10　KEC 的 SMA 封装的 GN1G 识读技巧

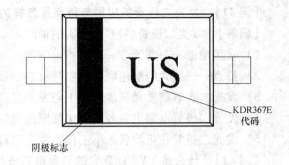

图 3-11　KEC 的 ESC 封装 KDR367E 识读技巧

一些贴片二极管型号代码识读见表 3-13。

表 3-13　一些贴片二极管型号代码识读

型号	图　例	解　说
RB520S-30		B 表示 RB520S-30 的识别代码。批号一般表示生产的年份、星期
1PMT 系列		1PMT5.0AT1，T3 识别代码为 MKE 1PMT7.0AT1，T3 识别代码为 MKM 1PMT12AT1，T3 识别代码为 MLE 1PMT16AT1，T3 识别代码为 MLP 1PMT18AT1，T3 识别代码为 MLT 1PMT22AT1，T3 识别代码为 MLX 1PMT24AT1，T3 识别代码为 MLZ 1PMT26AT1，T3 识别代码为 MME 1PMT28AT1，T3 识别代码为 MMG 1PMT30AT1，T3 识别代码为 MMK 1PMT33AT1，T3 识别代码为 MMM 1PMT36AT1，T3 识别代码为 MMP 1PMT40AT1，T3 识别代码为 MMR 1PMT48AT1，T3 识别代码为 MMX 1PMT51AT1，T3 识别代码为 MMZ 1PMT58AT1，T3 识别代码为 MNG

【问 39】　手机用稳压二极管的应用与特点是怎样的？

【精答】　手机用稳压二极管的应用与特点如下：

1）常用电路——受话器电路、振动器电路、铃声电路、充电电路、电源电路等。

2）特点——往往是在带有线圈的元件应用电路，因线圈感生电压会导致一个很高的反峰电压，应用稳压二极管主要是防止反峰电压引起电路损坏。另外，电源电路需要稳压，则也应用了稳压二极管。

【问 40】　变容二极管的应用与特点是怎样的？

【精答】　变容二极管需要负极接电源的正极，正极接电源的负极，即反向偏压才能正常工作。

当变容二极管的反向偏压减小时，变容二极管的结电容增大。当变容二极管的反向偏压增大时，变容二极管的结电容变小。

常用电路——振荡电路、VCO 等。

【问 41】 发光二极管的应用与特点是怎样的？

【精答】 发光二极管的应用与特点如下：

1）常用电路——背景灯、信号指示灯等。

2）特点——发光的颜色取决于制造材料、发光二极管对工作电流一般为几毫安至几十毫安。

3）发光二极管的发光强度基本上与发光二极管的正向电流呈线性关系。

4）发光二极管电路中一般需要串接限流电阻，以防止大电流损坏发光二极管。

5）发光二极管在正偏状态下工作，发光二极管的正向电压一般为 1.5～3V。

【问 42】 什么是 TVS 以及它的符号是怎样的？

【精答】 瞬态电压抑制器简称 TVS，有时称为 TVS 二极管。它是基于雪崩二极管与稳压二极管的抑制器，其可以传输大负载电流与承受高击穿电压。TVS 有的具有多只二极管以确保多路信号线受同一个瞬态电压抑制器的保护，这时的 TVS 就是 TVS 阵列。

TVS（单体）的符号有多种表示，具体如图 3-12 所示。

图 3-12　TVS 的符号

如果 3G 手机的 LCD、相机模块接口中的 TVS 损坏，则 LCD、相机模块容易受到脉冲的冲击，从而使手机发出噪声或出现 LCD 屏幕抖动现象。

【问 43】 TVS 二极管工作原理是怎样的？

【精答】 瞬态电压抑制器（TVS）是一种特殊的齐纳二极管，其主要用于吸收 ESD 能量并且保护系统免遭 ESD 损害的硅芯片固态元件。瞬态电压抑制器（TVS）二极管主要针对能够以低动态电阻承载大电流的要求进行优化。其电气特性由晶片阻质、PN 结面积、掺杂浓度决定。其耐突波电流的能力与其 PN 结面积成正比。其可用于保护设备或电路免受电感性负载切换时产生的瞬变电压损坏、静电损坏、感应雷所产生的过电压损坏等。

TVS 二极管应用时一般与被保护线路是并联的，当瞬时电压超过电路正常工作电压后，TVS 二极管便会发生雪崩，提供给瞬时电流一个超低电阻通路，从而使瞬时电流通过 TVS 二极管，把流过被保护线路的瞬时电流引开。当瞬时脉冲结束以后，TVS 二极管自动回复为高阻状态，整个电路进入正常电压。

当 TVS 二极管承受瞬态高能量冲击时，管子中流过大电流，峰值为 I_{PP}，端电压由 V_{RWM} 上升到 V_C 就不再上升了，从而实现了保护作用。浪涌过后，I_{PP} 随时间以指数形式衰减，当衰减到一定值后，TVS 两端电压由 V_C 开始下降，恢复原来状态。

【问 44】 TVS 二极管的分类是怎样的？

【答】 TVS 二极管的分类见表 3-14。

表 3-14　TVS 二极管的分类

依　据	分　类
极性	单极性 TVS、双极性 TVS
用途	通用型 TVS、专用型 TVS
封装与内部结构	轴向引线二极管、双列直插 TVS 阵列、贴片式 TVS、大功率模块 TVS
峰值功率	200W、400W、500W、600W、1500W、5000W
V_{BR} 的值对标称值的离散程度	离散程度为 ±5% 的 TVS、离散程度为 ±10% 的 TVS
TVS 钳位阵列	数据线保护 TVS 钳位阵列、ESD 抑制器 TVS 钳位阵列
TVS 短路器集成电路	线路卡保护集成电路、网络保护集成电路、终端保护集成电路

【问 45】 ESD 应用与特点是怎样的？

【精答】 ESD 英文为 Electric Static Discharge，即是静电放电。ESD 器件是专门用于容易被静电接触的区域。ESD 器件有效抗静电电压取决于它的空隙宽。

【问 46】　ESD 保护的分类有哪些？

【答】　ESD 保护的分类见表 3-15。

表 3-15　ESD 保护的分类

分　类	解　说
标准 ESD 保护	标准 ESD 保护主要满足大功率(高于 100W)、低钳位电压要求的应用领域。标准 ESD 保护适用于按钮、电池接头、充电器接口等设备的保护。标准 ESD 保护用 TVS 的电容一般在 100 ~ 1000pF
高速 ESD 保护	高速 ESD 保护主要用于数据传输率快、低电容的应用领域。例如应用于 USB1.1、USB2.0FS、FM 天线、SIM 卡等。高速 ESD 保护用 TVS 的电容一般在 5 ~ 40pF
超高速 ESD 保护	超高速 ESD 保护主要用于数据传输率非常快的应用领域。超高速 ESD 保护用 TVS 的电容一般在 5pF 以下

根据 ESD 保护的分类，ESD 二极管可以分为低电容 ESD 二极管、高速 ESD 二极管、超高速 ESD 二极管。

【问 47】　ST 的电压抑制器的识读方法是怎样的？

【精答】　ST 的电压抑制器的识读方法如图 3-13 所示。

【问 48】　怎样检测二极管？

【精答】　贴片二极管的检测之前先对比一下插孔二极管的内部结构与贴片二极管结构，它们的结构如图 3-14 所示。

从图 3-14 可以发现它们均具有芯片，只是封装不同。而芯片才是真正的"PN 结"。因此，贴片二极管的检测与普通二极管方法基本一样：

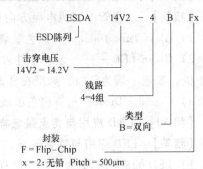

图 3-13　ST 的电压抑制器的识读方法

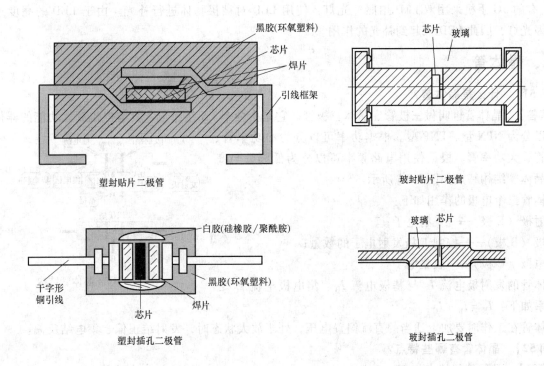

图 3-14　二极管结构

1）测电阻——测量正反电阻，差异较大为正常。特殊贴片二极管可以根据其特殊性来"融造"其特殊环境，查看其特殊性是否正常即可判断。示意如图 3-15 所示。

2）测电压——普通贴片二极管导通状态下，硅管结电压为 0.7V 左右，锗管为 0.3V 左右。稳压贴片二极管测其实际"稳定电压"是否与其"稳定电压"一致来判断，一致为正常（稍有差异也是正常的）。

图 3-15　测电阻

【问 49】　二极管的正负电极方向识别方法是怎样的？

【精答】　二极管的正负电极方向识别方法如下：

1）Glass Tube Diode——红色玻璃管一端为正极，黑色一端为负极。

2）Green LED—— 一般在零件表面用一黑点或在零件背面用一正三角形作记号，零件表面黑点一端为正极，黑色一端为负极；如果在背面作标示，则正三角形所指方向为负极。

3）Cylinder Diode——有白色横线一端为负极。

【问 50】　LED 应用与特点是怎样的？

【精答】　LED 应用与特点如下：

1）LED 的应用主要为手机提供背光。

2）手机中的 LED 一般有两组，一组在键盘上，主要提供按键部分的照明，一般有 4～6 颗。另外一组在 LCD 上，为显示屏幕提供照明，一般有 2～6 颗。

3）有的 3G 手机采用双 LED 拍照补光灯：使用 LED 对被摄物体进行补光。由于 LED 的亮度远低于真正的闪光灯，因此 LED 只起到补光的作用。

六、晶体管

【问 51】　什么是晶体管？

【精答】　晶体管也叫做三极管、晶体三极管。它是由两个 PN 结组成，具有电流放大功能的器件。晶体管可以分为 NPN 型、PNP 型。根据功率可以分为小功率管、中功率管、大功率管。根据使用电路频率可以分为低频管与高频管。晶体管结构特点如图 3-16 所示。

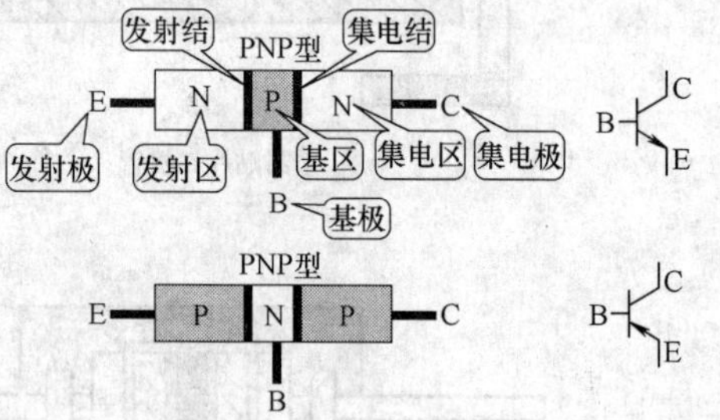

晶体管三个电极的作用如下：

发射极（E 极）——发射电子；

基极（B 极）——控制 E 极发射电子的数量；

集电极（C 极）——收集电子。

晶体管的发射极电流 I_E 与基极电流 I_B、集电极电流 I_C 之间的关系如下：$I_E = I_B + I_C$。

图 3-16　晶体管结构

晶体管在工作时要加上适当的直流偏置电压，处于放大状态时，发射结正偏、集电结反偏。

【问 52】　晶体管有哪些特点？

【精答】　晶体管的特点如下：

1）电极——三电极的、四电极的、六电极的等。

2）外形封装——SOT-23、ESC、SOT-89、US6、SC-70 等。例如，苹果手机应用的 2N3906 就是 SOT-23 封装。

3）种类——普通晶体管、带阻晶体管、组合晶体管等。

4）常见故障——开路、击穿、漏电、参数变化等。

【问 53】　什么是带阻晶体管？

【精答】　带阻晶体管就是晶体管内置了电阻，即带阻晶体管是由一个晶体管与内接电阻组成。带阻晶体管在电路中使用时相当于一个开关电路。不同种类的带阻晶体管其内置的电阻结构形式不同，如图 3-17 所示。

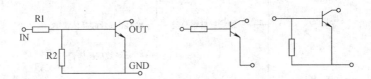

图 3-17　带阻晶体管

【问 54】　什么是组合晶体管？

【精答】　组合晶体管是由几个晶体管共同构成的模块式器件。不同型号的组合晶体管其内部结构形式不同，如图 3-18 所示。

【问 55】　怎样识读贴片晶体管？

【精答】　贴片晶体管的标识有型号代码、日期代码、产地代码等，不同贴片晶体管表面的标识不同。具体一些标识特点可以参考贴片二极管的标识特点。

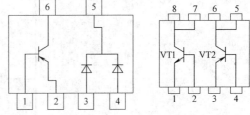

图 3-18　组合晶体管

贴片晶体管系列的型号代码一般具有一定的规律。有的贴片晶体管系列封装不同，但是型号代码是一样的，例如 DTA115 系列封装不同，DTA115TH 封装为 EMT3H、DTA115TE 封装为 EMT3、DTA115TUA 封装为 UMT3、DTA115TKA 封装为 SMT3。但是，它们的型号代码均是 99。

【问 56】　怎样判断晶体管处于放大、饱和、截止状态？

【精答】　晶体管处于放大、饱和、截止状态的判断方法如下：

对于 NPN 型晶体管，$V_C > V_B > V_E$ 是判断晶体管处于放大状态的依据。

对于 PNP 型晶体管，$V_E > V_B > V_C$ 是判断晶体管处于放大状态的依据。

对于 NPN 型晶体管，$V_B > V_C > V_E$ 是判断晶体管处于饱和状态的依据。

对于 NPN 型晶体管，$V_C > V_E > V_B$ 是判断晶体管处于截止状态的依据。

七、场效应晶体管

【问 57】　什么是场效应晶体管？

【精答】　场效应晶体管，其英文为 Field Effect Transistor，简称为 FET。场效应晶体管中的电流只包括一种载流子的运动，而晶体管具有电子与空穴两种载流子的运动。所以，场效应晶体管也称为单极型晶体管，而晶体管也称为双极型晶体管。

【问 58】　场效应晶体管有哪些分类？

【精答】　场效应晶体管的分类如图 3-19 所示。

场效应晶体管根据封装还可以分为插件场效应晶体管与贴片场效应晶体管。手机应用的场效应晶体管一般是贴片场效应晶体管。例如，苹果手机应用的 2N7002 为 SOT-363 封装、FDC638P 也为贴片装、SI4405DY-E3 为 508 封装、HAT2168H 为 LFPAK 封装。

【问 59】　什么是场效应晶体管模块？

【精答】　场效应晶体管模块一般具有多引脚或者由场效应晶体管与其他元器件的组合，例如表 3-16 里的场效应晶体管就是场效应晶体管模块。

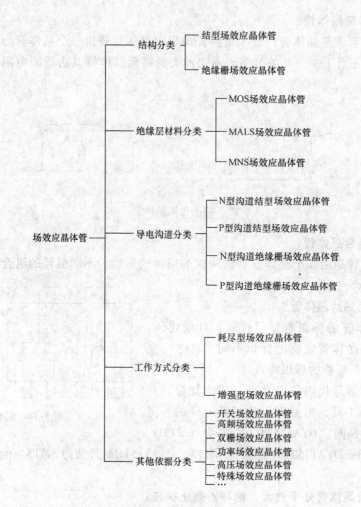

图 3-19　场效应晶体管的分类

表 3-16　场效应晶体管模块

型号代码	型号	厂商	特点	参　数	图　例	应　用
8001H	TPCP8001-H	TOSHIBA	功率 NMOS、U-MOSⅢ	30V（V_{DSS}）；30V（V_{DGR}）；± 20V（V_{GSS}）；7.2A（I_D）；1.68W（P_D）；13mΩ（R_{DS}（ON））；16S（$\mid Y_{fs} \mid$）；1.1 ~ 2.3V（V_{th}）		PS-8(2.9mm×2.8mm) 应用:手机,笔记本电脑
8101	TPCP8101	TOSHIBA	功率 PMOS、U-MOSⅢ	− 20V（V_{DSS}）；−20V（V_{DGR}）；± 8V（V_{GSS}）；−5.6A（I_D）；1.68W（P_D）；24mΩ（$R_{DS(ON)}$）；14S（$\mid Y_{fs} \mid$）；− 0.5 ~ −1.2V（V_{th}）		PS-8(2.9mm×2.8mm) 应用:手机,笔记本电脑

（续）

型号代码	型号	厂商	特点	参数	图例	应用
8102	TPCP8102	TOSHIBA	功率 PMOS、U-MOS Ⅳ	$-20V(V_{DSS})$；$-20V$ (V_{DGR})；$\pm12V(V_{GSS})$；$-7.2A(I_D)$；$1.68W$ (P_D)；$13.5m\Omega(R_{DS(ON)})$；$24S(|Y_{fs}|)$；$-0.45\sim-$ $1.2V(V_{th})$		PS-8$(2.9mm\times2.8mm)$ 应用：手机，笔记本电脑
8201	TPCP8201	TOSHIBA	功率 NMOS、U-MOS Ⅲ	FET：$30V(V_{DSS})$；$\pm20V(V_{GSS})$；$4.2A$ (I_D)；$1.48W(P_D)$；$38m\Omega(R_{DS(ON)})$；$7S$ $(|Y_{fs}|)$；$1.3\sim2.5V$ (V_{th})。 D：$-1.2V(V_{DSF})$；$16.8A$ (I_{DRP})		PS-8$(2.9mm\times2.8mm)$ 应用：手机，笔记本电脑

【问 60】 怎样判断 MOS 场效应晶体管的电极？

【精答】 首先将万用表拨至 $R\times100$ 或者 $R\times10$ 挡，先确定栅极。如果一引脚与其他两脚之间的电阻均为无穷大，说明此脚就是栅极。再交换表笔重新测量，源极与漏极之间的电阻值应为几百欧至几千欧，其中阻值较小的那一次，黑表笔接的为漏极，红表笔接的是源极。

八、集成电路

【问 61】 3G 手机主要芯片有哪些？

【精答】 3G 手机主要芯片有 Wi-Fi 芯片、蓝牙芯片、闪存芯片、电源管理、基带、功率放大器、移动音频处理器、数码相机图像处理芯片、移动多媒体处理器等，一些芯片的功能如下：

1）移动音频处理器——主要是处理铃声、游戏背景音乐、MP3 曲目、合成语音等功能。

2）数码相机图像处理芯片——主要是处理摄像头与基带、LCD 间的联系与通信。

3）移动多媒体处理器——移动多媒体处理器一般将视频摄像头处理器与音频数字信号处理器集成为一体，属于单芯片多媒体解决方案系统。

芯片常见的损坏形式有击穿、开路、短路、软件故障、虚焊等。

【问 62】 集成电路的判断方法有哪些？

【精答】 集成电路的检测方法包括：目测法、感觉法、电压检测法、电阻检测法、电流检测法、信号注入法、代换法、加热和冷却法、升压或降压法、综合法等，具体见表 3-17。

表 3-17 集成电路的检测方法

名 称	解 说
目测法	目测法就是通过眼睛观察集成电路外表是否与正常的不一样，从而判断集成电路是否损坏。其主要检修方法就是要看哪些外表是损坏的标志。正常的集成电路外表是字迹清晰、物质无损、表面光滑、引脚无锈等。损坏的集成电路外表是表面开裂、有裂纹或划痕、表面有小孔、缺角、缺块等
感觉法	感觉法就是通过人的感觉体验集成电路是否正常。这里讲的感觉主要有触觉、听觉、嗅觉。感觉法包括感觉集成电路表面温度是否过热、散热片是否过烫、是否松动、是否发出异常的声音、是否产生异常的味道。触觉主要靠手去摸感知温度、靠手去摇感知稳定。感知温度是根据电流的热效应判断集成电路发热是否不正常，即过热。集成电路的温度正常在 $-30\sim85℃$ 之间，而且安装一般远离热源。影响集成电路温度的因素有工作环境温度、工作时间、芯片面积、集成电路电路结构、存储温度，以及带散热片的与散热片材料、面积有关。过热往往从温度的三个方面去考虑：温升的速度、温度的持久、温度的峰值

（续）

名　称	解　说
电压检测法	电压检测法就是通过检测集成电路的引脚电压值与有关参考值进行比较,从而判断集成电路是否有故障以及故障原因。电压检测法有两种数据:参考数据、检测数据
电阻检测法	电阻检测法是通过测量集成电路各引脚对地正反直流电阻值和正常参考数值比较,以此来判断集成电路好坏。此方法分为在线电阻检测法和非在线电阻检测法两种。在线电阻检测法是指集成电路与外围元器件保持相关电气连接的情况下所进行的直流电阻检测方法。它最大的优点就是无需把集成电路从电路板上焊下来。非在线电阻检测法就是对未接入电路的集成电路引脚之间的电阻值进行测量,特别是对其他引脚与其接地引脚之间的测量。它最大的优点是不受外围元器件对测量的影响
电流检测法	电流检测法是指测量集成电路各引脚的电流,其中以检测集成电路电源端的电流值为主的一种测量方法。因测量电流时需要把测量仪器串联在电路上,所以应用不是很广泛。同时测电流可以通过测电阻与电压,再利用欧姆定理进行计算得出电流值
信号注入法	信号注入法是指给集成电路引脚注入测试信号(包括干扰信号),根据电压、电流、波形等反映来判断故障的一种方法。此方法的关键就是用合适的信号源。信号源可以分为专用信号源和非专用信号源。对维修人员来说,非专用信号源实用性强些。非专用信号源可以采用万用表信号源、人体信号源
代换法	代换法就是用好的集成电路代用怀疑损坏的集成电路的一种检修方法。它最大的优点是干净利索、省事。在用此方法时需要注意以下几点: 1)代换法分为直接代换法和间接代换法 2)尽量采用原型号的集成电路代换 3)代换集成电路有时需要注意尾号不同所代表的含义不同 4)代换的集成电路需要注意封装形式 5)代换的集成电路所要安装的散热片是否安装正确 6)在没有判断集成电路的外围电路元器件是否损坏之前,不要急于代换集成电路。否则,会使代换上去的集成电路又会损坏 7)如果进行试探性代换,最好有保护电路 8)所代换的集成电路保证是好的,否则会使检修工作陷入"死胡同" 9)拆除坏的集成电路要操作正确,拿新的集成电路注意消除人身上的静电
加热和冷却法	加热法是怀疑集成电路由于热稳定性变差,在正常工作不久时其温度明显异常,但是又没有十足把握,这时用温度高的物体对其辐射加热,使其出现明显的故障,从而判断集成电路损坏。加热的工具可以用电烙铁、电吹风机(热吹风机),加热的时间不能太长,同时,不要对每个集成电路都这样进行。另外,对所怀疑的集成电路如果加热也不见故障出现,则应考虑停止加热 冷却法就是对集成电路的温度进行降温,使故障消失从而判断所降温的集成电路损坏。冷却的物质或工具可用95%的酒精、冷吹风机,不能用水、油冷却
升压或降压法	增加所怀疑集成电路的电源电压,就是升压法。升压法一般是故障(某个元件阻值变大)把集成电路的电源拉低,才采用的一种方法,否则较少采用。而且升压也不能过高,应在集成电路电源允许范围内;降低集成电路电源电压,就是降压法。集成电路一般工作在低电压下,如果采用了低劣集成电路或其他原因引起集成电路工作电压过高以及引起集成电路自激,为消除故障,可以采用降压法。降压的方法可以采用电源端串接电阻法、电源端串接二极管法,以及提高电源电压法 提高电源电压法在实际的检修过程中较少采用,原因是这种方法无论是外接电源、还是改变集成电路电源线的引进路径,都比较费工费时。但不管是升压法还是降压法电压都要在极限电压以内
综合法	综合法就是综合应用各种方法。但需要注意,尽量使用安全、简单、易行、经济、可靠、快速的方法以及这些方法的组合

【问 63】　手机用电源芯片有哪些特点?

【精答】　手机用电源芯片的种类如下:

1）低压差稳压器（LDO Linear Regulator）、超低压差（VLDO）稳压器。

2）电池充电管理（Battery Charger）。

3）电源管理单元（PMU）。

4）基于电感器储能的稳压器（DC/DC Converter）。

5）基于电容器储能的稳压器（Charge Pump）。

6）锂电池保护器（Lithium Battery Protection）。

手机电源由早期的多电源芯片＋多独立的稳压器系统到后来的电源管理单元（PMU）、被集成的PMU

基带处理器、被集成的 PMU 射频处理器、被集成的 PMU 应用处理器等。不同的手机制式需用的电源芯片不同，具体如下：

1）GSM/GPRS——低压差稳压器/基于电容器储能的稳压器（Charge Pump）。

2）CDMA——电源管理单元（PMU）/低压差稳压器/基于电容器储能的稳压器（Charge Pump）。

3）3G——PMU/低压差稳压器（LDO）/基于电容器储能的稳压器（Charge Pump）。

4）PHS——低压差稳压器（LDO）/基于电容器储能的稳压器（Charge Pump）/基于电感器储能的稳压器（DC/DC Converter）。

【问 64】 低压差稳压器的特点与工作原理是怎样的？

【精答】 低压差稳压器也叫做低压差线性稳压器。由于手机电池充足电时的电压为 4.2V，放完电后的电压为 2.3V，变化范围大。作为精密电子设备的手机对于电源要求无纹波、无噪声等。因此，手机电路中有关电路的电源输入端一般要求加入低压差线性稳压器，例如摄像头电源驱动、蓝牙模块电源驱动等电路就是如此。

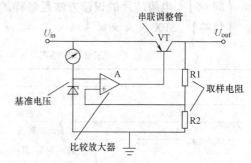

图 3-20 低压差稳压器的基本工作原理

低压差稳压器的基本工作原理，如图 3-20 所示，从 R1 与 R2 中引入的取样电压加在比较放大器的同相输入端，并且与加在比较放大器的反相输入端的基准电压进行比较，比较后的差值经比较放大器放大，再引入调整管的基极，进行输出电压的稳定调整。如果输出电压降低时，基准电压与取样电压的差值会增加，则比较放大器输出到调整管的基极的电流会增大，从而使调整管压降减小，输出电压会升高，达到输出电压即降即抑的作用。如果输出电压大于所需要的电压，则取样电压与基准电压比较后，使引入调整管的基极电流减小，串联的调整管压降增大，输出电压会减小。

实际中的低压差稳压器内置电路更完善，调整管更多的是采用场效应晶体管（因此 LDO 可以分为 NPN 型 LDO、PNP 型 LDO、CMOS 型 LDO），如图 3-21 所示。

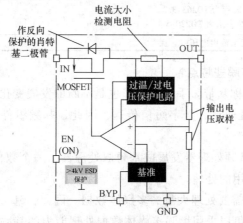

图 3-21 采用场效应晶体管的低压差稳压器

CMOS 型 LDO 与双极型晶体管（Bipolar）LDO 的比较见表 3-18。

表 3-18 CMOS 型 LDO 与双极型晶体管 LDO 的比较

参 数	I_{GND}	V_{DO}	噪 声
CMOS 型 LDO	低	低	低
双极型晶体管 LDO	高	高	低

【问 65】 低压差线性稳压器的主要参数有哪些？

【精答】 低压差线性稳压器的主要参数见表 3-19。

表 3-19　低压差线性稳压器的主要参数

名　　称	解　　说
输出电压	选择低压差线性稳压器首先考虑的参数一般是其输出电压。低压差线性稳压器的输出电压有固定输出电压与可调输出电压两种类型。手机中一般采用固定输出电压的低压差线性稳压器
最大输出电流	选择低压差线性稳压器的最大输出电流,应根据后续电路功率来选择
输入输出电压差	输入输出电压差越低,表明线性稳压器的性能越好
接地电流	接地电流又叫做静态电流。接地电流是指串联调整管输出电流为零时,输入电源提供的稳压器工作电流。一般低压差稳压器的接地电流很小
负载调整率	LDO 的负载调整率越小,表明 LDO 抑制负载干扰的能力越强
线性调整率	LDO 的线性调整率越小,输入电压变化对输出电压影响越小,表明 LDO 的性能越好
电源抑制比	电源抑制比反映了 LDO 对干扰信号的抑制能力

【问 66】　电源芯片的识读方法是怎样的?

【精答】　SPX ×××× A A ×-D ×.×电源芯片的识读方法见表 3-20。

表 3-20　SPX ×××× A A ×-D ×.× 电源芯片的识读方法

SPX ×××× A A ×-D ×.×	
SPX	生产工艺技术,其中 SP 表示为 CMOS 型;SPX 表示为双极型
××××	×××表示元件型号
A	A 表示准确度
A ×	表示封装,其中: M1 表示为 TO89-3 M3 表示为 SOT223-3 M5 表示为 SOT23-5 M 表示为 SOT23-3 N 表示为 TO92-3 R 表示为 MLP R 表示为 TO252-3 S 表示为 SOIC-8 U 表示为 TO220-3 T5 表示为 TO263-5 T 表示为 TO263-3 U5 表示为 TO220-5
D ×.×	表示输出电压

【问 67】　手机基频处理器有哪些特点?

【精答】　手机基频处理器简称基带。手机的基带也是不断的发展变化的。

1)早期的手机主要提供语音通话、文字短信传送,因此,基频组件主要包括模拟基频、数字基频、记忆体、功率管理等部分。

2)随着手机的发展,手机基频处理器发展成基频双处理器:一个数位信号处理器负责语音信号的处理,一个应用处理器负责影音应用的处理。

3G 手机相比 2G 手机而言,需要处理大量的多媒体数据。因此,3G 手机需要另外采用应用处理器来加强处理大量的多媒体数据,也可以采用增强多媒体数据处理能力的基频处理器。例如,展讯 3G 系列芯片有 SC8800D、SC8800S;2G 系列芯片有 SC6600D、SC6600H、SC6600I、SC6600R、SC6800D 等。

目前,3G 手机基频处理器主要功能如下:

1)芯片内核、通信功能、多媒体功能、存储器接口、外围设备接口、工作环境温度、耗电等。其中,外围设备接口看是否具有以下几种:USB2.0 接口、UART 接口、PCM 音频接口、SPI 接口、I²C 接口、I²S 接口、GPIO 接口、SIM/USIM 卡接口、SDIO 接口、蓝牙/CMMB/FM/G-Sensor 接口、JTAG 接口、实时时钟接口等。

2)存储器接口主要看是否内置了某种类型的存储器控制器以及可以支持什么类型的存储器。

3)LCD 显示功能方面,主要看支持的分辨率、颜色数目以及是否内置 LCD 控制器与触摸屏控制器。另外,考虑是否支持双彩屏功能。

4）芯片内核看内核架构以及是否集成数字基带（DBB）、模拟基带（ABB）、电源管理模块（PMU）等。

【问 68】 一些 3G 手机芯片厂商有哪些？

【精答】 一些 3G 手机芯片厂商见表 3-21。

表 3-21 一些 3G 手机芯片厂商

制　　式	厂　商	芯 片 举 例
TD-SCDMA	联芯科技	DTIVYTMA2000 + TV、A2000 + HSDPA、A2000 + U、A2100
	展讯	SC8800H、SC8800D
	T3G	T3G7208
WCDMA	高通	MSM6275、MSM6200
	MKT	MTK6268
cdma2000	高通	MSM6300、MSM6500、MSM6600

【问 69】 什么是射频芯片？

【精答】 手机射频芯片种类比较多，例如有射频收发器、射频发射器、射频接收器、射频滤波器、射频处理器等。

目前，3G 手机需要支持 3G 信号，并且需要向下兼容 2G 信号。因此，目前的 3G 手机射频芯片需要既可以处理 2G 信号，又能够处理 3G 信号。例如，3G 手机射频单芯片 3G + GSM-EDGE 射频方案目前被广泛应用。

3G 手机单芯片射频电路有的内置了低噪声放大器，不需要外挂 TX 声表面滤波器。

3G 手机射频芯片有 QS3000、QS3200、MT6908 等。MAXIM 射频收发器有：

MAX2390——WCDMA 频带 Ⅱ（1930 ~ 1990MHz）。

MAX2391——IMT2000/UMTS（2110 ~ 2170MHz）。

MAX2392——TDSCDMA（2010 ~ 2025MHz）。

MAX2393——WTDD/TD-SCDMA（1900 ~ 1920MHz）。

MAX2396——IMT2000/UMTS（2110 ~ 2170MHz）。

MAX2400——WCDMA 频带 Ⅱ（1930 ~ 1990MHz）。

MAX2401——WCDMA 频带 Ⅰ（1805 ~ 1880MHz）。

【问 70】 存储器有哪些分类？

【精答】 半导体存储器的分类如下：

1）工艺——双极型存储器、MOS 型存储器。

2）容量大小——小容量块存储器、中容量块存储器、大容量块存储器。

3）体积大小——小块存储器、大块存储器。

4）功能——随机存储器（RAM）、只读存储器（ROM）。

5）随机存储器（RAM）——静态 RAM（SRAM）、PSRAM（伪静态 RAM）、LPSDRAM（低功耗 SDRAM）、动态 RAM（DRAM/iRAM）。

6）只读存储器（ROM）——掩膜式 ROM（PROM）、可编程 ROM（PROM）、可擦除 PROM（EPROM）、电可擦除 PROM（EEPROM）、闪速存储器（FlashMemory）。

7）闪速存储器——NOR 闪存存储器、NAND 闪存存储器。

8）动态存储器——单管动态存储器、三管动态存储器、四管动态存储器、EDODRAM（快速页面模式动态存储器）、SDRAM（同步的方式进行存取动态存储器）、DDRSDRAM（双倍数据速率同步内存动态存储器）、DDR DRAM（双通道动态存储器）、DDR2 SDRAM（采用锁相技术的双通道动态存储器）。

9）存储器——内置存储器、外置存储器。

许多存储器具有系列产品线，提供不同的容量。另外，存储器还有加密内存、集成多种不同类型存储器的多芯片封装（MCP）等。其中，手机存储器基本采用闪存取代了 DRAM，NOR 闪存因具有高可靠性与宽系统接口，主要用于存储程序代码。NAND 闪存因具有高密度、低成本，一般用于存储数据。

手机存储器的架构随着手机的发展变化而不断变化。中低端手机中，多数采用 NOR 闪存 + SRAM 的分离器件架构；高档手机则采用存储器的多芯片封装。手机存储器分类如图 3-22 所示。

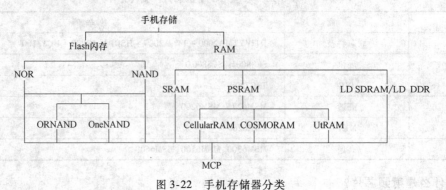

图 3-22　手机存储器分类

一些存储器的特点与应用见表 3-22。

表 3-22　一些存储器的特点与应用

名　称	解　说
ORNAND	ORNAND 闪存是将 NOR 与 NAND 集成在一起的一类存储器
OneNAND	OneNAND 是一种面向手机统一存储的专用内存，其兼具 NOR 与 NAND 闪存的优点
SRAM	SRAM 具有存储密度小、成本高、体积大、信息可稳定保持、存储速度较快（一般为 200ns 左右）、大容量的 SRAM 不多见（常用容量一般不超过 1MB）等特点，因此 3G 手机 SRAM 较少应用
PSRAM	PSRAM 是在 SRAM 基础上发展的，它是包含一个 SRAM 接口的专用 DRAM。PSRAM 具有高密度存储器阵列与类似 SRAM 的特性，在 3G 手机中应是主流
LP-SDRAM	LP-SDRAM 比 PSRAM 具有更高的带宽与容量，与 NAND 间可以实现更高的接口速度，但功耗也大。LP-SDRAM 属于低功耗存储器，在 3G 手机中应是主流
RAM	数据存储器，不能长期保存数据，掉电后数据丢失，一般可对部分 RAM 配置掉电保护电路，在掉电过程中实现电源切换
DRAM	DRAM 具有集成度高、功耗低等特点
MCP	MCP 有 NOR + PSRAM、NAND + LP-SDRAM、NOR + NAND + Mobile DRAM 等多种形式
SIP	SIP 是指将微处理器或数字信号处理器与各种存储器集成在一起，可作为微系统独立运行的一种新型器件。SIP 比 MCP 具有更高的集成度

另外，3G 手机的存储器是不断变化的，例如从 iPhone 2G 到 iPhone 3G，再到 iPhone 3GS，iPhone 的两次升级在具体配置上最明显的体现就是通信制式与内存容量的变化。

【问 71】　闪存有哪些种类？

【精答】　闪存的一些种类见表 3-23。

表 3-23　闪存的一些种类

名　称	解　说
MLC Flash	MLC Flash 就是多层单元结构的闪存。该闪存就是每个单元存储 2 位数据，有 4 种状态 00、01、10、11
SLC Flash	SLC Flash 就是单层单元结构的闪存。该闪存就是每个单元存储 1 位数据或者 1bit，有两种状态 0 或 1
TLC Flash	TLC Flash 就是三层单元结构的闪存。该闪存就是每个单元存储 3 位数据或者 4 位数据
单通道 Flash	单通道 Flash 就是 Flash 使用了主控的 8 位数据线，而与使用了几片闪存不关联
双通道 Flash	双通道 Flash 就是 Flash 使用了主控的 16 位数据线

【问 72】　**NAND 闪存与 NOR 闪存有什么差异？**

【精答】　NAND 闪存与 NOR 闪存的差异如下：

1）NOR 闪存是由 EPROM 衍生出来的。在擦除操作期间，NOR 采用电场，而不是紫外光来把单元的浮动门中存储的电子移走。

2）NOR 闪存存储单元输入与输出的关系符合或非关系，NAND 闪存存储单元输入与输出的关系符合与非关系。

3）NOR 闪存各存储单元是并联，NAND 闪存各存储单元是串联。

4）NOR 闪存有独立的地址线和数据线，NAND 闪存地址线与数据线是公用的 I/O 线。

5）NOR 闪存储存单元为 bit（位），NAND 闪存存储单元是页。

6）NAND 闪存以块（Block）为单位进行擦除操作。

7）NOR 闪存具有安全性好、高可靠性、宽系统接口、成本高。NAND 闪存具有高速稳定的写速度、小尺寸、低成本，随机读速度很慢。

【问 73】　**Flash 与 EEPROM 的比较是怎样的？**

【精答】　Flash 与 EEPROM 的比较见表 3-24。

表 3-24　Flash 与 EEPROM 的比较

项　　目	Flash	EEPROM
I/O	多个	只有两个 I/O 脚
读写	以块为单位读写	以字节为单位读写
速度	快	慢
其他	手机的主程序和各种功能程序，一般存放在 Flash 里。Flash ROM 又叫字库。目前，3G 手机采用 NAND 闪存 16Gbit、32Gbit 大容量	EEPROM 也叫码片。EEPROM 的问题主要是数据丢失，会出现手机被锁、黑屏、低电等 EEPROM 可重新写入程序

【问 74】　**SDRAM 常见的概念有哪些？**

【精答】　SDRAM 常见的几个概念见表 3-25。

表 3-25　SDRAM 常见的几个概念

名　　称	解　　说
芯片位宽	为了组成存储器一定的位宽，需要多个存储器芯片并联工作。例如，组成 64bit，对于 16bit 芯片，需要 4 个（4×16bit=64bit）
逻辑 BANK	逻辑 BANK 是 SDRAM 内部的一个存储阵列。阵列就如同表格一样，将数据"填"进去
内存芯片容量	存储单元数量 = 行数×列数×L-Bank 的数量。比如 128Mbit：2M×16bit×4Banks，第一个数目是行列相乘的矩阵单元数目，第二个数目是单个存储体的位宽，第三个是逻辑 BANK 数目

【问 75】　**DDR RAM 有哪些特点？**

【精答】　DDR RAM 也就是 DDR SDRAM，即同步动态随机存储器，其特点如下：

1）同步——其时钟频率与 CPU 前端总线的系统时钟频率相同。

2）动态——存储阵列需要不断刷新来保证数据不丢失。

3）随机——数据可随机存储与访问。

DDR RAM 可在一个时钟周期内传输两次数据，即能够在时钟的上升期、下降期各传输一次数据，因此 DDR RAM 也称为双倍速率同步动态随机存储器。

DDR 技术发展经过了 DDR、DDR2、DDR3 等。DDR2 与 DDR3 的比较见表 3-26。

手机用 DDR RAM 的种类比较多，例如 256Mbit、512Mbit、1Gbit、1Gbit 等。工作电压有 1.7～1.95V 等，封装有 FBGA 等。

表 3-26 DDR2 与 DDR3 的比较

项　目	DDR2	DDR3
工作电压	1.8V	1.5V
预读	4bit	8bit
速度	高达 1066MHz	高达 2000MHz
增设	DDR3 比 DDR2 新增了重置（Reset）功能、ZQ 校准功能以及具有两个参考电压	

手机用 DDR RAM 主要引脚端有地址输入端、选择地址端、数据输入/输出端、片选端、写使能端、电源端、接地端、时钟端等。

【问 76】　多芯片封装 MCP 有哪些特点？

【精答】　3G 手机采用 MCP 会越来越普遍，MCP 内部结构如图 3-23 所示。目前，MCP 内部结构叠层可达 9 层。

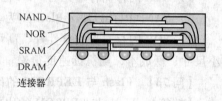

图 3-23　MCP 内部结构

【问 77】　功率放大器的特点与识读是怎样的？

【精答】　功率放大器（Power Amplifier, PA）是手机重要的外围器件，它将手机发射信号放大到一定功率，便于天线发射出去。可见，功率放大器信号的匹配很重要。

手机功率放大器的演进过程为分离件功率放大器→功率放大器（PA）→功率放大模组（PAM）。功率放大模组主要厂商是 TriQuint、安华高、RFMD、Anadigics 等。

手机射频前端重要的两个器件是功率放大器与滤波器。以前，因工艺等原因一直是独立的器件。目前，已经有 3G 手机的射频前端器件通过模块化技术将功率放大器、滤波器、开关、双工器等器件封装于一体。而开关具有不同的种类，例如有单刀九掷、单刀十掷等；滤波器也具有不同的种类，例如有低通滤波、表面声波滤波器等。

但是，早期的 3G 手机，则是采用独立的功率放大器（单频、单模的分立产品）。当然，也有采用双频段、多频段、多模的产品。

目前，WCDMA 线性功率放大器一般是 4mm×4mm、3mm×3mm 规格。一些厂商的手机功率放大器具体型号见表 3-27。

表 3-27 手机功率放大器

厂　商	型　号
TriQuint	WCDM PAM：TQS6011、TQS6012、TQS6014、TQS6015、TQS6018 等 TQM766012——带有双工器的 CDMA & WCDMA/HSUPA 功率放大器模块、PCS/频带 2 TQM756014——带有双工器的 CDMA & WCDMA/HSUPA 功率放大器模块、AWS/频带 4 TQM716015——带双工器的 CDMA & WCDMA/HSUPA 功率放大器模块、Cellular/频带 5 TQM776011——带有双工器的 WCDMA/HSUPA 功率放大器模块、频带 1
RFMD	RF720×系列为 WCDMA/HSPA + 功率放大模组： 主要用于单频带特定运行——RF7200（频带 1）、RF7206（频带 2）、RF7203（频带 3、4、9 或 10）、RF7211（频带 11） 单个模块封装中整合了两个特定频带——RF7201（频带 1、8）、RF7202（频带 2、5）、RF7205（频带 1、5） 宽带功率放大模组——RF9372（单通道）、RF3278（双通道）、RF6278（三通道）
ANADIGICS	AWT6221——WCDMA/HSPA HELP3，适用于 UMTS 频带 2 及频带 5 的双模手机 AWT6222——WCDMA/HSPA HELP3，适用于 UMTS 频带 1 及频带 6 的双模手机 AWT6224——WCDMA/HSPA HELP3，适用于 UMTS 频带 1 及频带 8 的双模手机 AWT6321——双频 CDMA/EVDO 功率放大器，专用于蜂窝和 PCS 波段连接
Skyworks	SKY77161 是 TD-SCDMA 功率放大器模块

3G 手机功率放大模组种类比较多：WCDMA 功放模块、TD-SCDMA 功放模块、cdma2000 功放 + 滤波器模块等，3G 手机功率放大模组如图 3-24 所示。

图 3-24　3G 手机功率放大模组

功率放大模组的 1 脚往往具有一定的标志，有的功率放大器型号与实际标注有差异，例如 AFEM-7780，实物型号标注一栏为"FEM-7780"，如图 3-25 所示。

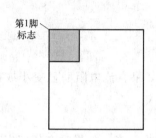

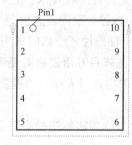

图 3-25　AFEM-7780 的识读

九、零部件与外设

【问 78】　什么是送话器？

【精答】　送话器又称为传声器，俗称麦克风、微音器、拾音器、话筒等。它是一种将声音转换为电信号的手机必备的器件。送话器具有 SMD 送话器、传统送话器等许多种类。手机送话器需要尺寸微型化、功能整合化、灵敏度高的送话器。

手机中的送话器有单端输出送话器与双端输出送话器之分，有两引脚送话器、四引脚送话器与六引脚送话器之分，也有模拟送话器与数字送话器之分。模拟送话器就是传统的送话器，即送话器输出模拟信号，该信号再经滤波电路、模/数转换数字处理后送到发射机进行调制处理。数字送话器输出的信号是数字语音信号。

手机中的送话器安装一般是采用插脚、导电橡胶等连接，并且安装模拟送话器时，需要注意引脚极性。同时，手机中的送话器一般采用咪套防振等保护。

手机中的炭精式送话器结构简单、灵敏度高、非线性失真大、噪声大、稳定性差。驻极体送话器是利用一个驻有永久电荷的薄膜（驻极体）与一个金属片构成的电容。当薄膜收到声音而振动时，这个电容的容量随着声音的振动而改变。驻极体送话器结构简单、体积小、频率响应宽，阻抗高、灵敏度低等。

送话器有正负极之分，如果极性接反，则送话器不能输出信号。送话器在工作时需要提供偏压，否则也会出现不能送话的故障。送话器常见的外接元件是供电电阻、耦合电容等。

【问 79】　送话器的参数有哪些？

【精答】　3G 手机电声器件需要具有微型化、高效能、抗噪性好、宽频带、高音质、数字化、实用化等特点。送话器一般要求：直径≤6mm、高度≤3mm；驻极体送话器直径≤6mm、高度≤3mm。送话器的灵敏度优于 −55dB。

送话器属于标准件，维修时选用即可。

【问 80】　怎样用数字式万用表检测送话器？

【精答】　首先将数字式万用表的红表笔接在送话器的正极，黑表笔接送话器的负极，对着送话器说话，应可以看到万用表的读数发生变化，不变则说明送话器是坏的。

【问 81】　怎样用指针式万用表检测送话器？

【精答】　首先将指针式万用表的红表笔接在送话器的负极，黑表笔接送话器的正极，对着送话器说话，应可以看到万用表的指针摆动，不动则说明送话器是坏的。

【问 82】　什么是受话器？

【精答】　受话器又称为扬声器，俗称听筒、喇叭等。受话器可以分为双极式受话器、动圈式受话器、压电陶瓷受话器、外置受话器、内置受话器等。双极式受话器效率低，动圈式受话器比双极式灵敏度高。压电陶瓷受话器易碎、易坏、音质差。

有的 3G 手机受话器采用钎焊方式安装。有的采用两个受话器，一个用于音乐播放、一个用于语音通话。

【问 83】　受话器的参数有哪些？

【精答】　受话器一般要求：直径 ≤10mm、厚度 ≤3mm、重量 ≤1.2g；受话器的平均功率灵敏度 ≥114dB/mW。受话器一般固定在前盖上，通过触头与 PCB 连接。

受话器属于标准件，维修时选用即可。

【问 84】　怎样用万用表检测受话器？

【精答】　采用万用表欧姆挡检测受话器，正常一般为几十欧，如果直流电阻明显变小或很大，则可能是受话器损坏。

【问 85】　怎样用碰触法检测受话器？

【精答】　可以用 1.5V 电源碰触受话器两极，正常时受话器会发出杂音。如果没有任何声音，则可能是受话器异常。

【问 86】　振动电动机的特点与种类是怎样的？

【精答】　3G 手机中的小型振动电动机主要用于手机收到来电、接收到短信等通信功能后，以振动方式提醒手机使用者接听电话、查看短信。

手机产生振动的方法一般是采用带偏心重锤的微型电动机来实现。振动电动机根据外观形状可以分为圆筒形振动电动机、扁平形（硬币式）振动电动机。根据结构原理可以分为有铁心式振动电动机、无铁心式振动电动机。振动电动机实物如图 3-26 所示。

（1）圆筒形振动电动机

圆筒形振动电动机属于有刷直流电动机，采用电刷接触式换向，无需驱动电路。其根据转子有无铁心可以分为无铁心式圆筒形振动电动机与有铁心式圆筒形振动电动机。其中，无铁心式圆筒形振动电动机是采用空心杯式转子，定子由传统的永磁体组成。有铁心式圆筒形振动电动机采用传统铁心转子。

振动电动机

图 3-26　振动电动机实物

在振动电动机的轴伸端安装偏心重锤，当电动机旋转时转轴带动偏心重锤产生径向离心力，该离心力传达到手机，使人会感觉到振动，从而达到手机振动无声振铃的作用。

目前，振动电动机要求力争采用高磁能积的磁性材料、低密度的金属材料、微轻薄的零部件、高占空比的绕线、高强度轴承、优化电磁电路等来达到新型手机的要求。

（2）扁平形（硬币式）振动电动机

扁平形（硬币式）振动电动机采用无刷直流电动机，电动机具有正转/反转、转速高速/低速可变，即可以实现多种振动模式，实现与音乐同步节奏振动。扁平形（硬币式）振动电动机采用无刷电动机电子换向，定子采用金属与树脂复合型材料，铁心绝缘采用蒸发镀膜技术形成更薄的膜层，转子采用偏心重锤内置式的结构等组成。

振动电动机为标准件，维修时选用即可。振动电动机连接方式有固定在后盖上或者固定在 PCB 上。有的 3G 手机振动电动机采用钎焊方式安装。

【问 87】　什么是滤波器?

【精答】　滤波器的主要作用是筛选有用信号、实现阻抗匹配。滤波器根据信号滤波特性,可以分为低通滤波器、高通滤波器、带通滤波器、带阻滤波器。根据器件材料不同,又分为陶瓷滤波器、声表面滤波器、LC 滤波器、晶体滤波器等。根据所在电路可以分为射频滤波器、本振滤波器、中频滤波器等。根据所处的频段可以分为 2G 频段滤波器与 3G 频段滤波器。手机中,需要衰减特性很陡的带通滤波器比较多,例如发射射频滤波器与接收射频滤波器多是带通滤波器。一些滤波器的特点见表 3-28。

表 3-28　一些滤波器的特点

名　　称	解　　说
低通滤波器	低通滤波器主要用于低频信号或直流信号,同时需要削弱高次谐波或频率较高的干扰和噪声等场合
高通滤波器	高通滤波器主要用于高频信号,同时需要削弱低频或直流成分的场合
带通滤波器	带通滤波器主要用来突出有用频段的信号,削弱其余频段的信号或干扰和噪声
带阻滤波器	带阻滤波器主要用来抑制干扰

【问 88】　手机用滤波器有哪些特点?

【精答】　手机中的滤波器主要是将电磁场波转换为声波,然后通过特定的频带。手机中往往有多个滤波器,例如 GSM 滤波器、DCS 滤波器等。滤波器在电路中的编号一般用 F 表示。

手机中,一些电路应用的滤波器的情况如下:

1) 接收电路一般需要采用高通滤波器。

2) 频率合成电路中一般需要带通滤波器。

3) 电源与信号放大电路一般需要低通滤波器、带阻滤波器等。

4) 辅助滤波器一般采用 LC 滤波器。

5) 射频与中频滤波一般采用陶瓷滤波器、声表面滤波器、晶体滤波器。

实际电路中有一种滤波器,是 EMI 滤波器与 ESD 保护的集成模块,并且该类型滤波器内部具体的结合电路形式具有多样性。例如 EMIF02-MIC02F2 系列 EMI 滤波器与 ESD 保护的集成模块的识读方法如图 3-27 所示。

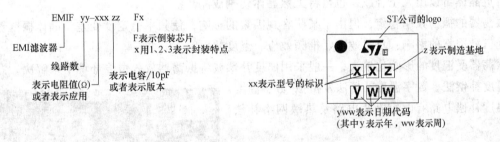

图 3-27　EMIF02-MIC02F2 系列的识读

【问 89】　声表面波器件的作用与种类是怎样的?

【精答】　声表面波滤波器常用在手机中从天线开关到接收处理电路之间。声表面波滤波器可以提供较宽的通频带、较低的损耗,有的声表面波滤波器内置了将非平衡信号转换为平衡信号功能的模块。

声表面波器件除了声表面波滤波器外,还包括 CDMA/WCDMA 双工器、GSM 滤波器、WLAN (无线局域网) 滤波器、蓝牙滤波器、移动电视的前端带阻滤波器和带通滤波器等。

声表面波器件具有 50Ω 不平衡端口、100Ω 平衡接收型端口、50/200Ω 不平衡/平衡端口、100/50Ω 平衡/不平衡端口、50/50Ω 不平衡端口等种类。

一些声表面波双工器特点如下:

856879——声表面波双工器,频带 13.782MHz Tx/751MHz Rx (4G LTE)。

856931——声表面波双工器,频带 17.710MHz Tx/740MHz Rx (4G LTE)。

856894——声表面波双工器，频带 3.782MHz（4G LTE）。

【问 90】　MEMS 元器件的特点与种类是怎样的？

【精答】　MEMS（Micro Electromechanical Systems），即微机电系统，其为含有三维结构的微型元器件。MEMS 元器件种类比较多，例如有陀螺仪、压力传感器、功能型传感器、加速度计等。

MEMS 加速度计就是使用 MEMS 技术制造的一种惯性传感器，其能够测量物体的加速力。MEMS 加速度计有数字加速度计、模拟加速度计等种类，例如 LIS35DE 为 3 轴数字线性加速度计，采用 3mm×5mm×1mm、LGA 封装。LIS33DE 为 3 轴数字线性加速度计，采用 3mm×3mm×1mm、LGA 封装。LIS244AL/LIS344AL 为 2/3 轴模拟低性能加速度计，采用 4mm×4mm、LGA 封装。L3G4200D 为 3 轴陀螺仪，在 iPhone 4 中有应用。

【问 91】　霍尔传感器有哪些特点？

【精答】　在置于磁场的导体或半导体中通入电流，若电流与磁场垂直，则在与磁场和电流都垂直的方向上会出现一个电势差，这种现象为霍尔效应。利用霍尔效应制成的元件称为霍尔传感器。霍尔元件是半导体四端薄片，一般做成正方形，在薄片的相对两侧对称地焊上两对电极引出线（一对称为激励电流端，另一对称为霍尔电动势输出端）。

【问 92】　干簧管有哪些特点？

【精答】　干簧管又叫做磁控管，它是利用磁场信号来控制的一种电路开关器件。其外壳是一根密封的玻璃管，在玻璃管里有两个分开的簧片，中间灌有一种叫金属铑的惰性气体。当有磁性物质靠近时，在磁力线作用下，两个簧片被磁化而相互接触，从而实现接通。外磁力消失后，两个簧片由于自身弹性而分开，电路就不接通了。

实际中，干簧管还要用磁铁片配合使用。例如翻盖手机中，干簧管一般放在键盘下，磁铁片放在显示板上。

【问 93】　晶体振荡器有哪些特点？

【精答】　石英晶片具有压电效应，其晶片本身的固有机械振动频率只与晶片的几何尺寸有关，其振动频率可以做得非常精确稳定。利用石英晶体振荡器可把振荡频率稳定度提高几个数量级。

在石英晶片的两面镀银，引出电极，然后封装在由金属或胶木、玻璃等材料制成的外壳里就得到晶体振荡器。石英晶体可以用人工合成，也可将天然晶体切割成晶片。

晶体振荡器的振荡频率稳定，但由于某些客观因素的影响，使频率稳定度变差。晶体振荡器的频率稳定度主要受三种因素的影响：负载效应、推频效应、温度效应。

晶体振荡器受温度的影响比较大，一般采用温度补偿或将振荡器放入恒温环境中来解决，温度补偿法包括模拟温度补偿法、数字温度补偿法及模拟-数字温度补偿法。温度补偿电路有电容补偿电路及热敏网络补偿电路。

目前一般使用温度补偿压控振荡器组件（VCTXO），温度补偿石英晶体振荡器是手机射频电路关键的器件之一，如图 3-28 所示。其一般封装在一个金属外壳里，与外界环境隔开。

图 3-28　温度补偿石英晶体振荡器

【问 94】　怎样识别晶体振荡器？

【精答】　目前，手机用 SMD 石英晶体振荡器的主流尺寸发展到 3.2mm×2.5mm，今后应为 2.5mm×2.0mm、2.0mm×1.6mm。

手机实时时钟信号通常由一个 32.768kHz 的石英晶体振荡器产生。在该石英晶体振荡器的表面，大多标有"32.768"的字样。例如 FC135 的外形、内部结构以及应用如图 3-29 所示。

晶体振荡器主要参数有额定频率范围、温度范围、激励功率、频率公差、拐点温度、频率温度系数、负载电容、串联电阻、串联电容、分路电容等。

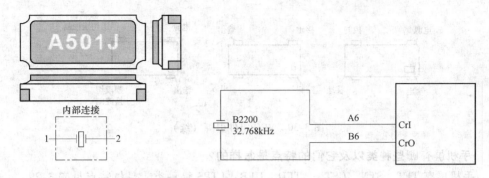

图 3-29　FC135 的外形、内部结构以及应用

【问 95】　怎样检测晶体振荡器？

【精答】　晶体振荡器不能够用万用表检测，可以采用代换法（采用组件代换法，代换时注意型号要相同，引脚要匹配）、频率计测量法。

【问 96】　什么是 VCO 以及它的种类有哪些？

【精答】　VCO 为电压控制振荡器或者压控振荡器，VCO 是电压-频率变换装置，其输出振荡频率随输入控制电压线性地变化。VCO 是在振荡电路中作为频率控制器件的振荡器。VCO 有多种类型，例如有接收机 VCO、发射机 VCO 等。从电路形式上来说，VCO 有分立元件电路与 VCO 组件。

【问 97】　怎样识别 VCO 组件引脚？

【精答】　根据 VCO 组件上一个小的方框或一个小黑点标记为 1 端起始点以及具体 VCO（压控振荡器）引脚分布规律来识别。另外，也可以根据检测、判断来识别：

1）接地端的对地电阻一般为 0，即可以通过万用表检测电阻识别出来。

2）电源端的电压与射频电压接近。

3）控制端接有电阻或电感，在待机状态下启动发射时，该端口有脉冲控制信号。

4）输出端用频谱分析仪检测，一般有射频信号输出。

手机中的 13MHz 因机型不同，具体采用电路形式不同，有的采用晶体振荡器，有的采用 VCO 组件来产生的。

VCO 组件可以分为单频 VCO 组件与多频 VCO 组件，有 6 端、8 端、14 端等 VCO 组件。VCO 组件上有的用一个小的方框或一个小黑点或圆圈标记为 1 端起始点，如图 3-30 所示。

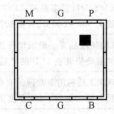

B—直流电源　C—频率控制　P—输出　M—NC　G—接地

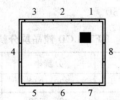

1—输出　2—接地　3—NC　4—接地　5—电压控制　6—接地　7—直流电源　8—接地

图 3-30　VCO 组件引脚

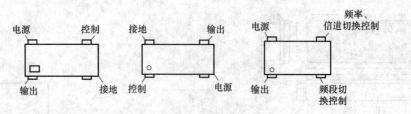

图 3-30　VCO 组件引脚（续）

【问 98】　手机屏有哪些种类以及它们的特点是怎样的？

【精答】　手机屏有 TFT、STN、CSTN、TFD、UFB、LTPS 等种类，具体特点见表 3-29。

表 3-29　手机屏的种类及其特点

种　类	特　点	解　说
STN（Super Twisted Neumatic）液晶屏	液晶分子扭曲 180°，还可以扭曲 210°或 270°等	STN 液晶屏超扭曲向列型布列液晶屏，属于无源被动矩阵式液晶屏。STN 类液晶屏一般为中小型，有单色的、伪彩色的等种类。STN 类液晶屏是在传统单色液晶屏汇总加入了彩色滤光片 一般黑白屏手机的液晶屏都是这种材料。STN 液晶屏具有价格低、能耗小等特点
TFT（Thin Film Transistor）液晶屏	易实现真彩色	TFT 液晶屏为薄膜晶体管有源矩阵液晶显示器件，在每个像素点上设计一个场效应晶体管。TFT 液晶屏具有响应时间比较短、色彩艳丽、耗电大、对比度高、层次感强、成本较高等特点
GF（Glass Fine Color）液晶屏	GF 液晶屏属于 STN 液晶屏的一种	GF 液晶屏主要特点为在保证功耗较小的前提下亮度有所提高，但 GF 液晶屏有偏色问题
CG 液晶屏	即为连续结晶硅液晶屏	CG 液晶屏是高精度优质液晶屏，可以达到 QVGA（240×320）像素规格的分辨率
TFD（Thin Film Diode）液晶屏	TFD 液晶屏属于有源矩阵液晶屏	TFD 液晶屏上的每一个像素都配备了一只单独的二极管，可以对每个像素进行单独控制，使每个像素间互不影响 TFD 液晶屏兼顾了 TFT 液晶屏与 STN 液晶屏的优点。TFD 液晶屏比 STN 液晶屏的亮度更高、色彩更鲜艳。TFD 液晶屏比 TFT 液晶屏更省电，但是色彩与亮度比 TFT 液晶屏要差一些
UFB 液晶屏	专门为移动电话与 PDA 设计的液晶屏	UFB 液晶屏具有超薄、高亮度等特点，可以显示 65536 色，可以达到 128×160 像素的分辨率。其采用特别的光栅设计，减小像素间距，获得更佳的图片质量。UFB 液晶屏的特点：耗电比 TFT 液晶屏少，价格与 STN 液晶屏差不多
LTPS（Low Temperature Ploy Silicon）液晶屏		LTPS 为低温多晶硅。LTPS 的电子移动速度要比 a-Si 快 100 倍。LTPS 制程温度为 500～600℃，且根据各个制造商的制程而稍有差异
CSTN 液晶屏	属于 STN 液晶屏的一类	CSTN 液晶屏一般采用传送式照明方式，必须使用外光源照明，称为背光，照明光源要安装在 LCD 的背后
OLED（Organic Light Emitting Display）	有机发光显示器	OLED 是利用非常薄的有机材料涂层与玻璃基板制作而成。OLED 显示屏幕具有更轻更薄、可视角度更大、节省电能、无需背光灯等特点

【问 99】　TFT-LCD 液晶屏分辨率速查是怎样的？

【精答】　TFT-LCD 液晶屏分辨率见表 3-30。

表 3-30　TFT-LCD 液晶屏分辨率

简称	英　文	分辨率	像素数	长宽比
QVGA	QuarterVGA	320×240	76800	4:3
HVGA	HalfVGA	480×320		
CGA	Color Graphics Adaptor	320×200； 640×200		
WQVGA	Wide Quarter VGA	400×240		

（续）

简称	英　　文	分辨率	像素数	长宽比
EGA	Enhanced Graphics Adaptor	640×400	256000	16:10
VGA	Video Graphics Array	640×480	307200	4:3
WVGA	Wide VGA	800×480	384000	15:9
SVGA	Super VGA	800×600	480000	4:3
WSVGA	Wide Super VGA	1024×600	614400	17:10
XGA	Extended Graphics Array	1024×768	786432	4:3
SXGA		1280×1024	1310720	5:4
WXGA	Wide XGA	1280×800；1366×768		
SXGA+	Super Extended Graphics Array	1400×1050		
SXGA		1400×1050	1470000	4:3
WSXGA	Wide Super XGA	1600×1024		
WSXGA+	Wide Super Extended Graphics Array	1680×1050		
UXGA	Ultra XGA	1600×1200	1920000	4:3
WUXGA	Wide Ultra XGA	1920×1200	2304000	16:10
WUXGA+	Wide UltraVideo Graphics Array	1920×1200		
QXGA		2048×1536	3145728	4:3
QSXGA	Quad Super XGA	2560×2048	5242880	4:3
WQSXGA	Wide Quad Super XGA	3200×2048		
QUXGA	Quad Ultra XGA	3200×2400		
GUXGA		3200×2400	7680000	4:3
QXGA	Quad XGA	2048×1536		

注：表格中没有阴影的部分为手机常用的液晶屏分辨率。

3G 手机液晶屏举例如下：

诺基亚 E63——2.4in[①]的 TFT 材质的屏幕，分辨率为 240×320（QVGA）。

中兴 U728——2.8in TFT 的 LCD。

联想 TD900T——2.4in QVGA 屏幕。

夏普 SH0902C——FWVGA（854×480），屏幕采用 3.3in 的超大屏幕。

3G 手机具有活动视频，因此一般采用 TFT-LCD 液晶屏（显示速度 30 帧/s 以上）。STN-LCD 液晶屏一般不采用（显示速度 25 帧/s）。3G 手机显示屏有采用 EL 面板、液晶面板。有的采用一个屏，有的采用主、副两个显示屏。

【问 100】　芯片与支持显示分辨率对照速查是怎样的？

【精答】　手机采用的液晶屏分辨率受芯片的影响，一些芯片支持的显示器分辨率如图3-31、图 3-32 所示。

另外，其他芯片与支持显示分辨率如下：

SC8800S——支持 QVGA 分辨率，262k 色 LCD。

SC8800H——支持 WQVGA 分辨率，262k 色 LCD。

SC8800D——支持 240×320 分辨率 LCD。

【问 101】　手机 LCD 屏幕固定方式有哪些？

【精答】　手机 LCD 屏幕固定方式如下：

---

① 1in＝0.0254m，后同。

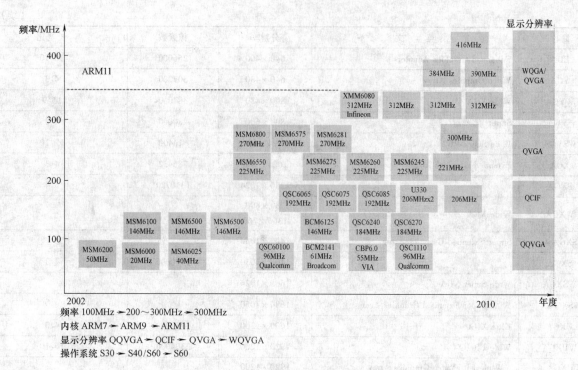

图 3-31　芯片与支持显示分辨率对照速查 1

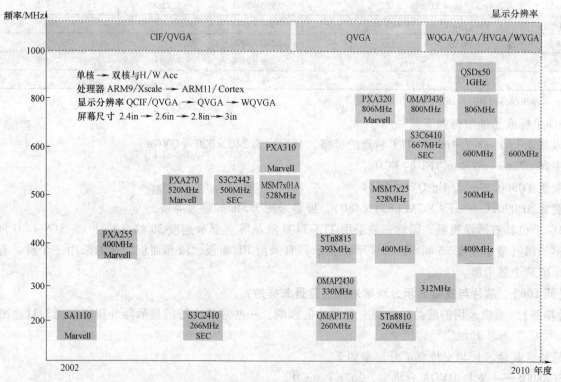

图 3-32　芯片与支持显示分辨率对照速查 2

1）利用金属框架固定，即通过金属框架 4 个伸出脚卡在 PCB 上，实现 LCD 的固定。

2）利用导电橡胶固定。对于没有金属框架，直接与 PCB 的连接，可以通过导电橡胶接触实现 LCD 的固定。

3）利用排线固定。对于没有金属框架，直接与 PCB 的连接，可以通过排线的形式，将排线插入到 PCB 上的插座里，实现 LCD 的固定。

4）有的屏幕的连接方式是采用连接器，有的则是直接钎焊。

【问 102】　手机屏幕故障有哪些？

【精答】　有的 LCD 与主板有绝缘片，维修时不要损坏，以免造成短路。手机屏幕因剧烈运动，会出现爆裂屏幕、漏液成为黑团、花屏、裂纹等现象。如果手机屏幕出现微小刮痕，可以采用以下方法解决：首先把适量牙膏挤在湿抹布上，然后在手机屏幕刮伤处前后左右来回轻轻涂匀，再用干净的抹布或卫生纸擦干净即可。

3G 手机屏幕破裂、损坏时，最好更换，因为破损的玻璃或丙烯酸树脂可能导致人体接触部位损伤。

【问 103】　触摸屏的种类及其特点是怎样的？

【精答】　触摸屏根据所用的材料及工作原理，可分为电阻式、电容式、红外线式、表面声波等。触摸屏也分为数字式触摸屏与模拟式触摸屏。触摸屏还可以分为需要 ITO（铟锡氧化物）的触摸屏与不需要 ITO 的触摸屏。数字式触摸屏实物如图 3-33 所示，模拟式触摸屏实物如图 3-34 所示。

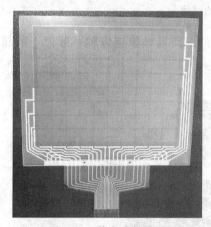

图 3-33　数字式触摸屏

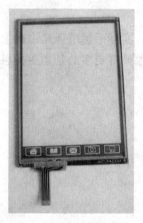

图 3-34　模拟式触摸屏

手机触摸屏的种类以及其特点如下：

（1）电容式触摸屏

电容式触摸屏是在玻璃表面镀上一层透明的特殊薄膜金属导电物质。当手指在金属层上触摸时，手指与导体层间会形成一个耦合电容，触点的电容就会发生变化，使得与之相连的振荡器频率发生变化，通过测量频率变化可以确定触摸位置获得信息。

在带按键触摸位置的应用中，把分立的传感器放置在特定按键位置的下面。当传感器的电场被干扰时系统记录触摸的位置。

电容式触摸屏用戴手套的手或手持不导电的物体触摸时没有反应，当环境温度与湿度改变时，电容屏会漂移，造成不准确。

电容式触摸屏最外面的矽土可以保护玻璃防刮擦，但是怕指甲或硬物的敲击。

例如苹果 iPhone 3G 手机采用直板 3.5in 1670 万色，分辨率为 480×320 的电容式触摸屏。

（2）电阻式触摸屏

电阻式触摸屏基本结构是上导体层、下导体层以及这两导体层间的腔。触摸屏工作时，上、下导体层相当于电阻网络。当上导体层或者下导体层电极加上电压时，会在该导体层上形成电压梯度。当手触摸触摸屏时使得上、下导体层在触摸点接触，此时会在电极未加电压的另一导体层测得接触点处的电压，即可得出接触点处的坐标。电阻式触摸屏结构如图 3-35 所示。

电阻式触摸屏上导体层、下导体层采用涂有一层透明的 ITO 氧化铟导电层。导体层、下导体层间采用一些隔离支点使两层分开，以便触摸触摸屏时上、下导体层在触摸点接触，不触摸时，恢复正常状态。另外，最上面手接触部位（层）往往是硬涂层，以免手接触破坏里面的薄膜。同时，最下面一层外加玻璃或者塑料透明的硬底层用来支撑上面的结构，以免手触摸时，发生异常位移。

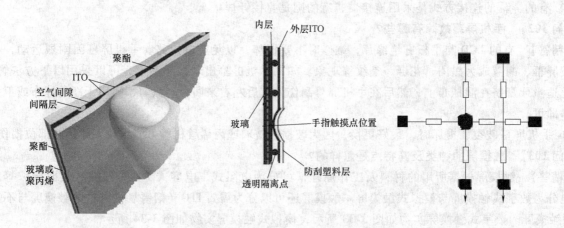

图 3-35　电阻式触摸屏的结构

另外，实际上触摸屏是由触摸感应膜与液晶显示器组成的，而且触摸感应膜一般位于液晶显示器上面。更换触摸屏更多的是指更换触摸感应膜，如图 3-36 所示。

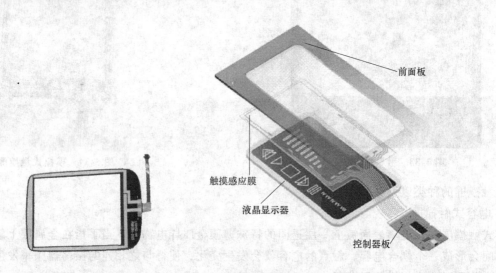

图 3-36　触摸屏的组成

【问 104】　多点触摸屏的特点与种类是怎样的？

【精答】　多点触摸屏也就是多重触摸屏，多点触摸屏具有多信号通道（普通触摸屏只有唯一的信号通道）、许多纵横交错的检测线以及许多相对独立的触控单元。触摸屏可以支持多个触摸点，与控制芯片以及应用软件有关。

多点触摸屏可以分为自电容多点触摸屏与互电容多点触摸屏，结构见表 3-31。

触摸屏用手指一般能实现轻松操作。但是，如果操作十分生涩，并且反复操作也没有反应，则可能是触摸屏连线有问题。

【问 105】　手机摄像头有哪些种类？

【精答】　摄像头种类有潜望式摄像头、超声波马达模组摄像头（由超声波驱动实现的自动对焦功能）、光学变焦模组、定焦摄像头、闪光灯模块（具有闪光功能）、直流电动机伸缩模组（具有自动伸缩功能）、自动微距摄像头、数字式摄像头、模拟式摄像头。3G 手机一般采用数字式摄像头。

模拟式摄像头是将视频采集设备产生的模拟视频信号转换成数字信号，进而将其储存到主存储器中。模拟式摄像头捕捉到的视频信号必须经过特定的设备将模拟信号转换成数字信号，以及加以压缩后才能够转换到主存储器上运用，然后经过主存储器编辑，才能通过显示器输出显示。

表 3-31　多点触摸屏

名称	结　　构	名称	结　　构
自电容多点触摸屏	防反光涂层 保护层 粘贴层 透明电极 玻璃基板 液晶显示层	互电容多点触摸屏	防反光涂层 保护层 粘贴层 驱动线 检测线 玻璃基板 液晶显示层

　　数字式摄像头是直接将摄像单元与视频捕捉单元集成在一起，再通过串、并口或者 USB 接口连接到主系统上。手机上的摄像头主要是直接通过 IO（BTB、USB、MINI USB 等）与主系统连接，经过主系统的编辑后以数字信号输出到显示器上显示。

　　有的 3G 手机摄像头没有自动对焦、没有提供补光灯，有的 3G 手机摄像头具有自动对焦以及提供补光灯等完善的摄像部件。另外，采用可录制式摄像头成了目前 3G 手机摄像头的一种趋势。

　　【问 106】　摄像头的工作原理是怎样的？

　　【精答】　摄像头的工作原理为景物通过镜头生成的光学图像投射到图像传感器表面上，然后转为电信号，经过模数转换电路转换后变为数字图像信号，再送到数字信号处理芯片（DSP）中加工处理，通过 IO 接口传输到主处理器中，最后通过显示器显示景物。

　　【问 107】　摄像头常见结构的特点是怎样的？

　　【精答】　摄像头常见结构见表 3-32。

表 3-32　摄像头常见结构

名　　称	解　　说
镜头	摄像头的成像关键在于传感器，为扩大 CCD 的采光率必须扩大单一像素的受光面积。镜头一般在传感器的前面，传感器的采光率不是由传感器的开口面积决定的，而是由镜头的表面积决定的 镜头是由几片透镜组成，可以分为塑胶透镜（常用 P 表示）、玻璃透镜（常用 G 表示）。镜头也可以是塑胶透镜与玻璃透镜的组合。玻璃透镜比塑胶透镜贵，成像效果好 镜头表示识读方法，例如 1G3P 表示 1 片玻璃透镜与 3 片塑胶透镜组成的镜头
分色滤色片	分色滤色片有 RGB 原色分色法与 CMYK 补色分色法。其中，RGB 原色分色法可以组成几乎所有的人类眼睛可以识别的颜色。CMYK 补色分色法是通过青（C）、洋红（M）、黄（Y）、黑（K）四个通道的颜色配合而成。此方法调出的颜色不如 RGB 的颜色多
感光层（传感器）	感光层（传感器）主要是将穿过滤色层的光源转换为电信号，再将信号传送到影像处理芯片，以还原影像。感光层（传感器）是一种半导体芯片，其表面包含有几十万至几百万只光敏二极管。这主要是利用光敏二极管受到光照射时，产生电荷的机理 感光层（传感器）常见的类型有电荷耦合器件（Charge Couple Device,CCD）与互补金属氧化物半导体（Complementary Metal Oxide Semiconductor,CMOS） CMOS 是电压控制的一种放大器件，也是组成 CMOS 数字集成电路的基本单元，同时也可以组成 CMOS 传感器

摄像头模块是采用高密度组装技术，在电路板上安装了一些半导体芯片与许多无源器件，使得摄像头不再是镜头、传感器等的分离组合，而是高度集成的摄像链路模块，如图 3-37 所示。

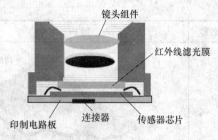

从图 3-37 可知，摄像头模块由镜头组件、塑料外壳、红外线滤光膜、传感器芯片、连接器、印制电路板等组成。

图 3-37　摄像头模块

【问 108】　摄像电路中的 A-D 转换器有哪些特点？

【精答】 摄像电路中的 A-D 转换器的重要指标有转换速度、量化精度。手机的摄像电路中的 A-D 转换器要求转换速度高，对于量化精度需要 A-D 转换器将每一个像素的亮度、色彩值量化为若干的等级，即摄像头的色彩深度。量化精度常用色彩位数（bit）表示。有的摄像头模块的 CMOS 集成电路已经内置了数字化传输接口，则 A-D 转换器不需要再另外采用了。

【问 109】　摄像电路中数字信号处理芯片有哪些特点？

【精答】 数字信号处理芯片（DSP）主要功能是通过一系列复杂的数学算法，对数字图像信号参数进行优化处理，并把处理后的信号通过接口传到其他设备中。数字信号处理芯片的结构一般包括镜像信号处理器（ISP）、JPEG 图像解码器（JPEG Encoder）、USB 设备控制器（USB Device Controller）等。

【问 110】　摄像头的技术指标及其特点有哪些？

【精答】 影像质素控制取决于颜色饱和、色调、伽玛等。摄像头的技术指标及其特点见表 3-33。

表 3-33　摄像头的技术指标及其特点

名　称	解　说
白平衡	要求在不同的色温环境下，照白色的物体，屏幕上的图像也要是白色，白平衡调节实际是调节三基色的比例，来达到对信号的修正，从而使图像看上去也是白色的
白平衡处理技术	白平衡处理技术要求在不同色温环境下，照白色的物体，屏幕中的图像也应是白色的。传感器没有相应的"白"处理功能，因此需要对传感器输出的信号利用白平衡处理技术进行一定的修正
彩色深度	彩色深度即是色彩位数，其反映对色彩的识别能力与成像的色彩表现能力，一般用二进制数字来记录三原色。彩色深度越高，获得的影像色彩就越艳丽。专业型传感器至少是 36 位的
电源	摄像头内部一般需要 3.3V 与 2.5V 两种工作电压
分辨率	分辨率就是指画面的解析度，由像素构成，数值越大，图像也就越清晰，一般分辨率是以乘法形式表示的。分辨率与显示尺寸、显像管点距、视频带宽等因素有关。图像分辨率如下： CIF(352×288) 又称 10 万像素。 QCIF(176×144)。 QSIF/QQVGA(160×120)。 SIF/QVGA(320×240)。 SVGA(800×600) 又称 50 万像素。 SXGA(1280×1024) 又称 130 万像素。 VGA(640×480) 又称 30 万像素(35 万像素是指 648×488)。 XGA(1024×768) 又称 80 万像素
光学变焦	光学变焦依靠光学镜头结构实现变焦。通过镜片移动来放大和缩小景物
连拍	连拍是通过节约数据传输时间来捕捉摄影时机，将数据装入相机内部的高速存储器而不是向 SD 卡传输数据，从而可以在短时间内连拍，现在最快的连拍可做到 7 张/s
视角	视角就是成像范围
输出/输入接口	输出/输入接口的种类与特点如下： 串行接口(RS232/422)——传输速率慢，为 115kbit/s 并行接口(PP)——速率可以达到 1Mbit/s 红外接口(IrDA)——速率为 115kbit/s 通用串行总线 USB——USB1.1 速率可达 12Mbit/s；USB2.0 速率 480Mbit/s，USB3.0 最大传输率为 5Gbit/s IEEE1394(相线)接口(即 ilink)——传输速率可达 100～400Mbit/s
数字变焦	数字变焦通过 DSP 把图片内的每个像素面积增大，从而达到放大的目的，但是图像效果差

（续）

名 称	解 说
图像格式	图像格式有 RGB24、I420、RGB565、RGB444、YUV4:2:2 等
图像压缩方式	静态图像压缩方式 JPEG 是一种有损图像的压缩方式，压缩比越大，图像质量也就越差。当图像精度要求不高、存储空间有限时，可以选择该格式
图像噪声	图像噪声是指图像中的杂点干扰，具体表现为图像中有固定的彩色杂点
像素	像素（Pixel）分有效像素和最大像素，真正参与感光成像的像素值叫有效像素。经过 DSP 内部通过插值运算所得的像素叫最大像素。像素是构成影像的最小单位

【问 111】 什么是手机摄像头和对焦技术？

【精答】 手机摄像头一般采用 CMOS 传感器，其可以分为定焦照相模组与自动对焦模组。目前，手机摄像头基本上要采用百万像素以上自动对焦模组。

电动机自动对焦技术工作过程是先机械运动对焦，再拍照，即是靠电动机带动镜头整体移动，分别把远处和近处的物体聚焦到感光芯片的表面上实现摄像。电动机有采用步进电动机的。

波表编码技术自动对焦采用光学编码实现先拍照，再电子解码对焦。即用光学镜片来实现图像信息的编码并记录下来，然后经感光芯片将编码的图像信息送到解码芯片进行解码，还原出原始的图像信息。其中，解码可以实现对不同距离物体的对焦，即实现自动对焦的功能。

有的 3G 手机采用主、副摄像头，实现外拍与自拍的需要。一般外拍摄像头比自拍摄像头像素高一些。

3G 手机摄像头像素有 1200 万像素、320 万像素、300 万像素、200 万像素、30 万像素等。3G 手机有的摄像头也可以录制视频，即常说的拍照/视讯镜头。

VC0578BRDB 是 VIMICRO 照相模块。VC0578 可支持高达 500 万像素的手机嵌入式数码相机图像处理芯片。其内置 MPEG4 硬件编解码器可用于支持 3G 手机视频通话的需求。

【问 112】 手机摄像头常见问题与原因有哪些？

【精答】 手机摄像头常见问题与原因见表 3-34。

表 3-34 手机摄像头常见问题与原因

问 题	原 因
暗角	暗角就是照片的四角比中心偏暗。原因如下： 1）镜头聚焦后的光线不能均衡的照射到传感器表面 2）手机镜头小到不能让入射的光线完整均匀地照在传感器表面，从而出现暗角 有些传感器通过提高四角的信号增益而将中心和四周的信号拉平，使人眼看不到暗角存在
彩点	由于传感器的生产工艺限制，无可避免出现一些感光性能不好的感光点
鬼影、水纹	一般是传感器与 DSP 之间有些信号线断开
黑角	黑角就是某一角根本没有光线照射到，原因可能是镜头固定架异常
黑屏	一般是传感器电源脚开路
画面扭曲	一般是镜头异常，使光线出线折射等现象
模糊	图像模糊，可能是镜头不干净或者焦距没调整好等原因引起的
偏色	一般是软件问题，要修改软件
死点	照片中出现一些不协调的黑点或者亮点，这可能是由于高温或者静电造成感光点破坏而出现的伤点

【问 113】 SIM 卡有哪些特点？

【精答】 SIM 卡是一张带有微处理器的芯片卡、用户识别卡，内部由 5 个模块组成：CPU、程序存储器（ROM）、工作存储器（RAM）、数据存储器（EEPROM）、串行通信单元。SIM 卡能够储存多少电话号码取决于 EEPROM 的容量。

SIM 卡有大小之分，大卡尺寸为 54mm×84mm，小卡尺寸为 25mm×15mm。目前，基本上采用小卡。

SIM 卡也分为标准 SIM 卡与微型 SIM 卡，例如 iPhone 4 就是采用微型 SIM 卡。

SIM 卡密码特点见表 3-35。

表 3-35　SIM 卡密码特点

名　称	解　说
PIN 码(个人识别码)	个人识别码属于 SIM 卡的密码,其码长 4 位,由用户自己设定。个人识别码初始状态是不激活的。启动该功能后,用户每次重新开机,通信系统就要与手机之间进行自动鉴别,以判断 SIM 卡的合法性
PIN2 码	PIN2 码属于 SIM 卡的密码,其与手机上的计费和 SIM 卡内部资料的修改有关
PUK 码	PUK 码是解 PIN 码的万能锁,每张 SIM 卡有各自对应的 PUK 码,码长 8 位

SIM 卡与手机连接时，端口接头有电源（VCC）、时钟（CLK）、数据 I/O 端口（Data）、复位（RST）、接地端（GND）。

SIM 卡在日常使用中不要将卡弯曲，不要用手去触摸卡上的金属芯片、避免沾染尘埃及化学物品、不要将 SIM 卡置于超过 85℃或低于 −35℃的环境中。

【问 114】　怎样识读不同厂商 SIM 卡的存储容量？

【精答】　不同厂商 SIM 卡存储容量见表 3-36。

表 3-36　不同厂商 SIM 卡存储容量

厂商	型号	中央处理器/bit	ROM/kbit	RAM/kbit	EEPROM/kbit
Thomson	ST16612	8	6	128	2
Thomson	ST16	8	16	256	8
摩托罗拉	SC21	8	6	128	3
摩托罗拉	SC27	8	12	240	3
摩托罗拉	SC28	8	16	240	8
日立	H8	8	10	256	8
日立	3101	16	10	256	8

【问 115】　USIM 卡有哪些特点？

【精答】　USIM 卡是手机卡的一种，2G 手机使用的手机卡称为 SIM 卡、UIM 卡（CDMA 网用）。3G 用户使用的手机卡称为 USIM 卡。

USIM 卡即全球用户身份模块，它是 3G 用户服务识别模块，具体包括 WCDMA 卡、cdma2000 卡、TD-SCDMA 卡。USIM 卡具有个人身份识别模块，内部具有一套或多套信息，包括有国际移动用户标识、移动用户 ISDN 号码、密钥、短消息、多媒体消息业务（MMS）等。USIM 卡比 SIM 卡数据传输速度更快、安全性更高、存储容量更大、采用双向鉴权机制，并且可支持大容量的视频、音频、游戏下载等。另外，目前 USIM 卡必须具备从 2G 平滑过渡到 3G 的能力，也就是 USIM 卡能自如的在 GSM 与 UMTS 网络中实现自动漫游。为此，USIM 卡分为复合 USIM 卡与纯 USIM 卡。USIM 卡实物如图 3-38 所示。USIM 卡内部电路如图 3-39 所示。

图 3-38　USIM 卡实物

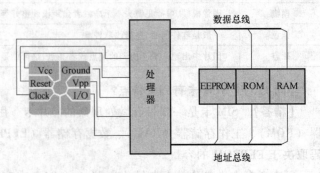

图 3-39　USIM 卡内部电路

USIM 卡容量一般为 128KB，可以存储 500 个电话号码，比 SIM 卡存储电话号码的数量要多些。

UICC 卡就是通用集成电路卡，SIM 卡与 USIM 卡均是 UICC 卡的具体应用。另外，USIM 卡与魔卡有区别。魔卡是指一卡双号或一卡多号的卡。

【问 116】　SIM 卡座与 USIM 卡座是怎样的？

【精答】　SIM 卡座有时也叫做 SIM 卡连接器。SIM 卡座是卡连接器的一种。卡连接器包括 SIM 卡连接器、TF 连接器。

SIM 卡座是提供与 SIM 卡通信的接口。SIM 卡座一般是通过其上的弹簧片加强与 SIM 卡的接触，从而保证 SIM 卡的接口端的充分接触。SIM 卡的接口端一般具有时钟端、数据端、供电端、复位端、接地端。

SIM 标准卡座一般是 6 脚端，也有 8 脚端翻盖式卡座、自弹式 SIM 卡座、带卡扣 SIM 卡座。

SIM 标准卡座一般是焊接在 PCB 上。

有的 TD 3G 手机采用双卡槽设计，可插入一张 GSM 网络的 SIM 卡，与另一张 3G 网络的 USIM 卡（TD-SCD-MA 卡、WCDMA 卡、cdma2000 卡）实现了双模双待，如图3-40所示。

3G 手机也可以通过手机进行双卡设定：主卡的设定。采用双卡同时在网，一般比单卡费电。

另外，STK 是用户识别应用发展工具，STK 卡是一种在 SIM 卡基础上附加增值业务的智能卡。STK 卡与 SIM 卡一样，可以在普通 GSM 手机上使用，只是 STK 卡容量为 32KB。

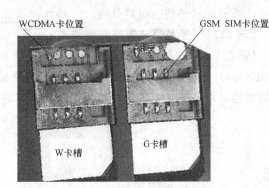

图 3-40　3G 双卡座

【问 117】　SIM 卡座与 USIM 卡座引脚定义是怎样的？

【精答】　SIM 卡座与 USIM 座卡引脚定义见表 3-37。

表 3-37　SIM 卡座与 USIM 座卡引脚定义

触点编号	分配功能	触点编号	分配功能
1	电源电压	5	接地
2	复位	6	编程电压
3	时钟	7	输入/输出
4	保留，未使用	8	保留，未使用

【问 118】　micro SD 存储卡与其扩展槽有哪些特点？

【精答】　micro SD 卡原名为 Trans-flash Card，2004 年年底正式更名为 micro SD 卡，其又叫做 TF 卡。有的 3G 双手机采用双 TF 卡。

micro SD 卡是一种快闪存储器卡，能够扩大手机的存储空间，例如储存数字照片、MP3、游戏等个人数据。micro SD 卡可以通过卡在 micro SD 存储卡扩展槽里实现在手机上的安装。micro SD 卡具有不同的容量。同一张 micro SD 卡可以应用在不同型号的手机内，其通用性强。

3G 手机一般也采用了 micro SD 存储卡扩展槽，例如联想的 TD-SCDMA 手机 TD900。部分 3G 手机采用双 micro SD 扩展卡槽。

另外，也有 SIM 卡连接器 + TF 卡连接器二合一的扩展槽。有的 micro SD 卡插口支持热插拔。如果 micro SD 卡槽位于电池下面，则一般是不支持热插拔的。

【问 119】　micro SD 存储卡相关问题有哪些？

【精答】　micro SD 存储卡相关问题主要是损坏了需要更换。格式化问题，有的可以通过软件修复。另外有读卡器相关问题、存储卡扩展槽相关问题。

micro SD 存储卡格式化可以采用电脑或者能够格式化的手机来格式化。

【问 120】　手机外壳有哪些特点？

【精答】　不同型号手机的外壳不同。手机外壳是手机的支承骨架，为电子元器件定位及固定以及承载其他所有非壳体零部件的限位。手机壳体一般采用工程塑料注塑成形。壳体常用材料有 ABS、PC + ABS、PC 等。

手机外壳一般是由上、下壳组成，上、下外形尺寸大小往往不一致，其中有底刮（底壳大于面壳）与面刮（面壳大于底壳）。一般要求底刮小于 0.1mm，面刮小于 0.15mm。无法保证零段差时，手机外壳一般采用面壳大于底壳。

外壳有磨砂外壳、塑料外壳，一些外壳也加入少量的装饰用金属材质的外壳。

【问 121】　手机屏蔽罩有哪些特点？

【精答】　屏蔽罩包括屏蔽框架与屏蔽盖。屏蔽罩一般是冲压件，壁厚为 0.2mm 或者 0.15mm，不锈钢 SUS304。手机屏蔽罩主要作用是防静电与防辐射。屏蔽框架有采用洋白铜 C7521、厚 0.2mm 的。手机射频电路等电路一般要采用屏蔽罩，否则会影响手机性能。手机屏蔽罩的外形如图 3-41 所示。

图 3-41　手机屏蔽罩的外形

【问 122】　手机用螺钉是怎样的？

【精答】　螺钉也就是紧固件。手机常用的螺钉比较小，操作需要采用专用螺钉旋具，以免造成螺钉损坏。手机的螺钉不可混淆，因为不同手机所用螺钉长短不一。如果误用了长螺钉，装机时会把手机外壳打穿。

手机主要采用 T5、T6 的螺钉。

【问 123】　手机键盘与按键有哪些特点？

【精答】　键盘一般采用连体的，有的添加了不锈钢金属框架，以保持一定的手感。键盘由键盘盘膜、按键等组成。

手机按键有不锈钢手机按键、钛金属按键、硅胶按键等。有的手机按键配件就是针对不同型号手机而称呼按键名称的。手机硅胶按键表面上的字符一般采用丝印、喷涂、镭雕或者电镀等方法实现。不锈钢手机按键实际外形如图 3-42 所示。

按键宽大的键面可以避免误操作。在手机按键代换时，需要采用符合原手机的按键代换。

按键可以采用电压法检测，即通过检测圈内、圈外电压是否正常来判断。也可以通过检测电阻来判断。

图 3-42　不锈钢手机按键外形

【问 124】　金属弹片导电膜有哪些特点？

【精答】　金属弹片导电膜（Metal Dome Array），是一块包含金属弹片（金属弹片也叫做锅仔片）的薄片，利用锅仔片稳定的回弹力，可以用在 PCB 或 FPC 等电路板上作为开关使用，在使用者与手机间起到一个重要的触感型开关的作用。与传统的硅胶按键相比，导电膜具有更好的手感。

【问 125】　机身侧键有哪些特点？

【精答】　机身侧键因不同的机型而有差异。常见的机身侧键有拍照快门、锁定键、复位键、菜单键、音量调节键。维修拆卸时，需要注意机身侧键。机身侧键的外形如图 3-43 所示。

图 3-43　机身侧键的外形

【问 126】　什么是 FPC？

【精答】　FPC 又称挠性电路板、软性电路板、柔性印制电路板，简称软板。其英文为 Flexible Printed Circuit，简称 FPC。FPC 是利用柔性的绝缘基材制成的印制电路。FPC 具有可自由弯曲、可自由折叠、可自由卷绕、可依空间布局任意安排、可在三维空间任意移动与伸缩、易于装连、良好的散热性、良好的可焊性等特点。

FPC 配线具有密度高、重量轻、厚度薄、可减轻电子产品的重量、可缩小电子产品的体积等特点。

FPC 一般采用的基材以聚酰亚胺（Polyimide，Pi）覆铜板为主。该类基材尺寸稳定性好、耐热性高、良好的电气绝缘性能，具有一定的机械保护作用。FPC 常由绝缘基材、铜箔、覆盖层、增强板等组成。

FPC 常见基材结构见表 3-38。

表 3-38　FPC 常见基材结构

名称	图　例	名称	图　例
单面 Pi 敷铜板	Cu 12～70μm AD 15～30μm Pi 12.5～75μm	双面 Pi 敷铜板	Cu 12～70μm AD 15～25μm Pi 12.5～75μm AD 15～25μm Cu 12～70μm
无胶 Pi 敷铜板	Cu 18μm Pi 12.5～25μm		

FPC 的分类有多种，有单面板、双面板、镂空板、多层板、软硬结合板；底铜厚度有 9μm、12μm、18μm、35μm、70μm 等；有压延铜 FPC、电解铜箔 FPC；有环氧树脂胶 FPC（环氧树脂胶也就是通常所说的 AB 胶或 AD 胶）、压克力胶系 FPC；绝缘基材有聚酰亚胺薄膜 FPC、聚酯（Polyester，PET）薄膜 FPC、聚四氟乙烯（Ployterafluoroethylene，PTFE）薄膜 FPC；有聚酯增强板 FPC、聚酰亚胺薄片增强板 FPC、环氧玻纤布板增强板 FPC、酚醛纸质板增强板 FPC、钢板增强板 FPC、铝板增强板 FPC 等。

一些 FPC 的结构图示见表 3-39。

表 3-39　一些 FPC 的结构

名称	图　例	名称	图　例
普通单面板	Pi／保护膜 胶 铜／覆铜板 胶 Pi	普通双面板	Pi／保护膜 胶 铜／胶／基材 Pi／Pi／孔化孔 胶 铜／胶 胶 Pi／保护膜

（续）

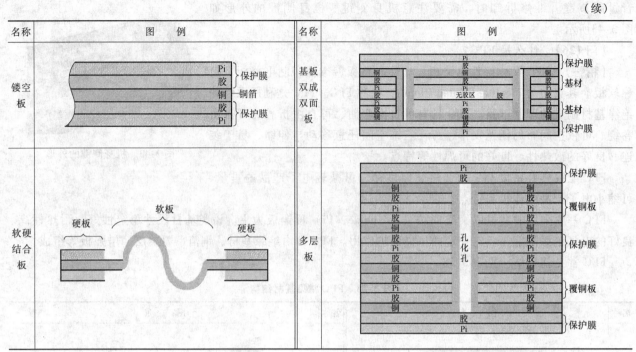

名称	图例	名称	图例
镂空板	Pi／胶／铜／胶／Pi（保护膜、铜箔、保护膜）	基板双成双面板	Pi／胶／铜／胶／Pi／胶／Pi／胶／铜 无胶区 胶／Pi／胶／铜／胶／Pi（保护膜、基材、基材、保护膜）
软硬结合板	硬板—软板—硬板	多层板	Pi／胶／铜／胶／Pi／胶／铜／胶／Pi／胶／铜／胶／Pi／胶／铜／胶／Pi 孔化孔（保护膜、覆铜板、保护膜、覆铜板、保护膜）

【问 127】　手机 FPC 有哪些特点？

【精答】　手机 FPC 的特点见表 3-40。

表 3-40　手机 FPC 的特点

名　称	图　例
手机内置天线 FPC	
手机排线 FPC	
手机卡板 FPC	

　　另外，还有液晶模块 FPC、触摸屏 FPC、手机双卡凸点 FPC、手机双卡通 FPC、手机摄像头排线、蓝牙按键开关排线等。

　　3G 手机 FPC 的连接有的采用连接器连接，有的直接焊接。另外，有的 FPC 上采用了压制泡棉，维修时压紧泡棉不要丢失，以免 FPC 脱落。在拉出 FPC 时要小心，以免拉断。

【问 128】　3G 手机用氙气闪光灯是怎样的？

【精答】　有的 3G 手机中的氙气闪光灯与 SIM 卡模块通过排线连接。例如，索尼爱立信 Satio 氙气闪光灯模块就是如此，外形如图 3-44 所示。

图 3-44　氙气闪光灯的外形

【问 129】　手机天线是怎样的？

【精答】　手机天线可以分为外置天线与内置天线，具体见表 3-41。

表 3-41　手机天线

名称与解说	图　例
外置天线有螺旋外置天线、S 行弹片外置天线、PCB 板式外置天线、带电镀帽外置天线、卡扣式外置天线等，外置天线主要参数有频段范围、最大增益、垂直极化输入阻抗、电压驻波比、最大耐功率、工作温度等，维修时还需要考虑手机或者顾客所需天线的颜色	螺旋外置天线　　　　S行弹片外置天线 PCB板式外置天线　　　带电镀帽外置天线
内置天线有微带贴片天线、缝隙天线、IFA 天线、PIFA 天线、FPC 天线等	

外置天线与内置天线相比，一般而言外置天线通信效果较好。天线的连接方式有金属弹片固定或者通过螺钉固定。天线属于标准件。3G 手机一般采用内置天线，而且天线不止一副，例如 iPhone 3G 手机就是如此，其外形如图 3-45 所示。还有的 3G 手机其不锈钢边框也作为天线使用（例如 iPhone 4 3G 手机）。

另外，天线还有 CMMB 电视天线、GPS 天线、蓝牙天线等。手机天线与电路的连接方式有螺纹连接式、插接式、卡接式、触点焊接式等。

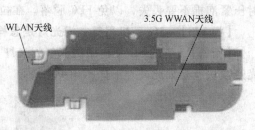

图 3-45　内置天线的外形

【问 130】　什么是 CMMB 电视天线？

【精答】　有的 3G 手机采用了拉杆式的 CMMB 电视天线，例如 TD-SCDMA + CMMB 组合手机联想 TD900 就是如此，如图 3-46 所示。

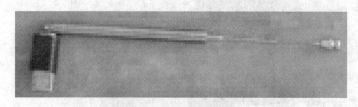

图 3-46　CMMB 电视天线

CMMB 外置天线（U 波段）参数要求：接收频率为 470 ~ 860MHz、阻抗为 50Ω、天线增益大于或者等于 − 7dB。

CMMB S 波段接收天线参数要求：接收频率为 2635 ~ 2660MHz、阻抗为 50Ω、极性左旋化、天线增益为 2 ~ 5dB。

【问 131】　什么是 GPS 天线？

【精答】　GPS 天线是将卫星发射出来的电磁波转换成电流。GPS 天线可以分为内置天线、外置天线，其中内置天线可以分为无源天线、有源天线。无源天线不要电源供电，主要由银层、陶瓷片等组成。有源天线需要供电，一般由陶瓷天线、低噪声放大电路、线缆、接头、密封防水圈等组成。

GPS 天线有源天线工作频率为 1575.42MHz、输入阻抗为 50Ω、带宽为 ±5MHz、增益为 26dBm、噪声值为 1.5dB 等。

有的手机 GPS 天线是用双面泡棉粘在前壳上的，起固定作用。安装 GPS 天线时，一定不要忘记安装，以免重新拆机安装。

【问 132】　什么是蓝牙天线？

【精答】　蓝牙天线与其他天线一样，均是实现无线电与电信号间的接收或发送。蓝牙的天线种类见表 3-42。

表 3-42　蓝牙天线的种类

类　型	解　　说
PIFA 天线	PIFA 天线外观就像一个倒置的 F，金属导体可以用线状或片状
偶极天线	偶极天线外观上看一般是圆柱形或薄片形，天线底端有一个转换接头作为能量馈入的装置。偶极天线有可旋转式、SMD 组件式等类型
陶瓷天线	陶瓷天线有多层陶瓷天线、块状天线。多层陶瓷天线是将天线金属部分印在内层，达到隐藏天线的目的。块状天线是使用高温将整块陶瓷体一次烧结完成后，再将天线的金属部分印在陶瓷块的表面上

蓝牙天线性能要求阻抗为 50Ω、增益为 2.0dB、BPF 带通滤波器、不平衡变换器。其中带通滤波器要求能够滤除高于或低于该频段的信号，不平衡变换器要能够将双向平衡的信号转成非平衡信号等。

【问 133】　什么是连接器？

【精答】　连接器在手机中是重要的器件，由于要降低成本而不能明显使质量出现下滑，因此一些手机中的连接器就不是那么好。特别是价格相对低但是功能齐全的 3G 手机，关键部件采用质量好的，则自然在连接器等方面要降低成本，采用质量相对差的连接器。为此，维修往往会遇到与连接器有关的故障。

不同的手机所使用的连接器种类略有差异。常见的连接器有板对板连接器、FPC 连接器、外部连接的

I/O 连接器、SIM 卡连接器、电池连接器、摄像头连接器等。

3G 手机连接器要求间距小，因此，目前一般采用间距为 0.4mm、0.5mm 的连接器。

【问 134】　FPC 连接器有哪些特点？

【精答】　FPC 连接器用于 LCD 显示屏到驱动电路的连接，目前 FPC 连接器间距分为 0.3mm、0.4mm、0.5mm 等种类。如果 LCD 驱动器整合到了 LCD 器件中，则 FPC 连接器引脚数相应也会变化，具体需要根据具体的机型来定。

【问 135】　什么是板对板连接器？

【精答】　板对板连接器主要用于电路板间的连接，目前板对板连接器间距为 0.35mm、0.4mm 等种类。另外，板对板连接器的高度随着手机的发展也会减小。

有的 3G 手机部分连接是采用触点连接，如图3-47所示。

【问 136】　什么是 I/O 连接器？

【精答】　I/O 连接器可以实现手机电源、信号的连接。I/O 连接器具有圆形、MicroUSB 连接器等；带电池连接器的 I/O 连接器、不带电池连接器的 I/O 连接器。部分 I/O 连接器的种类见表 3-43。

图 3-47　采用触点连接的连接器

表 3-43　部分 I/O 连接器的种类

名　　称	图　　例
带电池连接器的 I/O 连接器，具有 18 + 3PIN（其中 3PIN 用于电池连接，18PIN 间一般是 0.5mm）、18 + 2PIN（其中 2PIN 用于电池连接，18PIN 间一般是 0.5mm）	18 + 3PIN
不带电池连接器的 I/O 连接器，具有 18PIN 壳槽、18PIN 插座、24PIN 等类型，PIN 间距一般是 0.5mm	18PIN 壳槽

【问 137】　什么是音频连接器？

【精答】　音频连接器有 A 类 6PIN、B 类 3PIN，如图 3-48、图 3-49 所示。

图 3-48　A 类 6PIN

图 3-49　B 类 3PIN

选择音频连接器时，注意底座高度、套筒直径、引脚数目以及尺寸要相配。

音频连接器的连接方式一般是焊接固定在 PCB 上。音频连接器属于标准件，维修选用即可。

【问 138】　什么是电池连接器？

【精答】　电池连接器的种类有弹片式、顶针式、闸刀式。具体的种类有 4PIN 弹片式电池连接器、3PIN 弹片式电池连接器、1PIN 弹片式电池连接器、3PIN 电池连接器、3PIN 立式电池连接器、2PIN 顶针式电池连接器、3PIN 顶针式电池连接器等。3PIN 弹片式电池连接器与 3PIN 顶针式电池连接器如图 3-50、图 3-51 所示。

图 3-50　3PIN 弹片式电池连接器　　　　　　　　图 3-51　3PIN 顶针式电池连接器

电池连接器一般是焊接在 PCB 上。另外，到 2012 年国外将主要采用 MicroUSB 作为充电连接器的标准接口。

【问 139】　什么是 USB 连接器？

【精答】　USB 连接器一般是采用通用件，有的 USB 连接器兼具充电端子与连接耳机的双重功能。

目前，3G 手机基本采用了 miniUSB 数据线接口，有的接口具有防尘盖，如图 3-52 所示。

有的 3G 手机支持 U 盘模式，可以实现与 PC 连接，进行数据交换。但是，需要注意有的 3G 手机 USB 连接与蓝牙不能同时开启。因此，不要误认为是 3G 手机出了故障。

图 3-52　miniUSB 数据线接口

有的 3G 手机采用耳机接口、数据线接口、充电器接口三合一的集成接口。

【问 140】　手机电池种类与特点是怎样的？

【精答】　目前的 3G 手机一般采用锂离子电池，具体采用的电池容量、充电电压、标称电压等因机型不同有差异。不过，目前的双模 3G 手机基本上与 2G 手机电池差不多，安装方式与外形也没有根本变化。采用的电池有 1300mA·h 容量的电池、1100mA·h 容量的电池、1500mA·h 的电池等。1100mA·h 的锂离子电池实物如图 3-53 所示。iPhone 4 采用的是 1420mA·h 大体积电池，可支持 7h 3G 通话或 14h 2G 通话。

3G 手机后备电池一般采用纽扣电池，如图 3-54 所示。

图 3-53　1100mA·h 的锂离子电池　　　　　　　　图 3-54　后备电池

【问 141】　怎样辨别手机电池的真伪？

【精答】　手机电池板的真伪判断方法见表 3-44。

表 3-44　手机电池板的真伪判断方法

方　法	解　说
看标识	正规的手机电池板上的标识印刷清晰,伪劣产品手机电池板上的标识模糊。真电池板的电极极性符号 + 、- 直接做在金属触片上,伪劣产品的做在塑料外壳上面或者没有该标志
看工艺	正规的电池板熔焊好,前后盖不可分离,没有明显的裂痕。伪劣产品的电池板一般手工制作,用胶水粘合
看安全性能	正规的手机电池板一般装有温控开关,进行保护。伪劣电池板,均无此装置,安全性差

【问 142】　电池使用注意事项有哪些？

【精答】　电池使用注意事项如下：

1）不要将电池放到温度非常低或者非常高的地方。

2）要防止电池接触金属物体，以免可能使电池 "＋" 极与 "－" 极相连，致使电池暂时或永久损坏。

3）不要使用损坏的充电器或电池。

4）电池连续充电不要超过 1 周，以免过度充电缩短电池寿命。

5）充电器不用时，要断开电源。

6）电池只能用于预定用途。

7）不要将电池掷入火中，以免电池爆炸。

8）不要拆解或分离电池组或电池。

9）如果发生电池泄漏，请不要使皮肤或眼睛接触到液体。如果接触到泄漏的液体，请立即用清水冲洗皮肤或眼睛，并且寻求医疗救护。

【问 143】　什么是手写笔？

【精答】　有的手机手写笔插槽就在转轴处。如果维修时，怀疑是手写笔有问题，一般可以直接用手指操作，如果用手指操作正常，则说明是手写笔有问题。

手写笔异常，直接代换即可。

【问 144】　印制板与布线的规律对维修有哪些指导？

【精答】　印制板与布线的规律对维修的指导信息如下：

（1）印制板与布线的 ESD 考虑

1）一般要求元器件离板边保持一定的距离。

2）敏感线（复位，PBINT）一般是走板内层，并且不要太靠近板边。

3）ESD 器件接地良好，直接连接到地平面。

4）受保护的信号线保证先连接 ESD 器件，路径尽量短。

5）ESD 器件要就近摆放。

（2）印制板与布线的 EMI 考虑

1）高速信号线（13MHz 时钟线等）、电源线等易产生辐射与干扰的线一般安排在板的中间层，并且采用地平面隔开、保护。

2）音频、RST、RF-RAMP 信号等敏感信号容易被干扰而影响性能，一般采用地隔开与保护。

3）解耦电容一般靠近相应的器件。

4）射频、数字信号、音频电路之间一般采用了隔离与保护措施。

5）一般要求器件尽量放在屏蔽罩内，避免不必要的辐射。

6）FPC 的 EMI 尽量靠近连接器。

（3）音频线

　　音频线（特别是 MIC 的线）一般是与其他线充分隔离的，而且整个用 GND 包起来。另外，滤波前后的线不能相互之间有耦合。AUDIO 部分滤波电路的输入输出级应该相互隔离，不能有耦合。

　　（4）电源（LDO）

　　电源和 LDO 输出线上的电容尽量靠近相应的引脚。芯片电源的滤波电容必须放在芯片相应引脚旁边，比如 AVDDVBO、AVDDVB、AVDDBB、AVDDAUX、AVDD36、VBAT、VDRAM、VDDIO、VMEM、DVDD3V、VDD、VLCD 等。

　　（5）其他

　　1）元器件与元器件外框边缘的距离大于 10mil[⊖]，一般最少为 12mil，元器件距板边的距离至少在 12mil 以上，结构定位器件除外。

　　2）RF 部分将收发电路功能块电路分开，并采用屏蔽盖屏蔽。

　　3）晶体振荡器必须放在离芯片最近的地方，但不要放在靠近板边的地方，包括 13MHz、32.768kHz 振荡器。

　　4）基带处理芯片及外部存储器尽量靠近，并采用屏蔽盖屏蔽。

　　5）屏蔽盖的焊接线的宽度视屏蔽盖厚度而定，但至少 25mil，元器件距离屏蔽盖的焊接线距离至少 12mil，同时要考虑器件的高度是否超出屏蔽盖。

　　6）升压电路、音频电路、FPC 远离天线。

　　7）充电电路远离 RF、音频电路以及其他敏感电路。

　　8）保证 RF 走线尽量短，而且不要有交叉。

　　9）大功率线（PA 输出和从开关到天线的连线）优先级更高。

　　⊖　1mil = 25.4 × 10⁻⁶m，后同。

第4章 维修工具、仪器设备及维修技法

一、工具与设备以及拆焊指导

【问1】 手机维修需要哪些设备或者工具?

【精答】 手机维修工具与仪器仪表包括拆装机工具或者仪器仪表、检测工具或者仪器仪表等。手机维修用的一些设备或者工具见表4-1。

表4-1 手机维修用的一些设备或者工具

名 称	解 说
黑橡胶片	厚黑橡胶片铺在工作台上,起绝缘作用
小抽屉元器件架	主要用于放置相应的配件、拆机过程中的零件
工作台灯	工作台灯可以加强照明
放大镜或显微镜	主要用于查看细小元器件
电烙铁	主要用于焊接、拆卸元器件
万用表	主要用于检测电路与元器件,最好指针万用表与数字万用表均有
稳压源	检测时用的外置电源,稳压源一定要有短路保护、过电流保护等功能
示波器	主要用于检测波形等,注意检测时应用的所有仪器的地线都应接在一起
工作台	不要在强磁场、高电压下进行维修操作,需在防静电的工作台上进行。工作台和工作台上的仪表要做好静电屏蔽,并且工作台要保持清洁、卫生,工具摆放有序
工具箱	主要用于放置手机维修的基本设备或者工具
毛刷	主要用于清除灰尘等

（续）

名　称	解　说
频率计	主要用于测试发射的频率、时钟等信号
撬棒	主要用于外壳、元器件的拆卸
镊子	主要用于取侧面键、安放元器件等作用
牙科挑针	主要用于受话器的挑出

另外，还需要抗静电垫子、抗静电手镯、T6 型等旋转螺钉旋具、ϕ1.4mm 十字螺钉旋具、0.02～1mm 等规格的塞规、热风枪等工具或者仪器。

【问 2】　怎样选择贴片元器件焊接、拆卸工具？

【精答】　贴片元器件焊接、拆卸工具的选择与传统插孔元器件焊接、拆卸工具的选择基本相同，主要差异在于焊接、拆卸贴片元器件所需的工具精度高、功率小。因此，一般需要选择电烙铁、焊风枪。另外，贴片元器件焊接、拆卸工具还需要一些辅助工具，例如钢网、酒精、铝箔胶带、湿棉布、棉签、镊子、松香焊膏、碗器、吸锡线、锡球、纸巾、焊锡、助焊剂、小刷子、吹气球、防静电手腕、维修平台、带灯放大镜、手指钳、医用针头、无水酒精或天那水、刮浆工具、锡浆、植锡板等。

【问 3】　常见表笔测贴片元器件时需要怎样改进？

【精答】　有的贴片元器件非常细小，用普通万用表表笔测试时，因表笔比较粗，检测不方便，而且容易造成短路以及判断不正确，另外，有的还需要把绝缘涂层刮掉，不但费时，而且降低了贴片元器件的绝缘性能。

因此，根据实际经验可以利用最小号的缝衣针焊在万用表两表笔上，这样在检测时就可以刺破绝缘涂层，直抵电极金属部位，而且操作也方便多了。不过，缝衣针直接焊在万用表两表笔上抗力不够，因此一般要用多股电缆里的细铜线将表笔与缝衣针绑在一起，再进行焊接。

【问 4】　怎样选择电烙铁？

【精答】　电烙铁的种类比较多，因此需要根据实际情况来选择电烙铁：焊接热敏元器件可以选择 35W 电烙铁；大型焊件金属极、接地片等可选择 100W 以上电烙铁；一般小型、精密件可选择 20W 外热式电烙铁；贴片元器件一般选择 20W、25W 左右的内热式电烙铁，但是一般不得超过 40W。常见电烙铁的种类见表 4-2。

表 4-2　常见电烙铁的种类

名　称	解　说
内热式电烙铁	内热式电烙铁一般由连接杆、烙铁芯、手柄、弹簧夹、烙铁头等组成。烙铁头具有凿式、圆形、尖锥形、圆面形和半圆沟形等不同的形状。烙铁头的材料一般采用高传热特性的金属铜或合金，主要功能是将烙铁芯产生的热量传递出来，并且使其头部的温度达到或超过熔化焊锡的温度。手柄的主要作用是提供部件给手握，一般采用高温塑料、电焦木、木头等绝缘隔热材料制成。烙铁头、烙铁芯、手柄一般通过铁皮制成外套固定。另外，有的电烙铁的烙铁头还具有固定螺钉，使烙铁头与烙铁芯成为一体，并且使热量充分传出以及调节烙铁头的温度等。普通电烙铁一般还具有压线螺钉，主要作用是固定电源线，以免烙铁芯与电源线连接部位受到应力而发生意外 　该类型电烙铁的烙铁芯安装在烙铁头里。烙铁芯采用镍铬电阻丝绕在瓷管上制成，一般 35W 电烙铁的电阻为 1.6kΩ 左右，20W 电烙铁的电阻为 2.4kΩ 左右。电烙铁的功率越大，烙铁头的温度也越高。电烙铁功率为 20W 时，端头温度大约为 350℃；电烙铁功率为 25W 时，端头温度大约为 400℃；电烙铁功率为 45W 时，端头温度大约为 420℃；电烙铁功率为 75W 时，端头温度大约为 440℃

（续）

名　称	解　说
外热式电烙铁	一般由烙铁头、手柄、烙铁芯、外壳、插头等组成。烙铁头具有凿式、圆形、尖锥形、圆面形和半圆沟形等不同的形状。该类型电烙铁的烙铁头安装在烙铁芯内。外热式电烙铁功率一般都较大
气焊烙铁	该类型烙铁是一种用液化气、甲烷等可燃气体燃烧加热烙铁头的烙铁。主要适用于无法供给交流电、供电不便等场合
恒温电烙铁	该类型电烙铁是指温度很稳定的电烙铁，其烙铁头内装有磁铁式温度控制器，以控制通电时间，达到恒温目的
吸锡电烙铁	该类型电烙铁是将活塞式吸锡器与电烙铁融于一体的既可拆又可焊的工具
调温电烙铁	调温电烙铁主要用于手工焊接贴片元器件。调温电烙铁分为手动调温与自动调温两种。焊接贴片元器件可以选择 200～280℃调温式尖头电烙铁
热风枪	热风枪一般用于 SMT 电子生产工艺、精密 SMD 电路板维修，主要用于微型的贴片电子零件、BGA、FBGA 等大规模 IC 的拆焊维修。一些设备大量采用了 BGA（球栅阵列）封装模块。BGA 以贴片形式焊接在主板上。因此，对维修 3G 手机人员来说，选择热风枪、熟练使用热风枪是必需的

【问 5】　怎样选择热风枪？

【精答】　热风枪，简称风枪，又叫焊风枪，它是一种适用于贴片元器件拆焊、焊接的工具。

（1）热风枪的选择

目前，有许多智能化的热风枪具有恒温、恒风、风压温度可调、智能待机、关机、升温、电源电压的适合范围宽等特点。根据实际情况选择即可。

（2）热风枪的结构

热风枪主要由气泵、线性电路板、气流稳定器、外壳、手柄组件等组成。热风枪手柄有的采用了特种耐高温高级工程塑料，耐温等级高达 300℃；鼓风机有的采用寿命 3 万 h 以上的强力无噪声鼓风机，满足大功率螺旋风输出；热风筒有的采用螺旋式的拆卸结构；发热丝有的采用特制可拆卸的更换式发热芯。

【问 6】　热风枪的工作原理是怎样的？

【精答】　不同的热风枪工作原理不完全一样。基本工作原理是：利用微型鼓风机做风源，用电发热丝加热空气流，并且使空气流的温度达到 200～480℃，即可以熔化焊锡的温度。然后，通过风嘴导向加热要焊接的零件、作业工区。另外，为了适应不同的工作环境，目前一般电路实现测控稳定温度的目的。有的还通过安装在热风枪手柄里的方向传感器来确认手柄的工作位置，以确定热风枪处于不同工作状态——"工作/待机/关机"。

【问 7】　怎样使用热风枪？

【精答】　热风枪的正确使用直接关系到焊接效果与安全，实际应用中不正确地使用热风枪会导致故障扩大化、元器件损坏、电路板损坏，甚至人身安全也受到伤害。正确使用热风枪的注意事项如下：

1）热风枪放置、设置时，风嘴前方 15cm 不得放置任何物体，尤其是可燃性物品（天那水、洗板水、酒精、丙酮、三氯甲烷等）。

2）焊接普通的有铅焊锡时，一般温度设定为 300～350℃。

3）根据实际焊接部位的大小来安装相应的风嘴，具体见表 4-3。

表 4-3　根据实际焊接部位的大小来安装相应的风嘴

类　型	风嘴规格
贴片阻容元器件、SOJ 封装的 IC	φ4mm
SOL 封装、TOP 封装、TO 封装、TQFP 封装、SOP 封装、SSOP 封装、小于 10mm×10mm 以下的 FBGA 封装的 IC	φ8mm
12mm×12mm 以上的 FBGA 封装的 IC、面积较大的 PLCC 封装的 IC	φ10mm
一般贴片电解电容、钽电容、连接器、屏蔽罩等耐温均比较低，可以采用大风嘴、低温度（<300℃）的方式来焊接、拆卸	

4）根据实际焊接环境来选择相应的风压，具体见表 4-4。

表 4-4　根据实际焊接环境来选择相应的风压

应用环境	风　压	解　说
小元器件	风压不要太高	风压不要太高,以免强风吹走元器件。风压太高,可能因高温影响作业区附近的元器件
中型的元器件	高风压	高风压可以补偿散热面积大的热量损失
大元器件	最大风压	

【问 8】　热风枪的维护、保养与使用中的注意事项有哪些?

【精答】　热风枪的维护、保养与使用中的注意事项如下:

1) 使用热风枪前要检查各连接螺钉是否拧紧。

2) 第一次使用时,在达到熔锡温度时要及时上锡,以防高温氧化烧死,影响热风枪寿命。

3) 不要在过高的温度下长时间使用热风枪。

4) 不能用锉刀、砂轮、砂纸等工具修整热风枪烙铁尖。

5) 及时用高温湿水海绵去除烙铁尖表面氧化物,并及时用松香上锡保护。

6) 严禁用热风枪烙铁嘴接触各种腐蚀性的液体。

7) 不能对烙铁嘴做太大的物理变形、磨削整形,以免对合金镀层造成破坏而缩短使用寿命或失效。

8) 低温使用时,热风枪应在使用完后及时插回到烙铁架上。

9) 在焊接的过程中尽可能地用松香助焊剂湿润焊锡,及时去除焊锡表面氧化物。如果热风枪烙铁嘴没有上锡的话,热风枪烙铁嘴的氧化物是热的不良导体,熔锡的温度会因此提高 50℃以上才能满足要求。

10) 如果要焊接面积较大的焊点,最好换用接触面较大的热风枪烙铁嘴,以增加温度的传导能力及恒温的特性。

11) 根据故障代码,可发现热风枪存在的故障。

12) 热风枪应具有符合参数要求的接地线的电源,否则防静电性能将会丢失。

13) 热风枪电源的功率必须满足要求,最低不得小于 600W。

14) 环境的温度和湿度必须符合要求,不能在 0℃以下工作,以防外壳塑料件在低温下冻伤破裂损坏,造成人身伤害。热风枪显示器也会在低温下停止工作。

15) 严禁在开机的状态下插拔热风枪手柄和恒温烙铁手柄,以防在插拔的过程中造成输出短路。

16) 热风枪手柄的进风口不能堵塞或有异物插入,以防鼓风机烧毁,造成人身伤害。

17) 严禁在开机的状态下用手触摸风筒及更换风嘴、烙铁嘴、烙铁芯或用异物捅风嘴。

18) 严禁在使用的过程中摔打主机和手柄,有线缆破损的情况下禁止使用。

19) 严禁用高温的部件(如风嘴、发热筒、恒温烙铁尖、烙铁芯)触及人体和易燃物体,以防高温烫伤和点燃可燃物体。

20) 严禁用热风枪来吹烫头发或加热可燃性物品,如白酒、酒精、汽油、洗板水、天那水、丙酮、三氯甲烷等,以防造成火灾事故。

21) 严禁用水降温风筒和恒温烙铁,或把水泼到机器里。

22) 严禁在无人值守的状态下使用热风枪和恒温烙铁。

23) 严禁热风枪和恒温烙铁在没降到安全温度 50℃以下时包装和收藏。

24) 严禁不按规范更换易损部件。

25) 严禁不熟识操作规程的人或小孩使用,在工作时请放置在小孩触摸不到的地方,以免造成人身伤害事故。

26) 设备在异常的情况下失控或意外着火时,请及时关闭电源,用干粉灭火器灭火,以防事故进一步扩大,并及时进行相应处理。

27) 在无地线的情况下使用时,要用验电笔或万用表确保设备的金属部分不带电后,方可使用。如果有电感应时可调转电源插头。

28）不要随便丢弃报废的设备，以防机器内的某些重金属污染环境，可交给回收公司处理或放进可回收的垃圾专柜。

【问 9】　3G 手机拆机指导及其注意事项有哪些？

【精答】　3G 手机拆机指导及其注意事项如下：

1）拆卸主板时，注意卡扣，有时需要把卡扣的位置撬起。

2）有的 LCD 是焊接在主板上的，拆卸时注意屏蔽架。

3）有的 LCD 后面有粘胶，一般需要采用热风枪预热。

4）有的受话器组件是采用螺钉固定的。

5）有的 3G 手机有拆卸孔，拆卸操作时要小心，防止划伤。

6）有的 3G 手机采用螺钉固定主板天线与屏蔽架。

7）有的 3G 手机拆卸时，需要先把音量键等侧键首先拆卸下来。

8）有的触摸镜面，排线是通过前壳的空隙安装的。

9）翻盖合页有的是采用螺钉固定。

10）有的主板放静电导电贴布，在维修时要注意保护好。

11）拆机时，注意暗藏螺钉或者卡扣。

12）注意有的盖子有一些固体胶。

二、维修技法

【问 10】　什么是询问法以及如何应用？

【精答】　询问法就是通过询问故障手机机主，了解对维修有指导意义的情况。询问时一定要有针对性，询问的内容包括手机是否被修过、以前维修的部位、是否摔过、是否进水、是否调换、元器件是否装错等，据此判断是否又产生同样的故障，可以为快速找准故障范围及产生的原因提供有力的参考信息。

【问 11】　什么是观察法以及如何应用？

【精答】　观察法可以分为通电观察法与断电观察法。通电观察法是在通电的情况下，观察 3G 手机，以发现故障原因，进而排除故障，达到维修的目的。

检修 3G 手机时，采用通电测试检查，如果发现有元器件烧焦冒烟，则应立即断电。

断电观察法就是在不给 3G 手机通电的情况下，拆开机子，观察机子的连接器是否松动、焊点是否存在虚焊、有关元器件是否有损坏的迹象：爆身、开裂、漏液、烧焦、缺块、针孔等。

观察法的一些应用如下：

1）电阻是否起泡、变色、绝缘漆脱落、烧焦、炸裂等现象。

2）手机外壳是否破损、机械损伤、前盖、后盖、电池之间的配合、LCD 的颜色是否正常、接插件、接触簧片、PCB 的表面有无明显的氧化与变色。

3）摔过的机器外壳是否有裂痕、电路板上对应被摔处的元器件是否脱落、断线。

4）进水机主板上是否有水渍、生锈，引脚间是否有杂物等。

5）按键点上是否有无氧化引起接触不良。

6）目视检查接触点或接口的机械连接处是否清洁无氧化。

7）电池与电池弹簧触片间的接触是否松动、弹簧片触点是否脏。

8）手机屏幕上显示的信号强度值是否不正常、电池电量是否不足够。

9）显示屏是否不完好。

10）电路板上是否有焊料、锡珠、线料、导通物落入。

11）芯片、元器件是否更换错。

12）元器件是否是走私的、低劣的芯片。

13）手机的菜单设置是否不正确。

14）天线套、胶粒、长螺钉、绝缘体等是否缺装。

15）LED 状态指示如何。

16）集成电路及元器件引脚是否发黑、发白、起灰。

17）元器件是否有脱落、断裂、虚焊、进水腐蚀损坏集成电路或电路板等现象。

【问 12】　什么是代换法以及如何应用？

【精答】　代换法就是用相应的好元器件代换怀疑故障的元器件，从而判断怀疑的正确性，以便找到故障的真正原因，达到维修的目的。

维修 3G 手机时，对于难测件，根据测量引脚电压、电流来判断有时比较费时，如果怀疑为性能不良的晶体管、损坏的集成电路、轻微鼓包的电容等可以不用万用表检测，直接更换，以加快检修速度。

【问 13】　什么是电流法以及如何应用？

【精答】　电流法就是通过检测电流这一物理量来判断元器件或者电路是否正常，从而达到维修目的。电流法使用的可靠性主要是能够判断哪些电流数值是正确的，哪些电流检测数值是不正确的，或者电流范围是否正确。

手机几乎全部采用超小型贴片元器件，如果断开某处测量电流不是很实际。因此，可采用测量电阻的端电压值再除以电阻值来间接测量电流。

将手机外接稳压源，按开机键时观察稳压源电流表情况来判断。

电流法在手机中的一些应用如下：

1）根据集成电路工作消耗的电流大小来判断。电源、13MHz 消耗的电流相对小，CPU、寄存器、字库消耗的电流相对大，可以把它们首先拆下，然后再逐个装上，并且观察电流情况来判断故障原因。

2）根据经验电流的特点来检测。根据经验电流的特点来检测判断，见表 4-5。

表 4-5　根据经验电流的特点来检测判断

经 验 电 流	解　　说
按开机键后电流上升一定数值,停留不动或慢慢下落	软件故障、寄存器虚焊或损坏
按开机键时电流表没有任何反应	3G 手机很可能没有加电(如电池供电不正常、供电电路有关的接触不良、电路不良、开机键接触不良、开机电路异常)
按开机键时电流有提升,但松开手电流降为 0	晶振没有起振、CPU 到电源 IC 的引线断路等
按下开机键,电流一点点(感觉不到开机电流)	电源 IC 各个电压的输出异常、13MHz 逻辑时钟是否起振、中央处理器异常
大电流漏电	电源 IC、功放、后备电池、电源稳压管、驱动管、对地电容等异常
按开机键无电流反应	电源 IC、电路断线、虚焊、32.789kHz 晶体异常
手机不能开机,加电后出现大电流甚至短路现象	电源 IC、功率放大器等异常
手机能开机,但有漏电现象	功放、后备电池、手机保护电路、手机充电电路等是否正常
小电流漏电	绝缘度不足、软件问题、虚焊等

注意，手机在开机瞬间、待机状态以及发射状态时的工作电流不相同，电流法只能作为宏观的判断。

漏电导致没法开机，用电源正负极反接，电流调高"烧"一定时间（数秒），有时可以解决问题。

【问 14】　什么是电压法以及如何应用？

【精答】　电压法就是通过检测电压来判断元器件或者电路是否正常，从而达到维修目的。电压法使用的可靠性主要是能够判断哪些电压数值是正确的，哪些电压检测数值不是正确的。

电压法需要注意不同状态下的关键电压数据，例如通话状态、发射状态、待机状态等。关键点的电压数据有电源管理 IC 的各路输出电压、RFVCO 工作电压、13MHz VCO 工作电压、CPU 工作电压与复位电压、BB 集成电路工作电压等。

3G 频率段不同功率级别，直流变换器给功率放大器的供电电压有差异。

电阻法、电压法、波形法等可以作为微观检测法。一些集成电路的工作电压见表 4-6。

表 4-6 一些集成电路的工作电压

型 号	工 作 电 压
AK8973	2.5 ~ 3.6V
LM2512A	$-0.3 \sim +2.2V(U_{DDA})$、$-0.3 \sim +2.2V(U_{DD})$、$-0.3 \sim +3.3V(U_{DDIO})$
MAX2165	2.75 ~ 3.3V
MAX3580	3.1 ~ 3.5V
MSM7200A	U_{DD_C1}:1.2V;U_{DD_C2}:1.2V;U_{DDA}:2.5 ~ 2.7V;U_{DD_P1}:1.7 ~ 1.9V;U_{DD_P2}:1.65 ~ 1.95V;U_{DD_P3}:2.5 ~ 2.69;U_{DD_SMI}: 1.7 ~ 1.9V
SC8800D	输入输出电压:3.0V,芯片核心电压:1.8V
SC8800H	芯片核心电压:1.8V
SC8800S	芯片核心电压:1.8V
TP3001	3.3V I/O 的运转,1.2V 的核心运转
TP3001B	U_{DD}:1.08 ~ 1.32V;U_{DDA}:2.97 ~ 3.63V;U_{DDP}:2.97 ~ 3.63V;U_I:0 ~ 3.63V;U_{DDA3V3}:2.97 ~ 3.63V;$U_{DDAPLL3V3}$:2.97 ~ 3.63V;U_{DDAPLL}:1.08 ~ 1.32V

电压法应用比较广泛的地方就是手机供电系统电压的检测,是排除许多故障行之有效的方法,具体见表 4-7。

表 4-7 供电系统电压的检测

项 目	解 说
SUM 卡与 SIM 卡电路供电	一般开机瞬间会有跳动现象,正常均有相应的工作电压
电池电压	一般大电容会与电池相连。可以采用万用表的蜂鸣挡,一表笔与电池弹簧片正电极相连,另一表笔可以碰触相应电路点,如果发出声音,说明该处为相通位置,进而可以检测该点电压
开机信号电压	开机信号电压需要明确是高电平,还是低电平开机信号电压。可以按动开机键,同时检测开机信号电压是否正确来判断故障
逻辑电路供电	根据逻辑电路供电网络来检测相应点电压来判断相应逻辑电路供电是否正确
射频电路供电	射频电路供电具有不同的工作模式,因此具有不同的电压
显示电路供电	显示电路如果没有供电,则不会有显示。需要注意显示电路可能是负电压供电,也可能是正电压供电

3G 手机中一些单元电路由于不是一直处于连续工作状态,因此不能采用万用表检测,这时可以采用示波器来检测电压。

检测电压时,注意不要引发接触点之间的短路。

【问 15】 什么是电阻法以及如何应用?

【精答】 电阻法就是采用万用表检测元器件、零部件、电路的阻值是否正常来判断故障的原因或者部位的一种方法。

电阻法检测短路、断路,具有很大优势。

【问 16】 什么是短路法以及如何应用?

【精答】 短路法就是将电路中怀疑异常的元器件短路来判断故障的原因或者部位的一种方法。短路法一般用于应急修理、交流信号通路的检测,如天线开关、功放等元器件损坏时,手边暂时没有,可直接把输入端和输出端短路,如果短路后手机恢复正常,则说明该元器件损坏。

短路法的应用如下:

1) 加电出现大电流时,功放是直接采用电源供电的,可取下供电支路电感或电阻,不再出现大电流,说明功放已击穿损坏。

2) 不装 USIM 卡手机有信号,装卡后无信号,怀疑功放有问题,同样可断开功放供电或功放的输入通路,若有信号,证明功放已损坏。

【问 17】 什么是开路法以及如何应用？

【精答】 开路法也就是断路法。开路法就是把怀疑异常的电路或元器件断开，如果断开后故障消失，则说明故障是断开的电路或者元器件异常所致。

【问 18】 什么是对比法以及如何应用？

【精答】 对比法也就是比较法。对比法是用维修机的元器件、位置、电压值、电流值、波形与同型号的正常机的相应项目进行对比，从而查找故障原因，直到解决问题。

另外，对比还可以是实物与资料的对比。

【问 19】 什么是清洗法以及如何应用？

【精答】 3G 手机如果进水、进油污或者受水汽影响，可能出现引发元器件间串电、操作失灵、3G 手机不工作、烧坏电路板的现象。因此，维修 3G 手机要注意故障是否是 3G 手机进水、进汤等流质物质引起的故障。

3G 手机进水不要开机，应立即卸下电池，进行烘干、清洗。

3G 手机出故障时，需要注意受话器簧片、振动电动机簧片、SIM 卡座、电池簧片、振铃簧片、送话器簧片等是否脏，是否需要清洗。

对于旧型号的手机可重点清洗 RF 和 BB 之间的连接器簧片、按键板上的导电橡胶。清洗可用无水酒精或超声波清洗机进行清洗。

清洗法的一些应用如下：

1）主板清洗可以采用超声波清洗仪进行清洗，也可以采用干净干布清洗，如图 4-1 所示。

2）尾插与外部设备连接的时钟、数据传输线上的元器件漏电或短路，可先清洗尾插。

3）按键氧化引起的按键失灵，可用天那水或酒精擦洗。

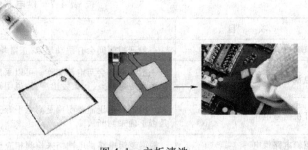

图 4-1　主板清洗

4）接触点或接口可用专用清洁剂清洁。

5）开关键失灵引起自动开机等故障，可用酒精浸泡开关键，再清洗。

【问 20】 什么是软件维修方法以及如何应用？

【精答】 手机的控制软件易造成数据出错、部分程序或数据丢失的现象，对手机加载软件是一种常用的维修方法。

软件问题如下：

1）供电电压不稳定造成软件资料丢失或错乱。

2）不开机、无网络或其他软件故障。

3）吹焊存储器时温度不当造成软件资料丢失或错乱。

4）软件程序本身问题造成软件资料丢失或错乱。

5）存储器本身性能不良易造成软件资料丢失或错乱。

软件写入可以通过用免拆机维修仪重写软件资料实现。软件维修时，需要注意存储器本身是否损坏，如果存储器硬件损坏，则软件维修也不起作用。

【问 21】 什么是温度法以及如何应用？

【精答】 温度法就是通过检测或者感知元器件表面温度，判断元器件是否异常的一种方法，从而达到排除故障的目的。如果元器件表面温升异常，则肯定存在问题。

温度法检测的电路有电源部分、PA、电子开关等小电流漏电或元器件击穿引起的大电流。温度法一般可以结合吹热风或自然风、喷专用的制冷剂、手摸、酒精棉球擦拭等手段来进行操作。

另外，还可用松香烟熏电路板，使元器件上涂上一层白雾，加电后观察，哪个元器件雾层先消失，即为发热件。

一些集成电路的工作环境温度范围见表 4-8。

表 4-8　一些集成电路的工作环境温度范围

型号	工作环境温度范围/℃	型号	工作环境温度范围/℃
AK8973	−30 ~ +85	SC8800S	−45 ~ +85
IF101	−30 ~ +70	SMS1180	−40 ~ +85
LM2512A	−30 ~ +85	TC58NVG3S0DTG00	0 ~ +70
MAX2165	−40 ~ +85	TH58NVG4S0DTG20	0 ~ +70
MAX3580	−40 ~ +85	TH58NVG5S0DTG20	0 ~ +70
SC8800D	−25 ~ +65	TP3001B	−20 ~ +85
SC8800H	−45 ~ +85		

【问 22】　什么是补焊法以及如何应用？

【精答】　由于手机电路的焊点面积小，能够承受的机械应力小，容易出现虚焊故障，并且虚焊点难以用肉眼发现。因此，可以根据故障现象，以及原理分析判断故障可能在哪一单元，然后在该单元采用"大面积"补焊并清洗，以排除可疑的焊接点。补焊时，一般首先通过放大镜观察或用按压法判断出故障部位，再进行补焊，排除故障。

【问 23】　什么是频率法以及如何应用？

【精答】　频率法就是通过检测电路的信号有无、频率是否正确来判断故障所在。手机实时时钟信号 32.768kHz 振荡器、主时钟 13MHz 等均可以采用频率法来检测，具体见表 4-9。

表 4-9　时钟信号频率法来检测

项　目	解　　说
13MHz	示波器检测，主时钟 13MHz 频率的正确波形为正弦波。频率计检测，如果没有校正，可能存在一点偏差
VCO 控制信号	VCO 控制信号的波形在启动发射电路中一般为矩形波

诺基亚 6680、诺基亚 6630 的 RX、TX 频率见表 4-10 和表 4-11。

表 4-10　RX 频率

频段	信道	RX 频率/MHz	VCO 频率/MHz	VC 电压/V
GSM900	37	942.4	3769.6	1.33
GSM1800	700	1842.8	3685.6	0.98
GSM1900	661	1960	3920	1.93
WCDMA	10700	2140	4280	3.3

表 4-11　TX 频率

频段	信道	TX 频率/MHz	VCO 频率/MHz	VC 电压/V
GSM900	37	897.4	3589.6	1.33
GSM1800	700	1747.8	3495.6	0.98
GSM1900	661	1880	3760	1.93
WCDMA	10700	1950	3900	3.3

【问 24】　什么是波形法以及如何应用？

【精答】　波形法就是通过检测电路信号波形的有无、波形形状是否正确来判断故障所在。示波器主要用在逻辑电路的检测中。

波形法检测时需要注意手机在正常工作时，在不同工作状态下的信号波形也不同。

无信号时，先测有无正常的接收基带信号，来判断是否是逻辑电路的问题，如果有正常的接收基带信号，说明逻辑电路存在异常。

不发射时，先测有无正常的发射基带信号，来判断是否是逻辑电路的问题，如果有正常的发射基带信号，说明逻辑电路存在异常。

例如，WCDMA 诺基亚 N97 的主板如图 4-2 所示，主板上各点的波形见表 4-12。

注意 3G 频段与 GSM 频段波形有差异（WCDMA 诺基亚 N97 的波形），见表 4-13。

【问 25】　什么是频谱法以及如何应用？

【精答】　频谱法就是通过频谱分析仪对射频电路的检测来判断故障所在。频谱分析仪主要是对射频幅度、频率、杂散信号的检测与跟踪。

频谱分析仪也可以检测 13MHz 主频率是否正确。

【问 26】　什么是按压法以及如何应用？

【精答】　按压法就是按压元器件或者零部件，从而发现故障原因以及故障部位的一种方法。按压法对于元器件接触不良、虚焊引起的各种故障比较有效。按压字库、CPU 时，需要用大拇指和食指对应芯片两面适当用力按压，不可以过于粗暴。

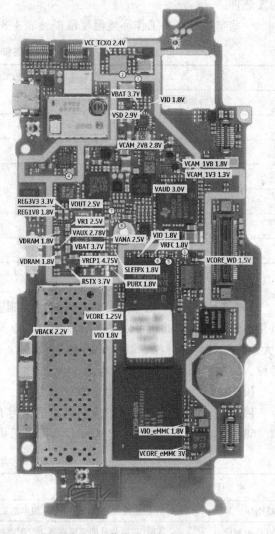

图 4-2　诺基亚 N97 主板

表 4-12　WCDMA 诺基亚 N97 的波形

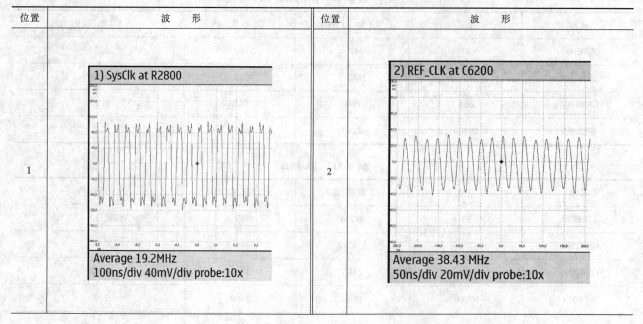

位置	波形	位置	波形
1	1) SysClk at R2800　Average 19.2MHz　100ns/div 40mV/div probe:10x	2	2) REF_CLK at C6200　Average 38.43 MHz　50ns/div 20mV/div probe:10x

（续）

位置	波　形	位置	波　形
3	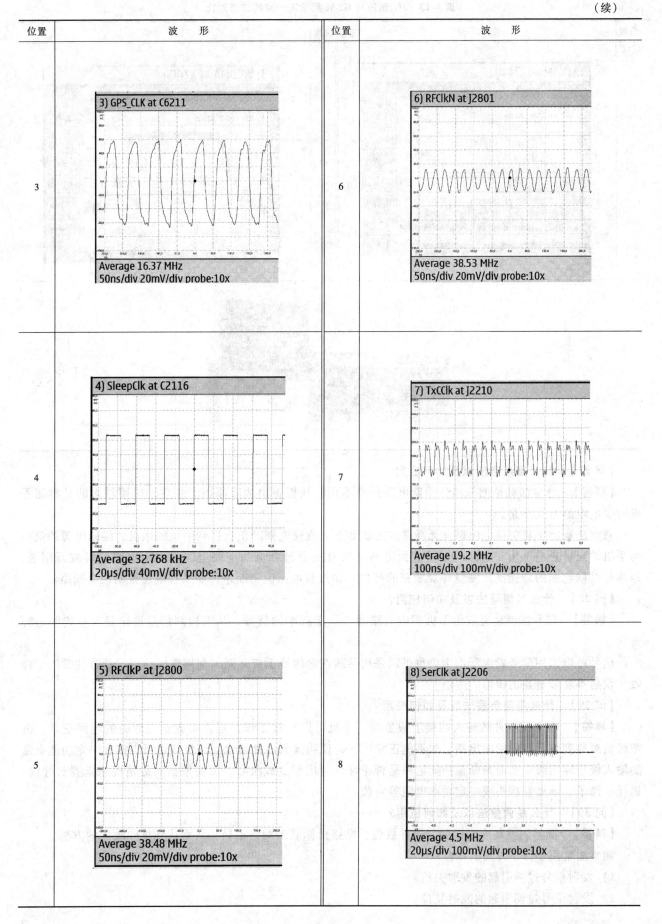 3) GPS_CLK at C6211 Average 16.37 MHz 50ns/div 20mV/div probe:10x	6	6) RFClkN at J2801 Average 38.53 MHz 50ns/div 20mV/div probe:10x
4	4) SleepClk at C2116 Average 32.768 kHz 20μs/div 40mV/div probe:10x	7	7) TxCClk at J2210 Average 19.2 MHz 100ns/div 100mV/div probe:10x
5	5) RFClkP at J2800 Average 38.48 MHz 50ns/div 20mV/div probe:10x	8	8) SerClk at J2206 Average 4.5 MHz 20μs/div 100mV/div probe:10x

表 4-13　3G 频段与 GSM 频段同一点的波形对比

位置	波 形	位置	波 形
12	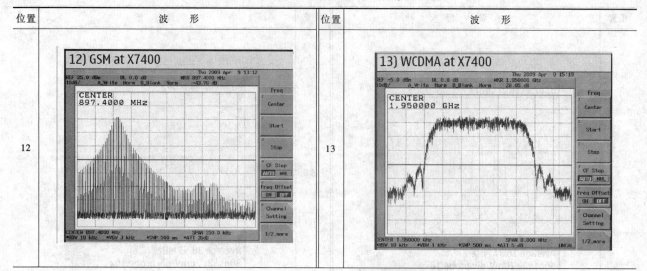	13	

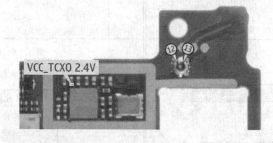

【问 27】　什么是悬空法以及如何应用？

【精答】　悬空法就是把一部分功能电路悬空不用，从检查出故障原因。悬空法应用较多的是检测手机的供电电路有无断路。

悬空法检测手机的供电电路有无断路的方法如下：维修电源的正极接到手机的地极，维修电源的负极与手机的正极悬空不用。电源的正极加到电路中所有能通过直流的电路上，此时用示波器（或万用表，地均与维修电源的地连接）测量怀疑断路的部位，如没有电压说明断路，如果有电压说明没有断路。

【问 28】　什么是信号法以及如何应用？

【精答】　信号法就是通过给手机相应电路通入一定频率的信号，从而检测信号通路是否正确的一种方法。

信号可以采用信号发生器产生，也可以采用导线在电源线上绕几圈，利用感应信号。信号法常用于接收、发射等功能电路的检修。

【问 29】　什么是假负载法以及如何应用？

【精答】　在某元器件的输入端接上假负载，手机可以正常工作，则说明假负载后面的电路正常，再把假负载移到该元器件的输出端，如不能正常工作，说明该元器件异常。假负载也可以接在一定功能电路的输入级与输出级，从而判断该功能电路是否正常。应用假负载法时，需要根据实际情况来选择长导线、锡丝、镊子、示波器探头或一定功率电阻等负载。

【问 30】　什么是调整法以及如何应用？

【精答】　调整法就是恰当调整元器件数值、电路指标或者调整布局，从而达到排除故障的方法。

调整法常用于以下方面的维修：

1）发射信号过强引起的发射关机。

2）发射信号过弱引起的发射复位。

3）发射信号过弱引起的重拨。

4）功放、功控电路无效或者增益不够。

【问 31】　什么是区分法以及如何应用？

【精答】　区分法就是根据电路的特点、功能、控制信号、供电电路等相关性来进行故障区域的区分，从而达到排除故障的目的。例如，可以根据供电电路的不同电压进行区域的区分，达到确定故障点的目的。

另外，3G 手机检修常分为三线四系统区分维修。三线为信号线、控制线、电源线。四系统为基带系统、射频系统、电源系统、应用系统。

【问 32】　什么是分析法以及如何应用？

【精答】　分析法就是根据手机结构、工作原理进行分析，从而判断故障发生的部位，甚至具体元器件。

由于手机基本结构、基本工作原理一样，因此，任何手机的基本结构、基本工作原理分析具有一定的通用性。但是，具体的机型具体电路具有一定的实际差异性。另外，同一平台的手机工作原理具有一定的参考性。

【问 33】　什么是黑匣子法、模块法以及如何应用？

【精答】　黑匣子法就是针对一些手机电路、集成电路不需要具体了解其内部各元器件以及电路工作原理，而是把它们看作一个整体，只把握电路的输入、输出、电源、控制信号是否正确，从而判断故障的一种方法。

另外，与黑匣子法相似的模块法随着 3G 手机的不断模块化工艺，在维修中得到广泛使用。模块法就是根据手机的模块进行维修，重点在于各模块间的连接判断与检测，而对于模块内部，则视为整体，而不过多拘泥于模块内部。一般发现模块异常，在不便维修时，则直接代换模块。

黑匣子法与模块法降低了对复杂电路的要求，同时也适应了手机的零件、元器件与电路的模块化的应用实际。

【问 34】　什么是跨接法以及如何应用？

【精答】　跨接法就是利用电容或者漆包线跨接有关元器件或者某一单元电路，其中漆包线一般用于 0Ω 电阻与一些单元电路的跨接，电容（例如 100pF）一般用于射频滤波器的跨接。

【问 35】　什么是听声法以及如何应用？

【精答】　听声法就是从待修手机的话音质量、音量情况、声音是否断续等现象初步判断故障，也可以根据外加的信号，判断声音是否正常。

【问 36】　什么是综合法以及如何应用？

【精答】　综合法就是综合使用多种方法、多种技巧、多种手段，甚至多种维修仪器，达到修手机的目的。

第 5 章　电路原理与故障检修

一、原理

【问 1】　基础知识的概述有哪些?

【精答】　一些基础知识概述见表 5-1。

表 5-1　一些基础知识的概述

名　称	解　说
调制	调制是将音频/视频信号加载到高频振荡波上,用音频/视信号来控制高频振荡的参数
解调	解调是从已调制波中取出音频/视频信号的过程
振荡器	振荡器是一种能将直流电转换为具有一定频率的交流电信号输出的电路
反相	反相是指两个相同频率的交流电的相位差等于 180°或 180°的奇数倍的相位关系
I/Q	I/Q 为同相/正交。电子电路中常见的 I/Q 调制 一个射频信号,在极坐标上可以用振幅和相位来表示,在直角坐标上可以用 X 与 Y 的值来表示。但在数字通信系统中,一般 X 用 I 来代替,表示同相,而 Y 用 Q 来代替,表示 90°相位
调谐	调谐是指改变振荡电路的电抗参量,使之与外加信号频率起谐振的过程
信道	信道是指通信系统中传输信息的媒体或通道
编码	编码是将原始信号按一定规则进行处理的过程
解码	解码是将调制信号转变为脉幅调制信号的过程
分频	分频是把频率较高的信号变为频率较低的信号的方法
倍频	倍频是把频率较低的信号变为频率较高的信号的方法
混频	混频是利用半导体器件的非线性特性,将两个或多个信号混合,取其差频或和频,得到所需要的频率信号
通信	通信是指通过传输媒介将发送方的信息传递到接收方
PCM	PCM(脉冲编码调制)是 GSM 手机中发射机电路的第一级信号处理,它将模拟的语音电信号转换为数字语音信号,是一级 A-D 转换电路
基带处理器	基带处理器负责数据处理与存储,主要组件为 DSP、微控制器、内存等单元,主要功能为基带编码/译码、声音编码及语音编码等
CBUS	数字基带处理器与复合电源模块间控制总线

【问 2】　匹配网络有哪些特点?

【精答】　匹配就是后级输入阻抗与前级输出阻抗的共轭现象。匹配电路可以分为 L 形、T 形、Π 形,如图 5-1 所示。

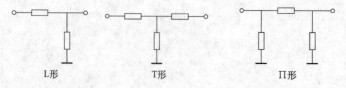

L形　　　　　　T形　　　　　　Π形

图 5-1　匹配网络

手机的匹配电路有天线的匹配与其他电路中的匹配。

【问 3】　抗干扰与保护电路有哪些特点?

【精答】　许多手机均采用了一定形式的 ESD 与 EMI 防护设计以及抗干扰措施。有的是采用独立的抗干扰与保护电路，有的则选择了集成的抗干扰与保护电路。

一些抗干扰与保护电路见表 5-2。

表 5-2　一些抗干扰与保护电路

名　称	解　说
上拉、下拉电阻	射频电路采用上拉、下拉电阻可以防止扰动引入输入端,保持开关状态的定性。一些采用上拉、下拉电阻的形式如下: 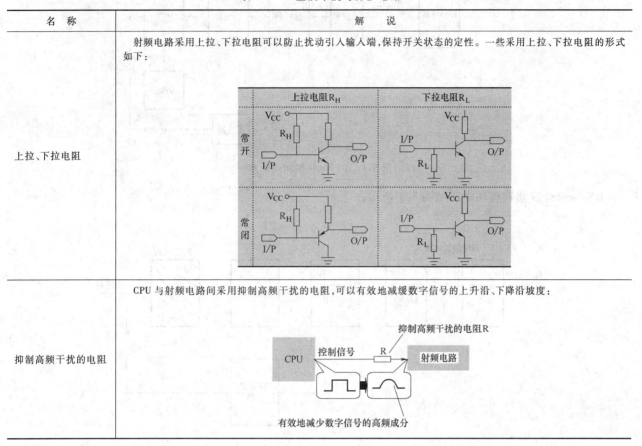
抑制高频干扰的电阻	CPU 与射频电路间采用抑制高频干扰的电阻,可以有效地减缓数字信号的上升沿、下降沿坡度: 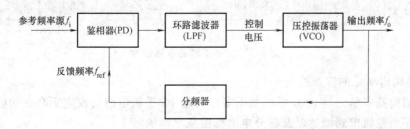

【问 4】　什么是锁相环电路?

【精答】　运动物体的速度达到一定时,手机接收信号时的载波频率会随着运动速度变化,产生不同的频移,从而使手机出现无网络、无信号故障。为解决这一问题,手机常采用锁相环电路来稳定频率。

锁相环是由鉴相器 (PD)/鉴频器 (FD)/鉴相鉴频器 (PFD)、环路滤波器、压控振荡器 (VCO)、参考信号源等组成。其中,PD/FD/PFD 是一个相位/频率比较装置,用来检测输入信号与反馈信号之间的相位/频率差。环路滤波器一般采用 N 阶低通滤波器。参考信号源主要提供与反馈信号鉴相鉴频用的对比输入信号。

压控振荡器一般是由变容二极管为主构成的谐振回路。谐振回路的中心频率由其回路的等效 L、C 的特性决定。变容二极管的等效电容量由加在其两端的电压控制,这样电压的变化就能转换成回路谐振频率的变化,这就构成了压控振荡器 (VCO)。

锁相环的一般电路结构如图 5-2 所示。

图 5-2　锁相环的一般电路结构

TX-VCO 锁相环电路如图 5-3 所示。

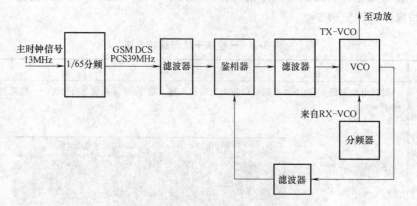

图 5-3　TX-VCO 锁相环电路

RX 频率合成器锁相环电路如图 5-4 所示。

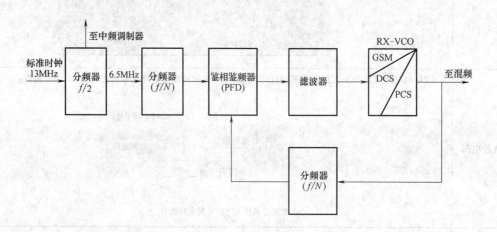

图 5-4　RX 频率合成器锁相环电路

【问 5】　GSM 手机的电路结构是怎样的？

【精答】　GSM 手机的电路结构如图 5-5 所示。

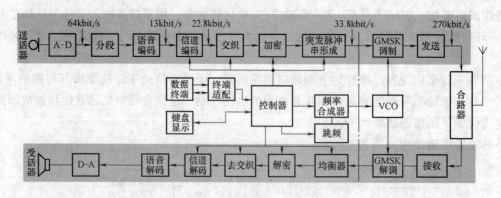

图 5-5　GSM 手机的电路结构

GSM 手机电路结构单元的特点见表 5-3。

3G 手机电路结构基本单元与 GSM 手机差不多。只是 3G 手机电路集成度更高、功能更强。

【问 6】　3G 手机整机电路概述以及部分电路框图是怎样的？

【精答】　Apple 公司 3G iPhone 的部分电路框图如图 5-6 所示、印制电路板实物如图 5-7 所示。

表 5-3 GSM 手机电路结构单元的特点

名 称	解 说
射频电路	射频电路主要完成接收射频信号到还原成模拟基带信号,以及从模拟基带信号到发射高频信号的整个过程。射频电路包括模拟射频电路、中频处理电路 根据电路的功能,射频电路可分为接收电路、发射电路、频率合成电路	接收电路是将 935~960MHz(GSM900 系统)或者 1805~1880MHz(DCS1800 系统)的射频信号经过混频,得到中频信号,送入 GMSK 解调器。超外差式接收电路包括天线开关、接收滤波器、高频放大器、混频器、中频滤波器、中频放大器等 发射电路是将经 GMSK 调制器出来的信号经过混频,最后变成 890~915MHz(GSM900 系统)或者 1710~1785MHz(DCS1800 系统)的射频信号,从天线发射出去。发射电路包括混频器、发射滤波器、功率放大器、功率控制器、天线开关等 频率合成电路为接收电路、发射电路的混频电路提供本振频率信号,包括一本振、二本振。频率合成电路一般是由锁相环电路来实现的
逻辑/音频电路	逻辑/音频电路完成对数字信号的处理与对整机工作的管理与控制,它分为系统逻辑控制与音频信号处理电路	系统逻辑控制电路由中央处理器(CPU)与存储器组成 音频信号处理电路包括接收音频信号处理与发射音频信号处理,一般由专用的音频数字信号处理器通过 CPU 控制来完成的 发射时,送话器来的模拟语音信号在音频部分进行 PCM 编码,得到 64kbit/s 的数字信号,该信号进行语音编码、信道编码、交织、加密、GMSK 调制,最后得到 67.768kHz 的模拟基带信号,送到射频部分进行上变频混频处理 接收时,音频部分对射频部分送来的模拟基带信号进行 GMSK 解调、Viterbi(维特比)均衡器消除码间干扰、解密和去交织,得到 22.8kbit/s 的数据流,接着进行信道解码,得到 13kbit/s 的数据流,经过语音解码后,得到 64kbit/s 的数字信号,最后进行 PCM 解码,还原成模拟语音信号,驱动受话器发声
功能电路	功能电路包括以下一些电路: 电源电路——提供手机各个部分电路的工作电源 键盘——手机的各个数字键和功能键,通过行、列矩阵来扫描 卡电路——SIM 卡电路,它通过串行通信和 CPU 之间进行数据交换 时钟电路——主时钟 13MHz 或 26MHz,实时时钟 32.768kHz 显示电路——把 CPU 送来的显示数据进行接收、译码和驱动,最后把结果显示在液晶显示屏上 照明——包括键盘照明灯、显示照明灯等 振铃、振动——手机有来电时,发出铃声或产生振动	

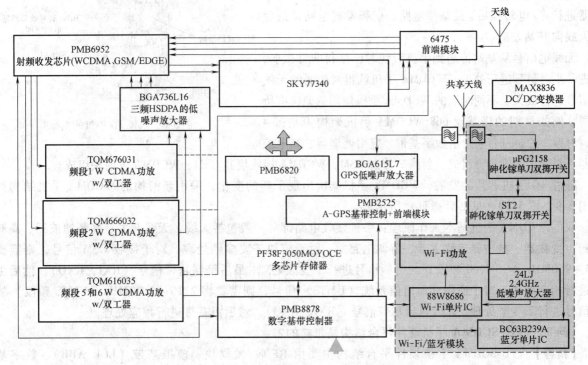

图 5-6 Apple 公司 3G iPhone 的部分电路框图

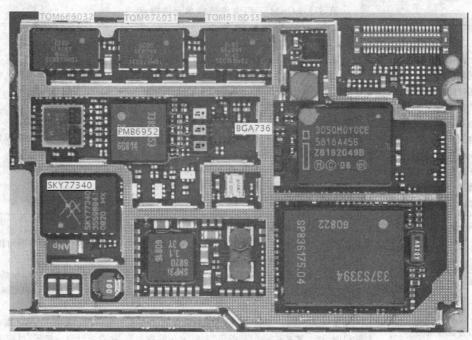

图 5-7　印制电路板实物

双模 3G 手机的主板如图 5-8 所示，3G 手机主要由射频处理电路、功率放大电路、基带处理电路、应用处理电路、存储器、应用层软件等构成。具体电路结构因采用的平台不同而有所差异。

【问 7】　**WCDMA 手机的电路结构是怎样的？**

【精答】　WCDMA 手机接收信号时，来自基站的 WC-DMA 信号由天线接收下来，经射频接收电路，基带电路、音频电路后送到受话器。手机发射信号时，声音信号由送话器进行声/电转换后，经基带电路、射频发射电路，最后由天线向基站发射。

无线电信号从基站传送到手机天线时已变得非常微弱，为进一步对信号进行处理，WCDMA 手机就得对微弱的无线电信号进行放大。不同时期的 WCDMA 手机使用的架构有所不同，例如早期的诺基亚 668 WCDMA 手机架构为基带 4 片、射频 2 片。基带 4 片由数字基带、应用处理器、充电控

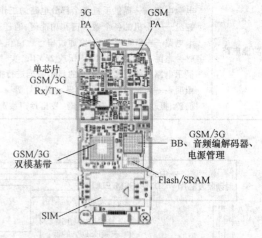

图 5-8　双模 3G 手机的主板

制器、复合电源管理器组成。射频 2 片由 GSM、WCDMA 接收块和 GSM、WCDMA 发射块组成。

随着 3G 手机芯片的发展，WCDMA 手机架构出现了新的变化，采用新架构的 WCDMA 手机结构框图如图 5-9、图 5-10（见书后插页）所示。

双模 WCDMA 手机基本工作原理：手机接收电路部分一般包括天线、天线开关、高频滤波器、高频放大器、变频器、滤波器、放大器、解调电路等。射频模块需要多频处理，对于接收 GSM 信号，则需要将 925～960MHz（GSM900 频段）的射频信号进行下变频处理，最后得到基带信号（RXI、RXQ），然后由基带进行相应处理。对于通用移动通信系统（UMTS）信号，则需要将 2110～2170MHz（UMTS 频段）的射频信号进行下变频处理，最后得到基带信号（RXI、RXQ），然后由基带进行相应处理。

【问 8】　**TD-SCDMA 手机硬件平台结构是怎样的？**

【精答】　TD-SCDMA 手机硬件平台结构主要由 RF 收/发模块、模拟基带（LCR ABB）、数字基带（LCR DBB）、应用处理器、电源管理模块（PMU）、外围接口电路组成，如图 5-11、图 5-12 所示。

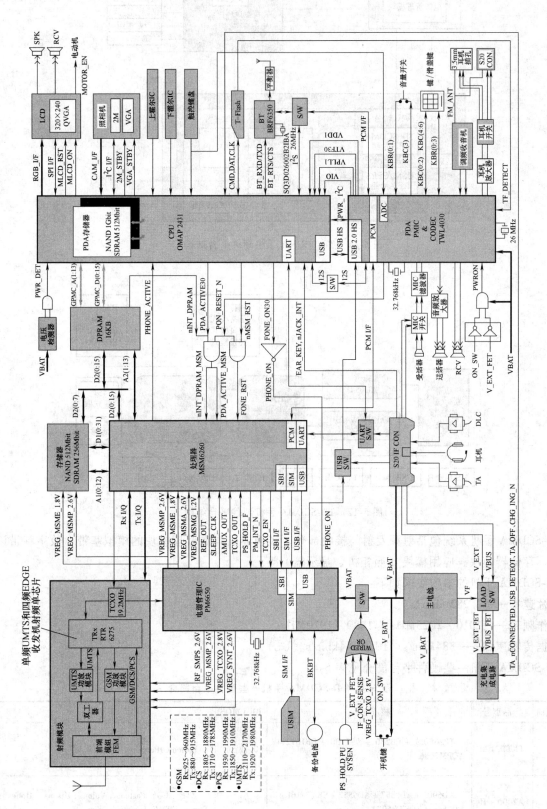

图 5-9　WCDMA 手机结构框图 1

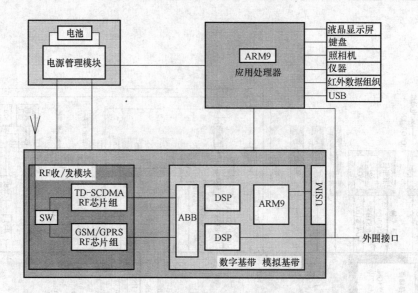

图 5-11　TD-SCDMA 手机硬件平台结构 1

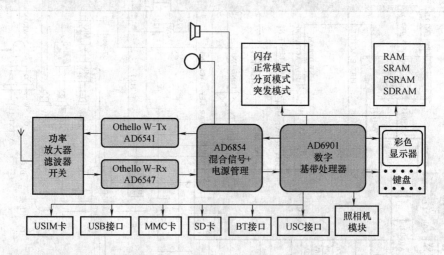

图 5-12　TD-SCDMA 手机硬件平台结构 2

TD-SCDMA 手机系统包括射频发射与接收部分、转换器、电源管理模块的模拟基带、数字基带以及其他外设、存储器模块、应用模块（照相机、显示器）等。

TD-SCDMA 手机的参数要求如下：

码片速率——1.28Mchip/s。

工作频带——2010～2025MHz，1880～1920MHz。

数据传输速率——384kbit/s（DL）；64kbit/s（UL）。

TD-SCDMA 手机一些硬件平台简介见表 5-4。

表 5-4　TD-SCDMA 手机一些硬件平台简介

芯片供应商	产品型号	核心芯片	BB CMOS	手机采用商
CYIT	TXTD2100	TPS65051 + C3230 + AS2100 + RS1012 + ACPM7886	0.13μm	Postcom, Potevio
Leadcore	A2000 + H	AD6905 + AD6857 + AD6552 + SKY77161 + AD6546 + TQS7M5002	65nm	ZTE, LG, Postcom, Yulong, Hisense, Holley, Haier, Dopod, DTMC, Longcheer, Sim
SPRD	SC8800S	SC8800S + QS3200 + ACPM7886 + RF3159	0.18μm	Lenovo, Panda, TCL, Amoi, Hisense, Postcom, Wingtech

（续）

芯片供应商	产品型号	核心芯片	BB CMOS	手机采用商
T3G	7210	PCF50626 + PNX5225 + TD60291 + Aero4260 + AWT6241 + Aero4221 + RF3159	90nm	Samsung,MOTO,Huawei,ZTE,Hojy

图例表示如下：

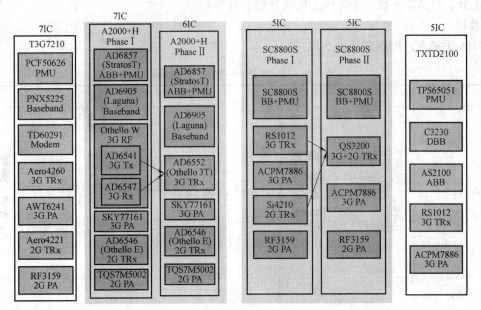

另外，一些双模 TD-SCDMA 手机还采用了 C 网中频块，例如 AD6546。AD6546 结构如图 5-13 所示。

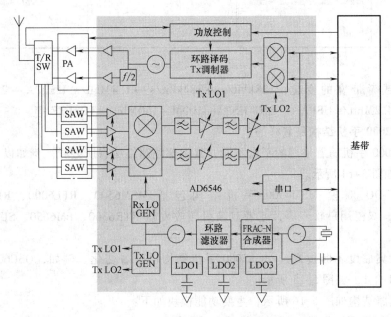

图 5-13　AD6546 结构

【问 9】 TD-SCDMA 手机演变与发展过程是怎样的？

【精答】 TD-SCDMA 手机也是在不断地演变与发展，具体说明如下：

（1）模式

TD-SCDMA 手机模式有不同，例如，TD-SCDMA、TD-SCDMA/GSM/GPRS、TD-SCDMA/GSM/GPRS/EDGE、TD-HSDPA/GSM/GPRS/EDGE、TD-HSPA/GSM/GPRS/EDGE、TD-HSPA +/GSM/GPRS/EDGE、MC-HSPA +/GSM/GPRS/EDGE、TD-SCDMA/TD-LTE。

（2）功能

从功能上分，有功能手机、多媒体手机、智能手机等。

（3）芯片组

TD-SCDMA 手机芯片组图例见表 5-5。

表 5-5　TD-SCDMA 手机芯片组图例

芯片	图例	芯片	图例
TD-SCDMA/GSM/GPRS	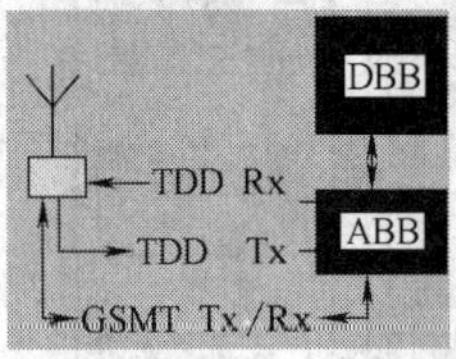 DBB / ABB — TDD Rx — TDD Tx — GSMT Tx/Rx	TD-HSDPA/GSM/GPRS/EDGE	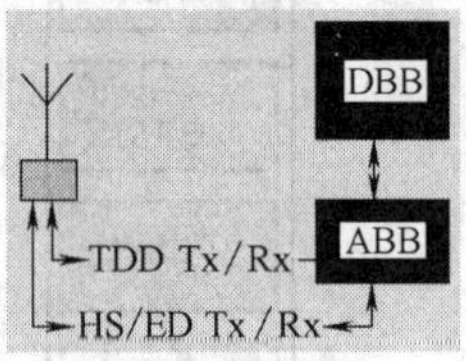 DBB / ABB — TDD Tx/Rx — HS/ED Tx/Rx
TD-HSPA/GSM/GPRS/EDGE	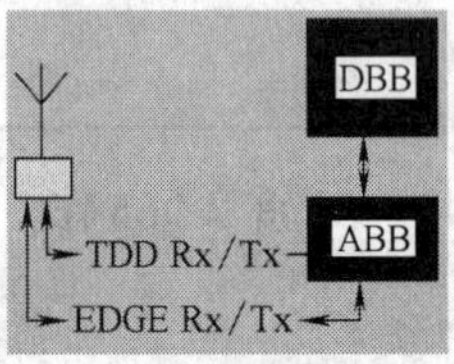 DBB / ABB — TDD Rx/Tx — EDGE Rx/Tx	TD-HSPA +/GSM/GPRS/EDGE	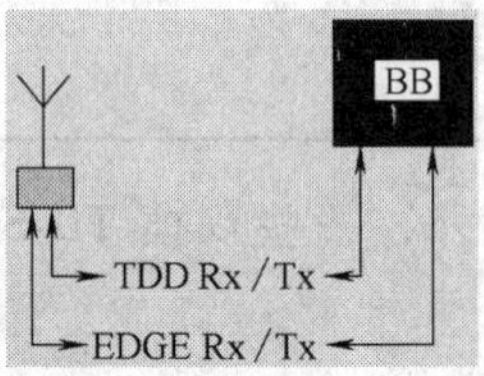 BB — TDD Rx/Tx — EDGE Rx/Tx

（4）性能

数据传输速率或者带宽的变化：128kbit/s→384kbit/s→1.4Mbit/s HSDPA→2.8Mbit/s HSDPA→2.2Mbit/s HSUPA→4.2Mbit/s HSPA +→MC-HSPA→100M ~150Mbit/s TD-LTE 等。

【问 10】 cdma2000 手机结构是怎样的？

【精答】 cdma2000 手机随着采用的平台不同，其内部电路结构有所差异。例如以 MSM6500 为平台的 cdma2000 手机结构如图 5-14 所示。

cdma2000 1XEV-DO 双模 MSM6500 手机结构包括 MSM6500、RFL6000、RFR6000、RFT6100、PM6650、SURF6500、双模用户软件等，或者双频射频收发器 RTR6300、PM6650、SURF6500、双模式用户软件等。

随着集成电路的集成度不断提高，cdma2000 手机结构也随着变化。例如，QSC60X5 就是 MSM、RF Tx、RF Rx、PM 的 4 合 1，如图 5-15 所示。

QSC6055 应用电路结构如图 5-16 所示，主要功能模块如下：

1）模拟/射频——射频接收器、射频发射器、音频等。

2）基带——处理器、内存支持、连接、相机 I/F、接口、内接 QSC I/F、内部 BB、GPIO 等。

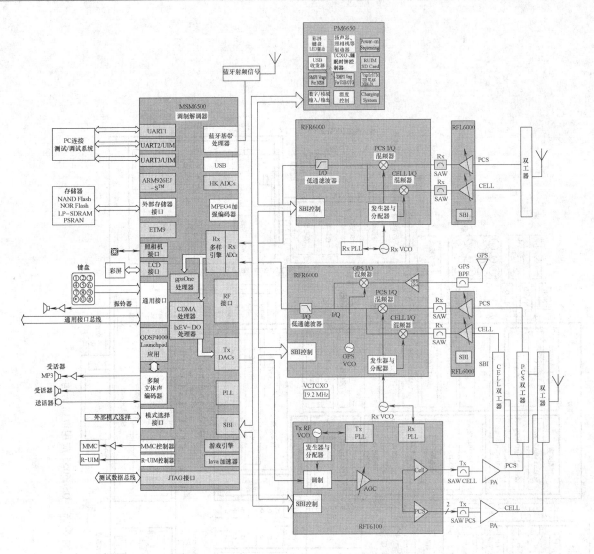

图 5-14 以 MSM6500 为平台的 cdma2000 手机结构

3）电源管理——电压调整、用户界面、接口等。

【问 11】 手机开机启动程序工作流程是怎样的？

【精答】 手机开机启动程序一般为：按下手机开机键→开机指令送到电源模块→电源模块的控制脚得到信号→电源模块工作→CPU。

13MHz 主时钟加电→CPU 复位及完成初始化程序→CPU 发出 Poweron 信号到电源模块→电源模块稳定输出各个单元所需的工作电压→手机开启成功后进入入网搜索登记阶段。

【问 12】 超外差一次/二次变频接收机有哪些特点？

【精答】 天线感应到的 935～960MHz（GSM900 频段）、1805～1880MHz（DCS1800 频段）或者 3G 频段的射频信号经天线电路与射频滤波器进入接收机电路。接收到的信号首先由低噪声放大器进行放大，再经射频滤波器滤波后，送到混频器进行下变频处理，得到中频信号，并且经过中频滤波、中频放大，最后解调得到 67.768kHz 的模拟基带信号（RXI、RXQ），如图 5-17 所示。

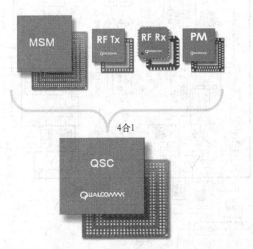

图 5-15 QSC60X5 为 MSM、RF Tx、RF Rx、PM 的 4 合 1

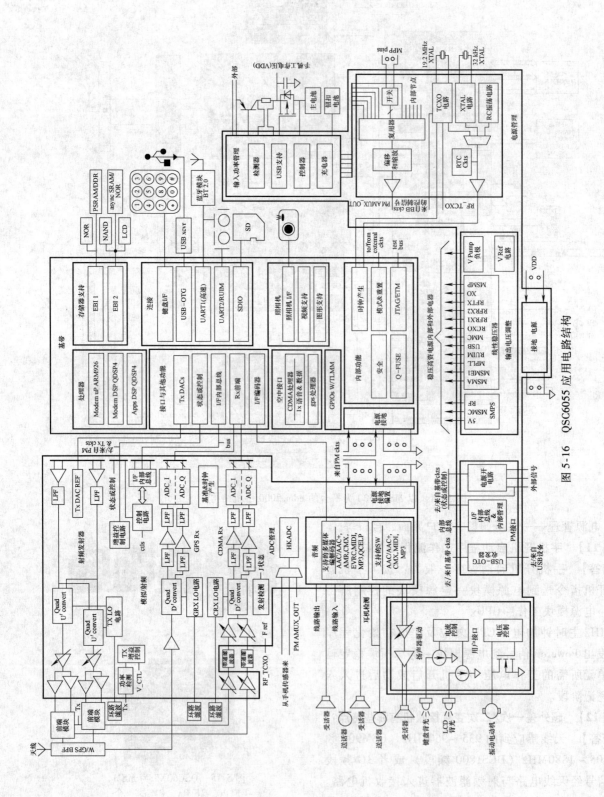

图 5-16　QSC6055 应用电路结构

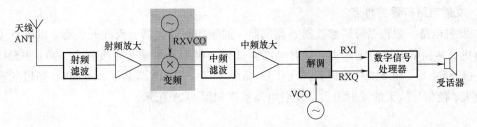

图 5-17　超外差式一次变频接收机电路框图

超外差式二次变频接收机与超外差式一次变频接收机比较，多了一个混频器与一个 VCO。该 VCO 有时叫做 IFVCO 或 VHFVCO。超外差式二次变频接收机如图 5-18 所示。

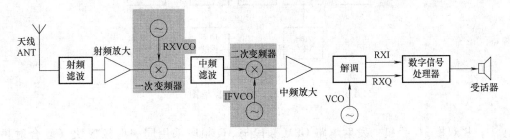

图 5-18　超外差二次变频接收机电路框图

超外差接收机具有好的选择性、宽的动态范围等特点，但成本高、不易集成。

【问 13】　直接变换线性接收机有哪些特点？

【精答】　超外差一次/二次变频接收机中的 RXI/RXQ 信号均是从解调电路输出的。直接变频线性接收机（零中频接收机）中的 RXI/RXQ 信号直接从混频器输出。直接变换线性接收机如图 5-19 所示。

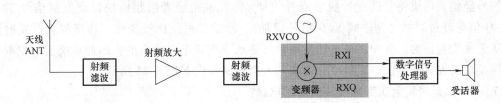

图 5-19　直接变换线性接收机电路框图

直接变换线性接收机具有集成度高的特点，但也存在自混现象。

【问 14】　低中频接收机有哪些特点？

【精答】　低中频接收机也叫做近零中频接收机、数字中频接收机。低中频接收机的显著特点是混频输出的中频很低。低中频接收机混频输出的中频属于模拟信号，通过 A-D 转换成数字中频信号后，其具有高性能、高速度等特点。低中频接收机具有优秀的 I/Q 解调性能、较低的功耗等优点。低中频接收机如图5-20所示。

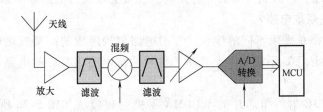

图 5-20　低中频接收机电路框图

【问 15】　发射电路有哪些特点？

【精答】　发射电路一般包括带通滤波器、调制器、射频功率放大器、天线开关等。以 I/Q（同相/正交）信号被调制为更高的频率模块为起始点，发射电路将低频的模拟基带信号上变频为 890～915MHz（GSM900 频段）、1710～1785MHz（DCS1800 频段）、WCDMA 频段、TD-SCDMA 频段、cdma2000 频段的发射信号，并且进行功率放大，使信号从天线发射出去。发射电路框图如图 5-21 所示。

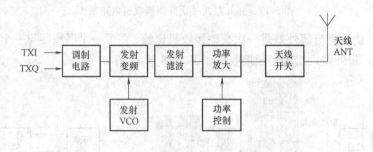

图 5-21　发射电路框图

目前，一些双模 3G 手机的发射电路 GSM 频段与 3G 频段采用同一射频模块（复合射频电路），然后经 GSM 频段与 3G 频段各自独立的滤波电路、功率放大器、天线发射出去。例如 N91 型 WCDMA 制手机的发射电路如图 5-22 所示，阴影部分为 WCDMA 发射电路部分通道。复合射频电路包括复合射频处理器 HINKU 与复合射频处理器 VINKU，复合射频处理器 HINKU 用于接收，复合射频处理器 VINKU 用于发射。

【问 16】　什么是带发射变频模块的发射电路？

【精答】　带发射变频模块的发射电路的基本工作流程：送话器将语音信号转化为模拟的语音电信号，转化后的信号经编码模块将其转变为数字语音信号，即在基带或者射频模块得到发射信号 TX I/Q 信号，然后 TX I/Q 信号经过调制（与中频 VCO 信号调制）、滤波、相位比较变频、功率放大、发射滤波等功能模块后，从天线发射出去。其中，最终的发射信号是从上变频电路输出的，因此该类型的发射电路就叫做带发射变频模块的发射电路。带发射变频模块的发射电路框图如图 5-23 所示。

【问 17】　什么是带发射上变频模块的发射电路？

【精答】　带发射上变频模块的发射电路也就是将带发射变频模块的发射电路架构中的发射变频模块改成上变频模块，使最终发射信号从上变频模块输出，再经过滤波、功率放大、发射滤波，从天线发射出去。

经带发射上变频模块 TXI/TXQ 调制后的已调信号是通过发射混频器与 RXVCO（或 UHFVCO、RFVCO）混频所得。带发射上变频模块的发射电路框图如图 5-24 所示。带发射上变频模块也是与中频 VCO 信号调制。

【问 18】　什么是直接变频发射电路？

【精答】　直接变频发射电路的主要特点是发射基带信号 TXI/TXQ 不再需要调制成中频信号，而是直接对 SHFVCO 信号（指此结构的本振电路）进行调制，得到最终发射频率的信号。实际上，直接变频发射电路是把调制与上变频集成在一起而形成的一种架构。直接变频发射电路框图如图 5-25 所示。

【问 19】　什么是射频系统电路？

【精答】　射频系统电路是采用不同的接收、发射电路架构组成的高集成化电路。目前，由于射频系统电路的不断集成化，因此，3G 手机基本上是基于射频系统电路为核心的电路，也就是基于射频信号处理器为核心的电路。

例如，基于 RTR6275 3G 射频单芯片的 WCDMA 手机射频模块如图 5-26 所示。RTR6275 是单芯片、单频 UMTS、四频 EDGE、射频 CMOS 收发机集成电路。

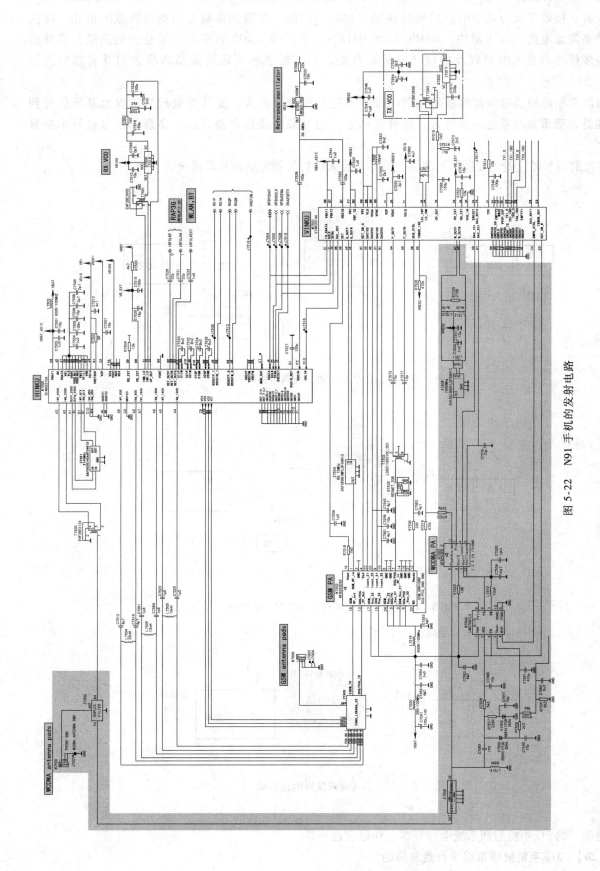

图 5-22　N91 手机的发射电路

目前，3G 双模或者多模 WCDMA 手机其射频系统电路必须完成 GSM900、GSM1800、WCDMA2100 频率的发射、接收以及与基带电路的顺畅连接与通信。因此，在射频前端电路的低噪放大电路、滤波电路、功率放大电路、双工器中，GSM900、GSM1800、WCDMA2100 频率都需要独立的通道。尽管应用了一些多模功率放大电路以及射频前端集成电路，但实际上各频段的通道路径依旧具有相对的独立性。

射频前端电路输送射频接收信号到射频处理器进行解调、放大、滤波等处理后，输出基带信号到基带处理器，基带处理器进一步处理，这样通话音频信号最后经扬声器发出，多媒体信号经显示屏显示出来。

射频发射信号经过射频处理器到前端电路后，经天线将射频发射信号发送出去。

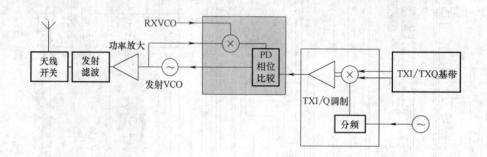

图 5-23　带发射变频模块的发射电路框图

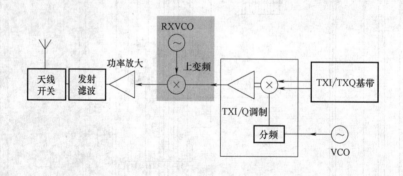

图 5-24　带发射上变频模块的发射电路框图

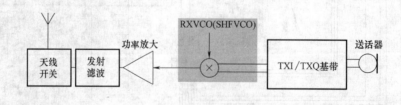

图 5-25　直接变频发射电路框图

其他制式的 3G 手机射频系统电路基本工作原理也一样。

【问 20】　3G 手机射频系统平台是怎样的？

【精答】　3G 手机射频系统平台见表 5-6。

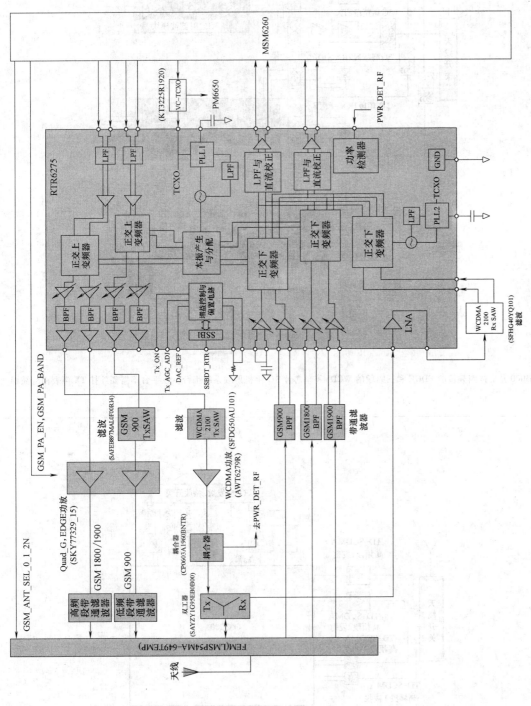

图 5-26　RTR6275 的 WCDMA 手机射频模块

表 5-6　3G 手机射频系统平台

型号	解　说
QS3000	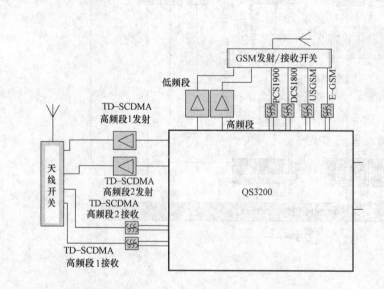 QS3000 是支持四频段的 EDGE 和三频段的 WCDMA 单芯片 3G 手机射频系统平台。该平台不需要外挂 TX 声表面滤波器
QS3200	QS3200 是支持双频段的 TD-SCDMA 和四频段的 EDGE，即同时支持 2G/3G/3.5G 多种制式的单芯片 3G 手机射频系统平台，采用 9mm×9mm 的 QFN64 封装

【问 21】 什么是基带电路?

【精答】 基带电路是手机的核心单元。基带芯片里面有内核、DSP 处理器、存储器等。基带可以分为数字基带与模拟基带。数字基带主要是对数字信号的处理和对整机工作的管理与控制。模拟基带主要是通信信号的 A-D 转换、射频电路中 AFC 和 AGC 控制、音频接口控制等。

WCDMA 手机基带模块框图如图 5-27（见书后插页）所示。

cdma2000 手机基带（PXA310）模块框图如图 5-28 所示。

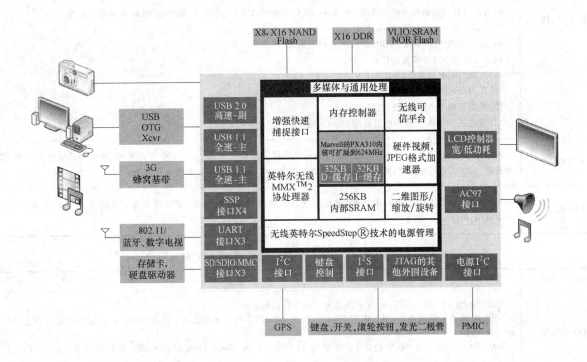

图 5-28　cdma2000 手机基带（PXA310）模块框图

【问 22】 3G 手机硬件平台是怎样的?

【精答】 3G 手机硬件平台就是指芯片厂商提供的关键芯片以及设计方案。尽管手机款式多，但是提供手机商用化关键芯片的厂商为数不多。其中，高通与爱立信拥有一些 WCDMA 专利，3G 手机采用爱立信芯片的有索爱、LG、NEC、夏普、夏新等，采用高通芯片的有三星、西门子、LG、三洋、华为、东芝、中兴等。诺基亚、摩托罗拉和苹果手机基本上是采用定制的芯片。当然，随着时间的变化，采用的芯片或者厂商会变化。同时，3G 手机硬件平台也是不断变化的。

【问 23】 Broadcom（博通）公司 3G 手机硬件平台是怎样的?

【精答】 Broadcom（博通）公司 3G 手机硬件平台主要产品介绍见表 5-7。

【问 24】 飞思卡尔（Freescale）半导体公司 3G 手机硬件平台是怎样的?

【精答】 飞思卡尔（Freescale）半导体公司 3G 手机硬件平台见表 5-8。

【问 25】 德州仪器（TI）公司 3G 手机硬件平台是怎样的?

【精答】 德州仪器（TI）公司 3G 手机硬件平台见表 5-9。

表 5-7　Broadcom（博通）公司 3G 手机硬件平台

型　号	解　说
BCM2141	BCM2141 是 WCDMA 基频处理器。BCM2141 硬件架构可以与 BCM2133 EDGE/GPRS/GSM 基频次系统整合

（续）

型　　号	解　　说
BCM21551	Broadcom(博通)公司 3G 手机硬件平台中有单片高速分组接入(HSPA)处理器 BCM21551。该芯片的特点如下： 1)高速 HSUPA 3G 基带 2)带有电视信号输出端，并且具有每秒 30 帧视频功能 3)具有调频收音机接收器、调频收音机发射器 4)具有多频带射频收发器 5)具有先进的多媒体处理 6)可以与其他博通器件配合使用，例如 Wi-Fi、GPS 器件、PMU 或新的 VideoCore III 移动多媒体处理器 7)可以运行 Symbian、Windows Mobile 或 Linux 等开放操作系统 8)支持 HSUPA、HSDPA、WCDMA、EDGE 蜂窝协议 9)支持高达 500 万像素的相机 10)支持增强数据速率(EDR)技术的蓝牙 2.1 版 11)采用 65nm 单芯片工艺设计、制造 12)集成了两个 ARM11 处理器 13)集成了 LCD 和图像传感器的 MIPI 串行接口
BCM21553	BCM21553 是单芯片 3G HSUPA 的多媒体基带处理器。其特点为具有高达 800 万像素的 JPEG 与相机传感器的 MIPI 串行接口、集成多媒体加速、充分混合信号音频处理器、高速 USB、应用和通信处理器等
BMC2153	BMC2153 是一款高度集成的 SoC，包括了 HSPA 解调、应用处理器、多媒体功能，可配合 BCM4329，也可搭配 BCM4750，提供 GPS 功能

表 5-8　飞思卡尔（Freescale）半导体公司 3G 手机硬件平台

型　　号	解　　说
MXC300-30	MXC300-30 是一种应用于 3G 手机的芯片。该芯片的特点如下： 　采用 3G 单核调制解调器，把工作在 250MHz 的 SC140e 数字信号处理器与工作在 532MHz 的 ARM1136 应用处理器核组合在一起 　MXC300-30 能处理 2.5G、2.75G、3G 标准，包括 GSM、GPRS、EDGE Class 12、WCDMA 的所有信令协议层(L1、L2 和 L3)

表 5-9　德州仪器（TI）公司 3G 手机硬件平台

型　　号	解　　说
OMAPV2030	OMAPV2030 为德州仪器推出的 WCDMA 基频处理器。其中，TMS320C55X 负责通信协议栈物理层，IVA2 负责多媒体加速，ARM 9 负责通信协议栈 2 层、3 层软件的运行，ARM1136 负责运行操作系统
OMAPV2230	OMAPV2230 为德州仪器推出的 WCDMA 制式的用于控制手机无线通信、提供数码相机录像、视频聊天等多媒体功能的芯片

【问 26】　展讯公司 3G 手机硬件平台是怎样的？

【精答】　展讯公司 3G 手机硬件平台见表 5-10。

表 5-10　展讯公司 3G 手机硬件平台

型　　号	解　　说
SC8800D	SC8800D 采用 ARM926 内核，主频 100MHz，是 TD-SCDMA/GSM/GPRS 双模单芯片的解决方案。SC8800D 集模拟电路、数字电路、电源管理、多媒体功能于一体。SC8800D 支持 TD-SCDMA 和 GSM 网络间的自动漫游和切换。数据传输能力上传速率 128kbit/s、下传速率 384kbit/s。内置 MP3 播放器、64 和弦铃声、内置 LCD 控制器、可支持 262K TFT/OLED 双彩屏、可支持 240×320 像素分辨率 LCD 显示模块、外接存储接口(SDRAM、NAND、NOR)、外围设备接口有 MMC 和 SD 卡接口/3 UART 接口(传输速率达 1.152Mbit/s)/IrDA(传输速率达 115kbit/s)/SPI 接口/I²C 接口/I²S 接口/GPIO 接口、1.8/3.0 卡接口/JTAG 接口(用于测试和内部电路校准)、支持 IF/NZIF/ZIF 架构的 RF 接口、带 LDO 调节器的芯片集成电源管理、支持 GSM/GPRS 标准(版本 V8.2.0 12/1999)、GSM850/GSM900/DCS1800/PCS1900、GPRS 多时隙 Class 10、TD-SCDMA 标准(3GPP 版本 5，2010~2025MHz)、支持 FR/EFR/AMR、支持录音等 　SC8800D 采用 13mm×13mm 289-ball LFBGA 封装

（续）

型　号	解　说
SC8800D	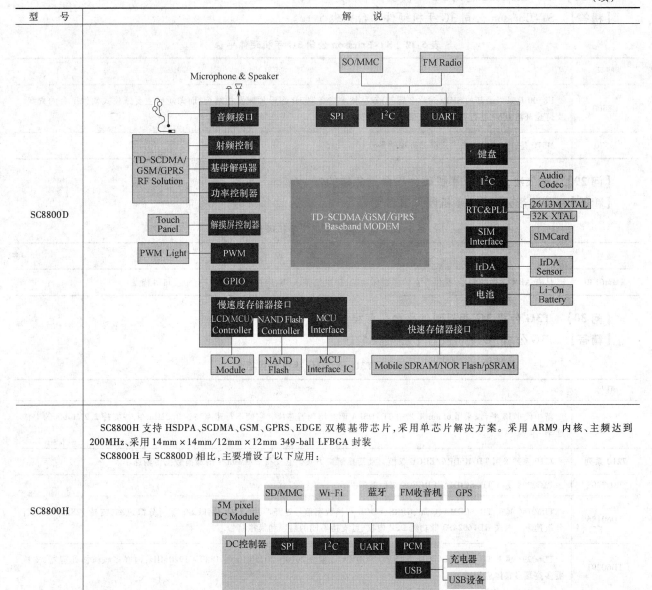

SC8800H 支持 HSDPA、SCDMA、GSM、GPRS、EDGE 双模基带芯片，采用单芯片解决方案。采用 ARM9 内核、主频达到 200MHz、采用 14mm×14mm/12mm×12mm 349-ball LFBGA 封装

SC8800H 与 SC8800D 相比，主要增设了以下应用：

型　号	解　说
SC8800H	

SC8800S 是支持 HSDPA、TD-SCDMA、GSM、GPRS、EDGE 双模基带芯片，采用单芯片解决方案。ARM7TDMI 内核、集成数字基带 DBB、模拟基带 ABB 和电源管理模块 PMU。SC8800S 的应用特点与 SC8800D 差不多

型　号	解　说
SC8800S	

【问 27】 联发科公司 3G 手机硬件平台是怎样的？

【精答】 联发科公司 3G 手机硬件平台见表 5-11。

表 5-11　联发科公司 3G 手机硬件平台

型　号	解　说
MT6265	MT6265 支持 QVGA，多媒体功能比 MT6268 少一些
MT6268	MT6268 是基于 ARM 9（208MHz）、支持 Rel. 99（WEDGE）、HVGA 显示、300 万像素拍照、D1 视频拍摄（MPEG4、H. 264）、数据音乐等功能，适应 WCDMA 支持 CMM、双卡双待 配套的 RF IC：MT6159，电源管理 IC：MT6326
MT6909	用于 TD-SCDMA 手机的平台

【问 28】 ST-Ericsson 公司 3G 手机硬件平台是怎样的？

【精答】 ST-Ericsson 公司 3G 手机硬件平台见表 5-12。

表 5-12　ST-Ericsson 公司 3G 手机硬件平台

型号	解　说
U8500	U8500 是采用最新的 SMP（对称多处理）双核技术与高端 3D 图形加速器相结合，面向所有主要开放式软件平台的方案。支持全高清 1080 逐行扫描便携式摄像功能的移动平台
M570	M570 是针对 HSPA 和大众移动市场的平台

【问 29】 英飞凌公司 3G 手机硬件平台是怎样的？

【精答】 英飞凌公司 3G 手机硬件平台见表 5-13。

表 5-13　英飞凌公司 3G 手机硬件平台

型号	解　说
XMM6130	具有 ARM11 微控制器、提供丰富的多媒体功能、提供拍照、USB、内存卡接口、3G 空中接口等特点

【问 30】 T3G 公司 3G 手机硬件平台是怎样的？

【精答】 T3G 公司 3G 手机硬件平台见表 5-14。

表 5-14　T3G 公司 3G 手机硬件平台

型号	解　说
6718	新一代 6718 平台，采用 65nm 工艺的 TD-HSPA 调制解调器芯片。它使下行速率高达 2.8Mbit/s，并支持 2.2Mbit/s 的上传速率
7210 系列	7210 系列采用 TD-HSDPA/EDGE 双模自动切换解决方案。它支持 2.8Mbit/s 的最高数据传输速率
T3G7208	T3G7208 支持 TD-SCDMA/EDGE 的双模基带芯片
TD60186	TD60186 属于 TD-SCDMA、GSM、GPRS、EDGE 双模数字信号处理芯片，支持 384kbit/s 下行分组速率，支持 128kbit/s 上行分组速率。内嵌 RD16024S0 低功耗 DSP 内核、可支持不同的射频和模拟基带芯片方案
TD60291	TD60291 属于 TD-HSDPA/GGE，支持 TD-SCDMA 双频段 2010～2025MHz 与 1880～1920MHz，内嵌多媒体协处理器，支持更多高端多媒体应用

【问 31】 高通公司 3G 手机硬件平台是怎样的？

【精答】 高通手机芯片组主要包括 MSM 芯片组、单芯片（QSC）、Snapdragon 平台。根据定位不同，高通公司的手机芯片组分为经济型芯片组、多媒体型芯片组、增强型芯片组、融合型芯片组。

高通公司 3G 手机硬件平台见表 5-15。

表 5-15　高通公司 3G 手机硬件平台

型　号	解　说
MDM8200 芯片组	MDM8200 芯片组为高通公司的 HSPA 和芯片解决方案
MSM6000	MSM6000 支持 cdma2000 1X 的 Rel. 0 和 IS-95 的 A/B 网络、集成 ARM7TDMI 微处理器、嵌入式 QDSP2000 数字信号处理器（DSP）内核、移动用户身份识别模块（R-UIM 卡）系统解决方案、彩色液晶显示器接口支持等
MSM6025	MSM6025 支持 cdma2000 1X 的 Rel. 0 和 IS-95 的 A/B 网络、集成 ARM7TDMI 微处理器、嵌入式 QDSP4000 数字信号处理器（DSP）内核、引脚兼容 MSM6050、数据传输速率高达 153.6kbit/s 的正向和反向链接、自定义铃声、短信功能、JPEG 静态图像解码器、移动用户身份识别模块（R-UIM 卡）系统解决方案等

（续）

型　号	解　说
MSM6050	MSM6050 支持 cdma2000 1X 的 Rel.0 与 IS-95 的 A/B 网络、集成 ARM7TDMI 微处理器、嵌入式 QDSP4000 数字信号处理器(DSP)内核、数字音频 MP3、彩色液晶显示器接口、集成的通用串行总线(USB)、移动用户身份识别模块(R-UIM 卡)系统解决方案、JPEG 静态图像解码器等
MSM6100	MSM6100 支持的 cdma2000 1X 版本 A 网络、集成 ARM926EJ-S 与内存管理单元(MMU 微处理器核心)、两个 QD-SP4000 高性能数字信号处理器(DSP)、高达 130 万像素的数字图像、播放 15 帧 QCIF 的图像、蓝牙基带处理器等
MSM6125	MSM6125 支持 cdma2000 1X 网络、第四代声码器、移动接收分集(MRD)的增强数据吞吐量、增强型 GPS、ARM926EJ-S 微处理器核心、两个 QDSP4000 高性能数字信号处理器(DSP)、高达 130 万像素的数字图像、播放 15 帧 QCIF 的图像、MMC/SD 卡可移动存储、蓝牙 2.1 处理器等
MSM6245	MSM6245 支持 WCDMA(UMTS)、EDGE 和 GSM/GPRS 网络、集成 ARM926EJ-S 与内存管理单元(MMU 微处理器核心)、集成 QDSP4000 高性能数字信号处理器(DSP)、高达 200 万像素的数字图像、视频流媒体播放、录音和视频电话、自定义铃声、屏幕保护程序和贺卡解决方案、集成的通用串行总线(USB)的支持、2D/3D 绘图等
MSM6260	MSM6260 适用于 WCDMA(UMTS)、HSDPA、GSM/GPRS/EDGE(EGPRS)空中接口上运行的 3G 手机。MSM6260 与 MSM6245、MSM6255A 能够实现射频与引脚兼容、集成 QDSP4000 高性能数字信号处理器(DSP)、高达 200 万像素的数字图像、播放 15 帧 QCIF 的图像、支持数字音频填充率、蓝牙基带处理器、MSM6260 的 SRAM 单元尺寸为 0.52μm²
MSM6280	MSM6280 支持 WCDMA(UMTS)/HSDPA、GSM/GPRS/EDGE(EGPRS)的 3G 芯片。支持的最高速率为 7.2Mbit/s。MSM6280 芯片组与 MSM6275 芯片组针脚相兼容 　MSM6280 方案的可以支持： 　QVGA、CIF 分辨率视频解码与编码；CIF 分辨率 15 帧/s 速度用于视频电话；CIF 分辨率 30 帧/s 速度的 MPEG-4 解码用于流媒体或线下观看；CIF 分辨率 15 帧/s 速度的 MPEG-4 编码用于便携式摄像机；400 多万像素传感器用于高分辨率静态摄像头；高速 2D 或 3D 图形用于高交互性游戏、用户界面以及图文应用；高通的 BREW 方案；支持 Launchpad 系列的高级多媒体、连接、定位、用户界面以及可移动性存储功能；还与 JAVA 运行环境兼容；不需要中频组件
MSM6281	MSM6281 支持 WCDMA/HSDPA 和 EGPRS 网络、集成 ARM926EJ-S 与内存管理单元(MMU 微处理器核心)、集成两个 QDSP4000 高性能数字信号处理器(DSP)、播放高达 30 帧的 QVGA、记录高达 15 帧/s 的 QVGA、定位辅助型 GPS(A-GPS)、数字音频填充率、集成移动数字显示接口(MDDI)、集成蓝牙 1.2 基带处理器等
MSM6500	MSM6500 支持 cdma20001X、cdma20001XEV-DO、GSM/GPRS 标准，支持 3G 与 2G 网络之间的漫游、支持 2.4Mbit/s 的前向链路峰值无线数据速率、集成了 USB 主机控制器功能、支持全球定位系统(GPS)的能力以及支持独立 GPS
MSM6550	MSM6550 集成了一个 225MHz 的 ARM9 处理器、支持 400 万像素的数码相机接口、支持视频电话、支持同步 GPS、支持 QVGA
MSM6800	MSM6800 集成多媒体功能、优化了音频/视频/照相机/图像功能、MSM6800 解决方案无需应用双处理器就可以提供高性能、低功耗的单芯片解决方案、支持高达 400 万像素的照片数字图像、支持 30 帧/s QVGA 视频点播、支持便携式 CD 质量收听欣赏、带加强 GPS 引擎、显示功能接口、照相机接口等
MSM7200	MSM7200 支持上行密集型(uplink-intensive)服务、大容量附件电子邮件的发送与接收、下行链路的数据传输速率高达 7.2Mbit/s、上行链路的数据传输速率高达 5.76Mbit/s、第三方操作系统。支持 GPRS、EDGE、WCDMA、HSD-PA、HSUPA 等数据连接。MSM7200 还具有先进的多媒体、连接、定位和数据功能

（续）

型　号	解　说
MSM7200	MSM7200 芯片的 CPU 部分主频高达 400MHz、采用双核架构（一个 400MHz 的 ARM11 核心负责程序部分、一个频率为 274MHz 的 ARM9 核心负责通信）、具有高速的网络接口、提供 Java 硬件加速、拥有独立的音频处理模块、内建 Q3Dimension 3D 渲染引擎、支持 OpenGL ES 3D 图形加速、从硬件上支持 H.263 以及 H.264 的视频解码、最大可以支持并且还内建 GPS 模块
MSM7201A	MSM7201A 单芯片、双核的解决方案，可以提供高速数据处理功能、硬件加速多媒体功能、3D 图形、支持 WCD-MA、HSUPA、EGPRS 和 GSM 网络、支持多媒体广播多播业务（MBMS）、集成 ARM11 应用处理器与 ARM9 调制解调器、集成 QDSP4000 与 QDSP5000 高性能数字信号处理器（DSP）、记录高达 24 帧的 QVGA、支持第三方操作系统、集成移动数字显示接口（MDDI）、集成蓝牙 1.2 基带处理器等 MSM7201 主频有 400MHz 与 528MHz
MSM7225	MSM7225 芯片组具有针对第三方操作系统和高速 HSDPA 及 HSUPA 数据调制解调器的双处理器架构、支持 Windows Mobile 与 Linux 的第三方操作系统、具有多媒体广播多播业务、500 万像素摄像头、30 帧/s 的 WQVGA 视频摄像和回放、集成辅助 GPS 和独立 GPS 功能、集成高速 USB、Bluetooth 2.0、Wi-Fi、VGA 显示以及多种 SDIO 接口、直接支持 MediaFLO、DVB-H、ISDB-T 手机电视标准
MSM7500	MSM7500 是双核单芯片、支持 800 万像素的数码摄像头、支持 DV 效果的视频拍摄功能、支持 VGA 级手机游戏、支持主流音频视频编码格式、支持 BREW 平台、支持第三方操作系统、支持高分辨率 VGA 显示、支持 TV 输出功能等
MSM7600	MSM7600 支持 cdma2000 1XEV-DO Rev. A、cdma2000 1XEV-DV、WCDMA（UMTS）、HSDPA、GSM、GPRS、EDGE、高达 600 万像素的数码照相功能和图像处理、30 帧/s VGA 分辨率数字视频录制和播放、3D 图形加速能力、高保真立体声数字音频录制和播放、增强影像、视频和图形功能的定位服务、VGA 分辨率彩色 LCD、标准电视接口、集成串行移动显示屏数字接口（MDDI）、集成了调制解调器处理器、应用处理器和相关 DSP、高级电源管理功能、蓝牙、第三方操作系统等
QSC1110	QSC1110 是单芯片组
QSC6020	QSC6020 支持 cdma2000 1X 网络、ARM926EJ-S 与内存管理单元（MMU 微处理器核心）、QDSP4000 高性能数字信号处理器（DSP）、数字音频支持 MP3、JPEG 静态图像解码器、移动用户身份识别模块（R-UIM 卡）系统解决方案等
QSC6030	QSC6030 支持 cdma2000 1X 网络、集成 ARM926EJ-S 与内存管理单元（MMU 微处理器核心）、集成 QDSP4000 高性能数字信号处理器（DSP）、数字音频支持 MP3 和 AAC/AAC + 格式、集成通用串行总线（USB）、移动用户身份识别模块（R-UIM 卡）系统解决方案等
QSC6055	QSC6055 支持 cdma2000 1X 网络、ARM926EJ-S 与 DSP4000 数字信号处理器的微处理器内核、高达 130 万像素的数字图像、72 和弦铃声等
QSC6065	QSC6065 支持 cdma2000 1X 网络、ARM926EJ-S 与 DSP4000 数字信号处理器的微处理器内核、高通线性干扰消除、记录 15 帧/s QCIF 的图像、72 和弦铃声等
QSC6240	QSC6240 支持 WCDMA（UMTS）、GSM、GPRS、EDGE 网络、ARM926EJ-S 与内存管理单元（MMU 微处理器核心）、QDSP4000 高性能数字信号处理器（DSP）、高达 200 万像素的数字图像、记录 15 帧/s QCIF 的图像、先进的二维图形支持、自定义铃声、位置辅助 GPS（A-GPS）、数字音频填充率、蓝牙 2.1 处理器等

（续）

型　号	解　说
QSC6270	QSC6270 支持 WCDMA、HSDPA 和 GSM、GPRS、EDGE 网络、ARM926EJ-S 与内存管理单元（MMU 微处理器核心）、QDSP4000 高性能数字信号处理器（DSP）、高达 300 万像素数字图像、记录 15 帧/s 的 QVGA、先进的二维图形支持、自定义铃声、屏幕保护程序和贺卡解决方案、位置辅助 GPS（A-GPS）、数字音频填充率、蓝牙 2.1 处理器等 QSC6270 内部结构如下 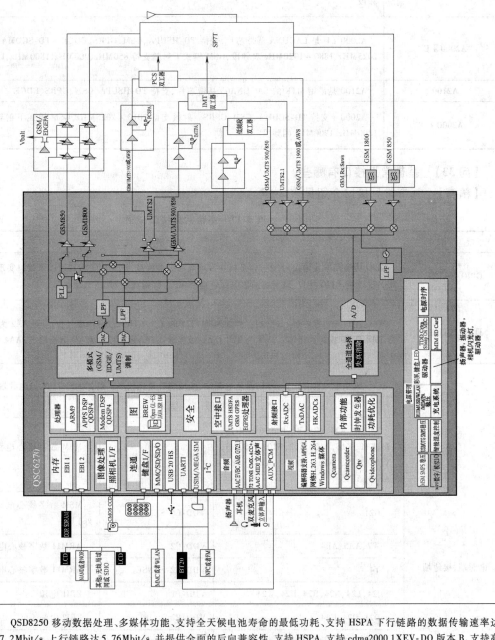
QSD8250	QSD8250 移动数据处理、多媒体功能、支持全天候电池寿命的最低功耗、支持 HSPA 下行链路的数据传输速率达 7.2Mbit/s、上行链路达 5.76Mbit/s，并提供全面的后向兼容性、支持 HSPA、支持 cdma2000 1XEV-DO 版本 B、支持高清视频解码、支持 1200 万像素摄像头、GPS、广播电视（支持 MediaFLO、DVBH-H 和 JSDB-T）、Wi-Fi 和蓝牙
QSD8650	QSD8650 支持 HSPA、cdma2000 1XEV-DO 版本 B、高清视频解码、1200 万像素摄像头、GPS、广播电视（支持 MediaFLO、DVBH-H 和 JSDB-T）、Wi-Fi 和蓝牙

【问 32】 联芯科技公司 3G 手机硬件平台是怎样的？

【精答】 联芯科技公司 3G 手机硬件平台见表 5-16。

表 5-16　联芯科技公司 3G 手机硬件平台

型　号	解　说
DTIVYTMA2000 + TV	DTIVYTMA2000 + TV 是采用美国模拟器件公司推出的 LEMANS LSR + 基带芯片,支持双模,支持 TD-SCD-MA、GSM、GPRS
A2000 + HSDPA	A2000 + HSDPA 是采用 LAGUNAU 基带芯片,支持 TD-HSDPA、GSM、GPRS、EDGE 双模。TD-SCDMA 模式下射频支持 2010 ~ 2025MHz、1880 ~ 1920MHz 频段,GSM 模式下射频支持 850MHz、900MHz、1800MHz、1900MHz 四频段
A2000 + U	A2000 + U 是 LAGUNA 基带芯片,支持 TD-HSUPA、GSM、GPRS、EDGE。TD-SCDMA 模式下射频支持 2010 ~ 2025MHz、1880 ~ 1920MHz 双频段,GSM 模式下射频支持 850MHz、900MHz、1800MHz、1900MHz 四频段
A2100	A2100 是采用 MTK 的 LAGUNA65 基带芯片,支持 TD-HSUPA、GSM、GPRS、EDGE
A2000 +	A2000 + 支持 TD-SCDMA、GSM、GPRS。射频支持 2010 ~ 2025MHz,GSM 模式下射频支持 850MHz、900MHz、1800MHz、1900MHz 四频段

【问 33】　基带常见接口有哪些?

【精答】　基带常见接口介绍见表 5-17。

表 5-17　基带常见接口介绍

接　口	解　说		
GPIO 接口端	GPIO 为通用输入输出,许多 3G 手机基带均具有该类接口,许多功能均是通过该接口实现相应的通信功能。例如 MSM7225 的 GPIO 接口:调制解调器电源管理、SDC、I^2C、键盘控制、显示控制等		
JTAG 接口端	JTAG 接口端包括时钟、数据端。例如 MSM7225 的 Y2 为 TRST_N JTAG 复位信号;AA2 为 TCK JTAG 时钟输入;Y1 为 TMS JTAG 模式选择输入;W1 为 TDI JTAG 数据输入;AA1 为 TDO JTAG 数据输出;AA4 为 RTCK		
电源端、接地端	3G 手机基带均具有该类接口,而且电源端、接地端数量比较多。例如 MSM7225 的电源端、接地端如下:		
	Ball 引脚	**名　称**	**解　说**
	A1、A2、A24、A25、B1、B25、G19、H18、J8、K11、K16、L10、M22、T10、T16、V8、V18、W19、AD1、AD25、AE1、AE2、AE24、AE25	VDD_C1	MSM 数字核心电路电源(ARM11 核心除外)
	G21	VDD-C1-SENSE	MSM 数字核心电路电源(ARM11 核心除外)
	W7、AA5、AB4	VDD-C2	ARM11 数字核心电路电源
	Y4	VDD-C2-SENSE	ARM11 数字核心电路电源
	J24、L24、N24、R24、U24、W24	VDD-P1	EBI1 电源
	D21、D24、G24	VDD-P2	EBI2 电源
	AD6、AD10、AD14、AD17、R4、W4	VDD-P3	PAD3 电源
	AC24、AD21	VDD-P4	PAD4 电源(相机)
	D9、K4	VDD-P7	PAD7 电源(内部参考)
	D12	VDD-P8	LCDC(PAD 8)电源。如果 LCDC 接口使用,则 PAD 必须与 VDD_P9 同电源

（续）

接　　口	解　　说		
	Ball 引脚	名称	解说
	D17	VDD-P9	LCDC 或 EBI2（PAD 9）电源。如果 LCDC 接口使用，则 PAD 必须与 VDD_P8 同电源。如果 LCDC 接口不使用，则 PAD 必须与 VDD_P2（EBI2）同电源
	M4	VDD-P10	Pad 10 电源（USIM 和 USB-UICC）
	A3、M21、E12、E14、E18、F21、J21、K5、K12、K14、L11、L12、L13、L14、L15、M11、M12、M13、M14、M15、M16、N5、N10、N11、N12、N13、N14、N15、N16、N21、P11、P12、P13、P14、P15、P16、R11、R12、R13、R14、R15、T13、U21、W5、Y21、AA9、AA13、AA17	GND	MSM 数字内核、EBI1、EBI2、PAD3、PAD4、PAD8、PAD9、PAD10 接地
电源端、接地端	D15	VDD_USBPHY（3.3 V）	USBPHY 电源
	E13	VDD_USBPHY（2.6 V）	USBPHY 电源
	D13	GND	USBPHY 接地
	AD11	VDD-MDDI	MDDI 电源
	AD12	GND	MDDI 接地
	M10	VDD-QFUSE-PROG	QFUSE 电源
	B2	VDDA	触摸屏电源
	C2	GND	触摸屏接地
	N8、P7、RC1	VDDA	模拟电路电源
	N7、P8、R2、R5、T5	GND	锁相环接地
	H4、H5、J4、J5	VDDA	基带处理 Σ-Δ 调制器电源
	G4、H7、H8、J7	GND	基带处理 Σ-Δ 调制器接地
	D5	VDDA	编解码器电源
	D4	GND-RET	编解码器接地
	A3	GND	编解码器接地
	P4	VDDA	Tx DAC 电源
	M7	VDDA	功率放大控制 DAC 电源
	B7	VDDA	耳机电路电源
	E8	VDDA	立体声 DAC 电路电源
	A7、D8、G5、M8、N4	GND	模拟电路接地
复位、模式选择	复位信号主要是对芯片的复位，这是手机基带一般均具有的接口		
时钟	时钟接口主要包括 TCXO 时钟、睡眠时钟。例如 MSM7225 的 T2 为 TCXO；Y5 为 SLEEP_CLK		

【问 34】　13MHz 时钟电路是怎样的？

【精答】　13MHz 时钟电路主要用于产生锁相环的基准频率与主时钟信号。13MHz 时钟电路的正常工作为手机系统正常开机与正常工作提供了必要条件。

13MHz 时钟电路中的 13MHz 晶振损坏率较高，尤其是摔、跌等原因引起手机故障时，晶振损坏率更高。13MHz 时钟电路如图 5-29 所示。

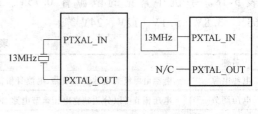

图 5-29　13MHz 时钟电路

【问 35】　32.768kHz 时钟电路连接方式有哪几种？

【精答】　32.768kHz 时钟电路有两种连接方式如图 5-30、图 5-31 所示。

　　　图 5-30　连接方式 1　　　　　　　　　　　图 5-31　连接方式 2

【问 36】　什么是天线开关？

【精答】　天线开关主要作用是通过逻辑控制切换 GSM 900MHz、GPRS 1800MHz、3G 频段等的发射、接收路径。一般天线开关控制逻辑会具有不同发射模式与接收模式的真值，从而组成一定的真值表。

　　目前，手机的天线开关不是纯粹功能的"机械开关"，而且内置了滤波器的复合元件。天线开关就是实现手机信号的接收与信号的发射共用一根天线。

　　天线开关一般均具有天线端、接收射频端、发射射频端、控制信号端。手机不同，其接收射频端、发射射频端数目不同。控制信号端信号一般来自基带处理器。发射射频端信号一般来自手机发射电路中的发射功率放大电路。接收射频端信号一般传送到手机接收射频电路中。

　　采用 3G 天线与 GSM 天线的电路如图 5-32 所示。

　　WCDMA 2100 与 GSM 900/1800MHz 共用天线模块，如图 5-33 所示。

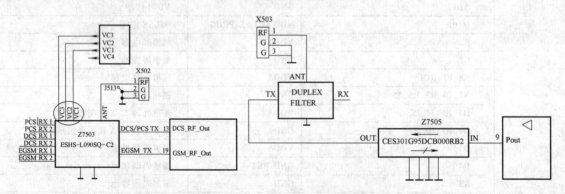

图 5-32　采用 3G 天线与 GSM 天线的电路

【问 37】　送话器电路是怎样的？

【精答】　送话器电路基本原理：当手机用户对着送话器讲话时，送话器将声音转换为模拟电信号，并且与送话器连接的 RC 滤波电路将 200Hz~20kHz 语音信号中的 300~3400Hz 信号滤出，经 A-D 转换、数字处理后送到发射机进行调制发射。

【问 38】　电源电路是怎样的？

【精答】　电源电路包括射频电源、基带电源、电池电源、电压调节、电源管理、升压电路等，具体见表 5-18。手机中常见的电源有 0.75V、1.05V、1.2V、1.5V、1.6V、1.7V、1.8V、2.5V、3.3V、3.65V、3.8V、5.1V、12V、24V 等。

表 5-18　电源电路

名称	解说
电池电源	电池电源包括电池供电电路、电池身份信息确认电路、电池温度检测电路等
电压调节	电压调节可以分为独立电压调节电路、内置电压调节器
电源管理	电源管理块一般称为 PMU

【问 39】　什么是 CMMB 电路?

【精答】　CMMB 也就是中国移动多媒体广播,也叫移动电视。CMMB 在城市人口密集的地方以地面建设 UHF 频段发射塔为主,在偏远的山区是以 S 频段卫星覆盖为主。CMMB 需要支持 UHF 特高频 (470～860MHz)、S 波段 (2635～2660MHz)。

手机 CMMB 电路包括调谐器、解调电路、显示电路、音频电路等。

手机 CMMB 电路基本工作原理:从 CMMB 天线接收下来的 RF 信号,经过低通滤波器滤波、放大器放大后,混频产生 I/Q 基带信号。再经滤波、放大,I/Q 基带信号输出到解调芯片。最后经过信道解码、纠错等处理后,形成了标准的 MFS 码送到 CPU 还原显示。

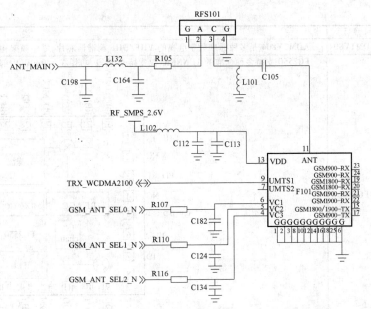

图 5-33　WCDMA 2100 与 GSM 900/1800MHz 共用天线模块

【问 40】　CMMB 电路分立平台是怎样的?

【精答】　CMMB 电路分立平台就是指没有把调谐器与解调器两者集成在一块集成电路里的应用电路。CMMB 电路的一些调谐器、解调器产品见表 5-19。

表 5-19　CMMB 电路的一些调谐器、解调器产品

型号	解　说
ADMTV102	ADMTV102 仅支持 U 频段,功耗为 180～200mW,其升级产品为 ADMTV803
ADMTV340	ADMTV340 支持 S 波段,功耗达 150mW,内部结构如下: 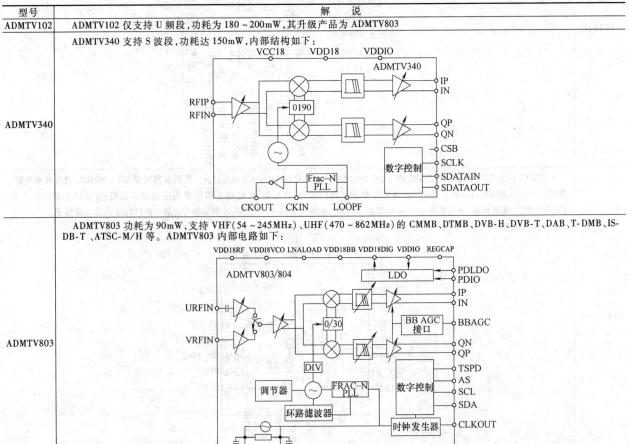
ADMTV803	ADMTV803 功耗为 90mW,支持 VHF(54～245MHz)、UHF(470～862MHz)的 CMMB、DTMB、DVB-H、DVB-T、DAB、T-DMB、IS-DB-T、ATSC-M/H 等。ADMTV803 内部电路如下:

（续）

型号	解　说
ADMTV804	ADMTV804 是多种标准数字电视的 VHF/UHF 调谐器芯片,零中频架构,内部结构参见 ADMTV803
FC2550	FC2550 支持多种标准的 TUNNER,仅支持 U 波段,功耗在 140mW,内部结构如下: 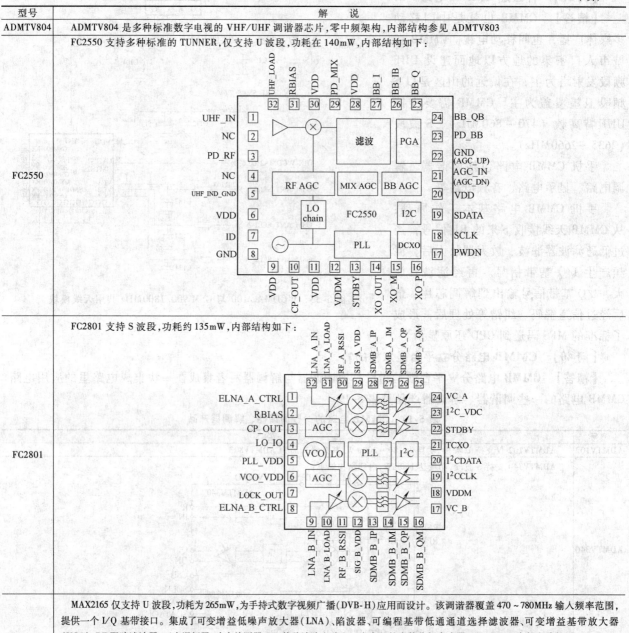
FC2801	FC2801 支持 S 波段,功耗约 135mW,内部结构如下:
MAX2165	MAX2165 仅支持 U 波段,功耗为 265mW,为手持式数字视频广播(DVB-H)应用而设计。该调谐器覆盖 470～780MHz 输入频率范围,提供一个 I/Q 基带接口。集成了可变增益低噪声放大器(LNA)、陷波器、可编程基带低通通道选择滤波器、可变增益基带放大器(VGA)、RF 跟踪滤波器、正交混频器、功率检测器、DC 偏移消除电路和一个完整的小数分频合成器。MAX2165 内部电路如下: 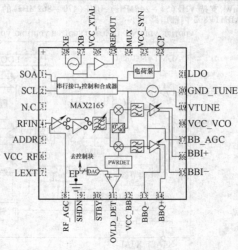

（续）

型号	解　说
MAX3580	MAX3580 为 VHF、UHF 调谐器,内部结构如下:
MXL5007T	MXL5007T 支持 U 和 S 波段双频段,功耗为 300mW。可接收 44Hz～885MHz 连续频段信号,支持几乎所有主要有线电视、地面数字和模拟电视标准。MXL5007T 内部结构如下:

其他一些解调器产品还有 IF101、TP3001B、SC6600V 等。

【问 41】　CMMB 电路单芯片平台是怎样的?

【精答】　CMMB 电路单芯片解决方案集成了 TUNER 和解调器,一些单芯片平台见表 5-20。

表 5-20　CMMB 电路单芯片平台

型号	解　说
CN1180	CN1180 支持外部配置引脚,通过 CONFIG 配置可设置不同的接口和时序选择、支持外部控制 LNA 功能,通过 ANT-CTL 引脚可控制外部天线 LN、支持拉杆天线直连,内部集成了天线匹配电路
IF202	IF202 实现 CA 功能的芯片
IF303	F303 集成了 CA 芯片与 H. 264 解码
SCI203ITM	SCI203ITM 支持双波段
SMS1184	SMS1184 支持 CA 的 CMMB 移动数字电视芯片
SMS1186B	SMS1186B 支持 CA 的 CMMB 移动数字电视芯片
SMS1186M	SMS1186M 支持中国移动的 MBBMS

（续）

型号	解　说
STC1818	STC1818 是基于 TP3001B ＋FC2550 整合而成的模块，全面符合 CMMB 标准，支持 BPSK、QPSK、16QAM 调制模式，内置 MEMORY、内部具有解多路复用功能，同时支持 2 个逻辑通道、提供 SDIO 接口或 SPI 接口，输出（复用子帧流）MFS 数据格式数据。STC1818 内部结构如下： （内部结构图：上排引脚 P11 I²S_LRCK、P10 I²S_SD、P9 I²S_SDA、P8 I²S_SCL、P7 RESETN、P6 1.2V、P5 GND、P4 1.8V、P3 GND、P2 RF_IN、P1 GND；包含 SRI_EXT、Flash、SPI、UHF TUNER FC2550、IIC、IQ、CMMB Demodulator TP3001B、SDIO&SPI；下排引脚 3.3V P12、GND P14、SD_CLK P17、SD_CMD P18、D3 P19、D2 P20、D1 P21、D0 P22、STATUS P25）
TP3001	TP3001 是基于 CMMB 标准的 SoC 芯片，带有 ADC、DAC、PLL 和 CPU 等标准模块。8MHz 频道的最大数据传输速率为 810kbit/s，可以同时接收两种服务频道
TP3011	TP3011 兼容 CMMB 标准，高集成的 SIP 接收器集成一个 U 波段的调谐器和一个高性能的解调器。从天线得到的 RF 信号输入到 TP3011 中，输出的是解复用的 CMMB 子帧数据，之后被传送到应用处理器进行视频和音频的解码
TP3013/3113	TP3013/3113 是集成了调谐器与解调器的单晶片 CMMB 接收器，它包含了一个射频集成电路和一个 CMMB 基带解调器集成电路。TP3113 还具有内置的智能芯片，可以支持 CMMB CA 方案和 MBBMS 方案
TP3021	TP3021 兼容 CMMB 标准，具有完整的 SoC 接收器。TP3021 集成了一个多频段的 TUNER，一个高性能的解调器，一个晶振和其他全部的无源元件，将它们安装在一个仅有 36pin（9mm ×9mm）的模块中。从天线得到的 RF 信号输入到 TP3021 中，输出的是解复用的 CMMB 子帧数据，之后被传送到应用处理器进行视频和音频的解码
TP3023/3123	TP3023/3123 集成 CMMB 接收模块，TP3023 将 U 波段的调谐器、高性能的解调器、晶振和其他全部的无源元件集成在一个仅有 32pin（7mm×11mm）的模块中。TP3123 内置 CA 模块，能够支持 CMMB CA 解决方案和中国移动 MBBMS 解决方案。RF 信号从天线输入到 TP3023/3123 中，输出的是解复用的 CMMB 子帧数据，之后被传送到应用处理器进行视频和音频的解码
TP3213	TP3213 集成了调谐器与解调器的单晶片 CMMB 接收器，它包含了一个射频集成电路、一个 CMMB 基带解调器集成电路和一个 CMMB CA，具备解扰和解密的功能。TP3213 支持 SDIO、SPI、USB 接口等

另外，单芯片解决方案还有 SMS1180。

【问 42】　照相机电路是怎样的？

【精答】　照相机电路一般包括照相机电路模组与相机接口电路。照相机模组就是相机处理电路与图像传感器制作一起的模组。相机接口电路主要作用是通过此电路实现照相机模组与手机基带电路的联系与连接。

目前，手机一般采用嵌入式数码相机图像处理芯片，图像处理器芯片通过接口与手机基带处理器连接，实现数据直接或间接地在基带芯片、存储器、图像处理器之间交换。手机显示屏也可以直接连接到图像处理器芯片上。

【问 43】　什么是照相机模组？

【精答】　照相机模组是手机实现照相功能不缺少的。照相机模组一般通过连接器直接与主板上的数字基带处理器或者图像处理器连接。

手机照相机模组一般包括图像传感器、镜头，即包括了照相电路与图像传感器。其图像传感器具有 CCD 图像传感器、CMOS 图像传感器。镜头可以分为玻璃镜头、塑料镜头。

照相机模组不同接口的连接器针数不同，例如有 13 针、20 针等。照相机模组连接如图5-34所示。

一般照相机模组引脚有主电路供电引脚 V_{DD}、与 V_{DD} 相对应的地 GND、数据线（有的有 D＋、D－）、时钟线（有的有 CLK－、CLK＋）、照相机模组系统时钟等。

3G 手机一般具有两个摄像头以便支持视频通话和拍照。摄像头主要参数是像素。摄像头实物如图5-35所示。

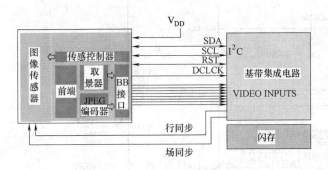

图 5-34　照相机模组连接

图 5-35　摄像头

【问 44】　GPS 与 A-GPS 电路是怎样的？

【精答】　A-GPS 定位是指使用全球卫星定位系统，并接收来自蜂窝移动电话网络的"辅助信息"来进行定位。

GPS 电路有采用双芯片方案与单芯片方案的电路。目前，GPS 电路基本上集成在 GPS 通信模块中。手机 GPS 电路主要由 GPS 天线、GPS 接收器（处理器）、滤波器、存储器等组成。

GPS 电路工作基本原理是：GPS 天线感应 GPS 信号，将信号传送到滤波器中，滤波后的信号再通过 GPS 接收器（处理器）中的放大电路等处理，得到 GPS 数据信号，然后通过 GPS 接收器（处理器）有关端口与基带交换、处理，最后输出 GPS 显示信号。

另外，GPS 电路均有时钟信号，因此，GPS 通信模块周边有晶振等元器件。不同机型晶振的类型不同。早期 GPS 模块采用 RF、BB。目前，一般采用单芯片模块。

例如，PMB2525 在 3G 版 iPhone 手机中有应用。PMB2525 集成了一个高性能的辅助全球定位系统基带处理器与一个低噪声 GPS RF 前端、集成射频接收器，具有新的软件功能，如先进的多路径缓解等。PMB2525 通过串行接口与基带部分通信，并且采用手机现有的时钟时序发生机制。PMB2525 实物如图5-36所示，应用电路如图 5-37 所示。

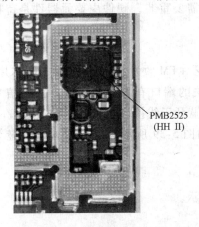

图 5-36　PMB2525 实物

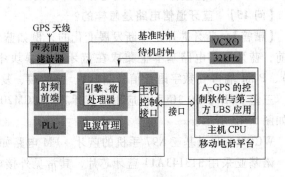

图 5-37　PMB2525 应用电路

WCDMA 制诺基亚 N97 手机的 GPS 电路如图 5-38 所示。

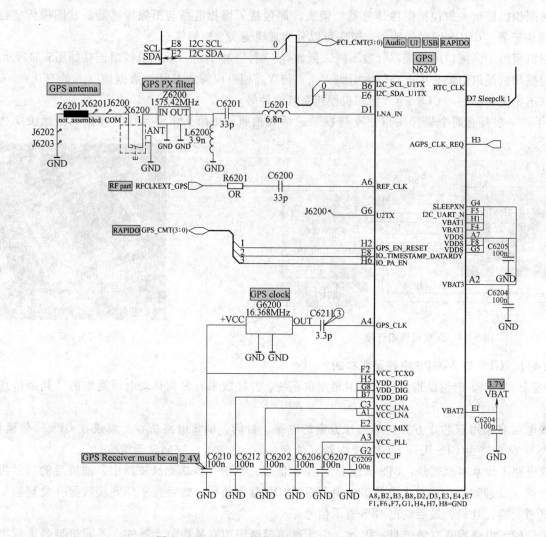

图 5-38 WCDMA 制诺基亚 N97 手机的 GPS 电路

不过有的新型 GPS 接收器（处理器）内置表面声波（SAW）滤波器，例如 BGM781N11 集成一个 GPS 低噪声放大器（LNA）与两个具备出色 ESD 防护功能的表面声波（SAW）滤波器。还有一种 eGPS，即增强型全球定位系统，同时，GPS 电路中带有蓝牙的芯片不断推出。因此，新型 3G 手机 GPS 电路也将会有新的变化。

GPS 电路首先检测软件而后检测硬件，软件包括导航软件是否需要重装，硬件主要元器件是待机时钟、基准时钟、滤波器以及有关电源端外接的贴片电容等。

【问 45】 蓝牙通信电路是怎样的?

【精答】 蓝牙芯片是不断发展变化的，例如蓝牙专用芯片和蓝牙 + FM 收发芯片、蓝牙 + GPS芯片等。目前，蓝牙通信电路基本上集成在蓝牙通信模块中。蓝牙通信模块的端口有 UART 端口（控制信号端口）、PCM 端口（数字语音信号端口）、电源端、复位端、时钟端、蓝牙天线接口端等。

三星 SGH-J750 3G 手机应用的蓝牙芯片 BCM2045 的内部结构如图 5-39 所示。3G 手机单芯片蓝牙结构如图 5-40 所示。

WCDMA 制诺基亚 N97 手机的蓝牙 + FM 电路如图 5-41 所示。

诺基亚采用 313143A11 蓝牙芯片，其常见外接电路如图 5-42 所示。

【问 46】 FM 收音通信电路是怎样的?

【精答】 目前 FM 收音通信电路基本是基于 FM 为核心的 FM 收音电路或者 FM 电路与其他电路集成的电路。

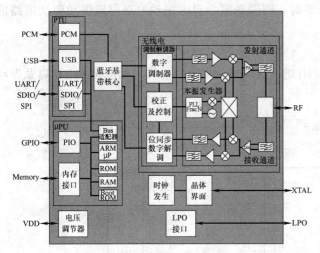

图 5-39　BCM2045 的内部结构

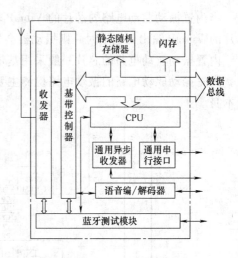

图 5-40　单芯片蓝牙结构

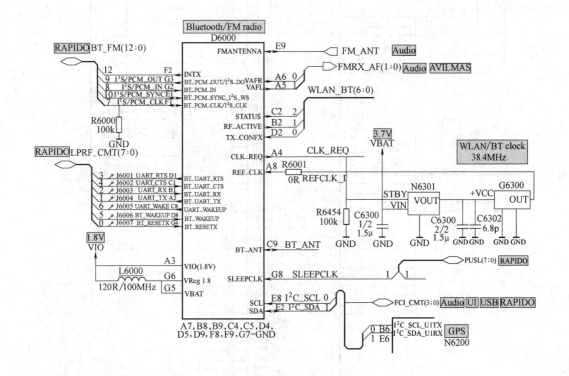

图 5-41　WCDMA 制诺基亚 N97 手机的蓝牙 + FM 电路

FM 收音通信电路时钟信号一般从基带输出信号引入，与基带一般通过 SDA、SCL 总线实现通信，另外，还具有 FM 控制信号。

FM 收音通信电路基本外围元器件，基本上是电阻、电容、电感。

【问 47】　显示控制电路是怎样的？

【精答】　TV OUT 信号与摄像信号统一引入显示控制电路，由显示控制电路再传送到连接器上，通过连接器连接显示设备，从而达到显示的作用，如图 5-43 所示。

【问 48】　振动电路是怎样的？

【精答】　振动电路由振动驱动电路与振动器组成，其中振动驱动电路有采用晶体管等组成的简单放大电路，也有内置振动驱动电路的芯片。内置振动驱动电路的芯片应用电路如图 5-44 所示。

当内置振动驱动电路的芯片的 VibraP 输出高电平时，则振动器会得电振动。当内置振动驱动电路的芯片的 VibraP 输出低电平时，则振动器会失电停振。

内置振动驱动电路的芯片一般采用基带芯片。

内置振动驱动电路的振动电路检测主要是检测芯片的正极输出端电平、外接灵敏度检测电路以及振动器本身。

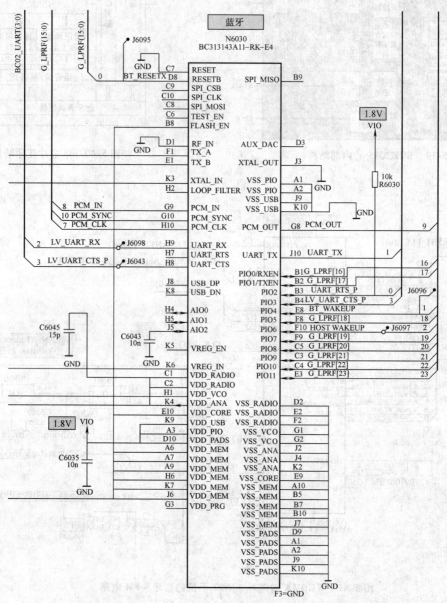

图 5-42　313143A11 蓝牙芯片常见外接电路

【问 49】　按键电路是怎样的？

【精答】　按键电路一般是通过基带处理器控制，即按键处理信号经过基带处理器的按键接口实现与面板按键的连接以及按键功能的实现。

按键电路基本工作特点：按键群的电路组成行、列地址交叉阵列，行、列地址交叉处就是具体的按键，平时这些按键一般是行、列地址未接触状态下的高电平，当按键按动时，则一般为低电平，然后基带处理器根据按键接口传送来的信号进行处理，以及执行相应关联操作。

实际中的按键电路不只是基带处理器的按键接口经印制铜箔直接连到按键处，往往是基带处理器的按键接口与按键间具有一些连接端口、滤波器、ESD 保护器。例如，WCDMA 手机 N91 的按键电路如图 5-45 所示。

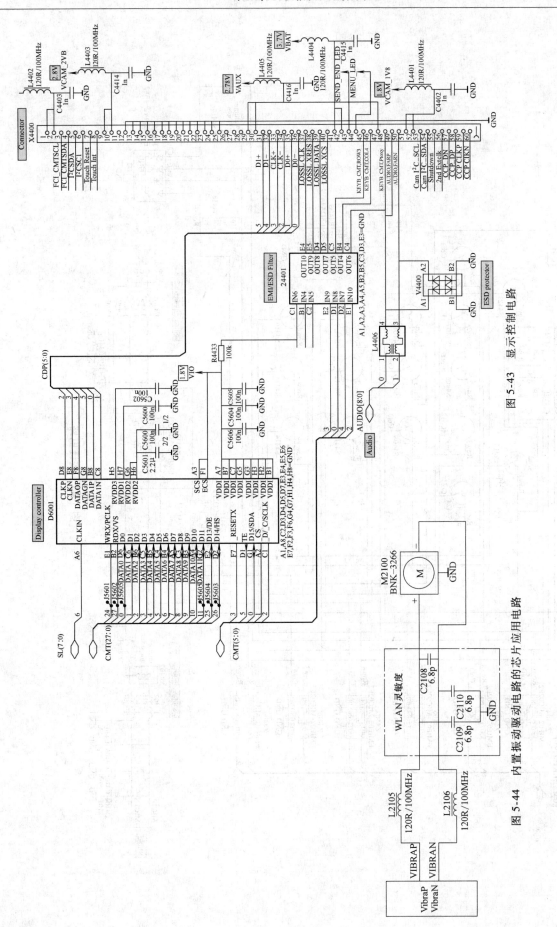

图 5-43　显示控制电路

图 5-44　内置振动驱动电路的芯片应用电路

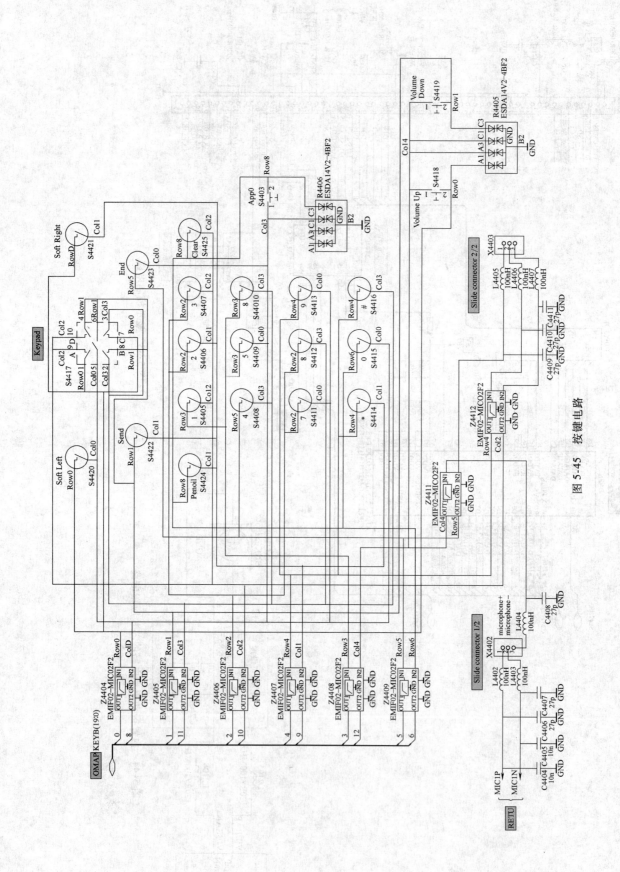

图 5-45　按键电路

有的手机按键专门采用了按键板，检测时需要注意其连接是否良好。另外，按键接触是否良好、按键是否进水进油等。检测硬件时，一般应先检测分立件，再考虑 CPU。

【问 50】　触摸控制电路是怎样的？

【精答】　触摸控制电路主要是控制、处理触摸屏的触摸信号。目前已经采用专用的触摸控制集成电路。触摸控制集成电路处于基带集成电路与触摸屏间。因此，触摸控制集成电路具有与基带集成电路互相通信的接口，也具有获取触摸屏信号的端口。

目前触摸控制集成电路集成度越来越高，因此，检测触摸控制电路时，首先考虑软件、再考虑硬件。硬件检测时，接口接触是否良好、触摸控制集成电路外围元器件是否异常均是首先考虑的对象。

【问 51】　存储器电路是怎样的？

【精答】　目前手机都具有存储器电路，只是不同的手机具有不同的存储器电路。由于手机的存储器种类多、型号多，而且还在不断发展中。因此，掌握存储器电路的基本知识就显得更为重要。

存储器电路如同"袋子"一样，是用来存储的空间，因此，存储器电路往往会跟随需要扩大存储的空间或者集成新的电路。存储器与这些电路或者集成电路就是通过一些信号线实现通信的。其中，存储器一些引脚的作用与特点如下：

1）地址线——可寻址芯片的存储单元。

2）数据线——一般数据线是双向的。

3）CE——片选信号输入端，该引脚存在有效电平时，决定对相应的芯片进行操作。

4）OE——数据输出允许控制信号端，该引脚存在有效电平时，允许数据输出操作。

5）VCC——电源端。

6）GND——接地端。

7）CLE——命令锁存使能信号端。

8）ALE——地址锁存使能端。

9）WP——写保护端。

10）RY/BY——就绪/忙端。

早期的 3G 手机采用的存储器电路如图 5-46 所示。

【问 52】　灯电路是怎样的？

【精答】　手机中的灯电路主要包括闪光灯控制电路、按键灯控制电路、屏幕显示灯控制电路、指示灯电路、音乐灯电路等。

灯电路中的"灯"一般采用 LED，闪光灯有时采用其他类型的发光器件。LED 需要驱动电路，有些手机指示灯电路比较简单，有的 LED 的驱动是通过基带接口驱动的。屏幕显示灯控制电路有的采用专用的 LED 驱动集成电路驱动。

白光 LED 的电压降较高，一般为 3.1 ~ 4V。如果白光 LED 串联或者并联，直接采用电池驱动比较困难，因此，需要专门的驱动电路来实现。目前，一般采用电感升压芯片驱动串联白光 LED，采用电容恒流芯片驱动并联白光 LED。

灯电路的异常涉及灯、线路、驱动电路以及驱动集成电路外围元器件。

【问 53】　开机触发电路是怎样的？

【精答】　手机开机需要硬件与软件的共同配合才能完成。开机触发电路主要是通过用户按动开机键，使基带得到开机信号，然后时钟电路、复位电路、处理器分别工作，并且访问开机程序，执行开机软件。

开机触发电路一般由开机键与处理器组成，开机触发电平是高电平有效还是低电平有效因机型不同而异。开机触发电路如图 5-47 所示。

另外，注意保护元件的损坏是造成开机故障的常见原因。

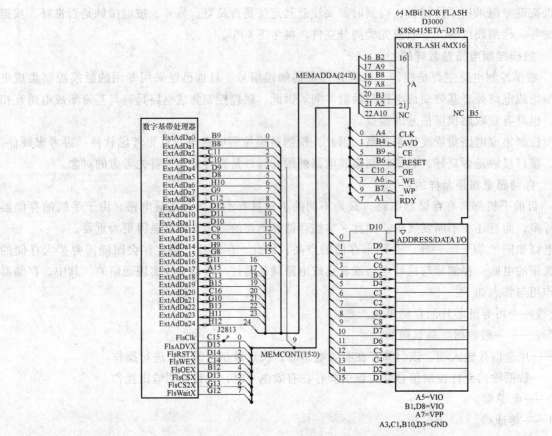

图 5-46　早期的 3G 手机采用的存储器电路

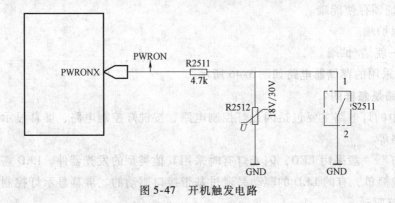

图 5-47　开机触发电路

二、维修分析

【问 54】　3G 手机故障检修的基本原则有哪些？

【精答】　3G 手机故障检修的基本原则有先清洁后维修、先机外后机内、先补焊后检测、先不通电后通电、先简单后复杂、先软件后硬件、先电源后整机、先通病后特殊、先末级后前级、先模块外连接处后模块内部等。

【问 55】　使用手机上网业务时出现下载内容为空或者无法下载的原因是什么？

【精答】　可能是以下几种原因引起的：

1）无线信号弱。

2）3G 信号弱。

3）WAP 或 Web 服务器有故障。

4）手机参数设置错误。

【问 56】　手机报乱码或者接收不全的原因是什么？

【精答】　可能是以下几种原因引起的：

1）手机报内容中的格式与手机不匹配。

2）手机存储容量不足。

3）手机有故障。

【问 57】　定制了手机报但不能成功接收的原因是什么？

【精答】　可能是以下几种原因引起的：

1）手机不支持彩信功能。

2）手机没有开通 3G 或 GPRS 功能。

3）手机关机。

4）手机不在服务区的时间已超过手机报的下发时限。

【问 58】　3G 门户网连接不了的原因是什么？

【精答】　3G 门户网连接不了的原因如下：

1）3G 手机欠费致使 3G 门户网连接不上。

2）没有安装上网软件，例如 UCWEB 上网软件。

3）手机设置有问题，例如网关设置。

4）GPRS 功能已被取消。

如果手机有两个浏览器，一个是服务浏览器，另一个是互联网浏览器，则可改用服务浏览器进入到 3G 门户网。

【问 59】　3G 手机不能通信的原因是什么？

【精答】　可能的原因有 USIM 卡触点划伤、弯曲等。

【问 60】　3G 手机内储存的数据破坏或者卡破坏的原因是什么？

【精答】　由于使用了不兼容的 micro SD 存储卡，造成卡内储存的数据破坏。

在读取 micro SD 存储卡的数据中，取出或更换 micro SD 存储卡，造成 micro SD 存储卡破坏。

【问 61】　3G 手机网络信号不稳定的原因是什么？

【精答】　3G 手机网络信号不稳定的原因如下：

1）3G 网络信号覆盖不强。

2）3G 手机软件有问题。有的 3G 手机可以通过下载、安装相应固件来解决。各厂商有时会发布一些修复故障的固件。

【问 62】　SIM 卡一些故障原因是什么？

【精答】　SIM 卡一些故障原因如下：

1）检查 SIM 卡是否缺块、裂缝、触点不干净等。

2）把 SIM 卡插入其他手机，如果正常，说明是 3G 手机异常。如果插入其他手机，也不正常，说明 SIM 卡异常，则需要更换 SIM 卡。

3）SIM 卡连接器不干净、触片弹性异常。更换 SIM 卡连接器。

4）检测 SIM 卡连接器有关触片与地的电阻值，可以采用万用表二极管挡来检测。一般有一触片电阻值为 ∞，以及一触片电阻值为 0。

5）SIM 卡保护管异常。

6）电池接触片异常。

【问 63】　充电有关的故障原因是什么？

【精答】　充电有关的故障原因如下：

1）充电接口损坏，更换充电接口。

2）主板接口虚焊或者端脚损坏。

3）充电输出电路异常。

4）检查电池触片的触脚对地电阻，一般 3 只触脚对地电阻均不同，其中有 1 只触脚对地电阻为 0。

【问 64】 出现死机的原因是什么？

【精答】 出现死机的原因如下：电池的触点卡片松动，导致手机跟电池接触不良，出现死机现象。维修时，调整触点卡片即可。

【问 65】 信号不稳定的原因是什么？

【精答】 3G 手机出现信号不稳定，一般在 3 格到 5 格信号间变动，偶尔出现 1 ~ 2 格信号，可能是由于 3G 网络覆盖的问题。此时，将 3G 手机自动切换到 2G 信号频段，可以判断出是手机问题，还是网络问题。

【问 66】 手机花屏的原因是什么？

【精答】 手机花屏的原因如下：手机显示屏坏了、显示屏与主板的接触不良、显示屏和主板间的接口脏污等。

如果显示屏与主板的接触有问题，有时把手机敲敲，故障也能排除，说明是接触不良引起的。

【问 67】 不振动故障检测主要步骤有哪些？

【精答】 不振动故障检测主要步骤如下：

1）3G 手机是否打开了振动模式。

2）主板上的振动器是否连接完好。

3）振动器本身是否损坏。

4）振动器驱动电路是否异常。

【问 68】 自动关机的原因是什么？

【精答】 自动关机的原因如下：

1）振动时自动关机——主要是由于电池与电池触片间接触不良引起的。

2）按键关机——基带、存储器等虚焊引起的。

3）发射关机——功放、供电 IC 等有故障引起的。

【问 69】 一些故障的速查有哪些？

【精答】 一些故障的速查见表 5-21。

表 5-21 一些故障的速查

原 因	故 障
32.768kHz 石英晶体损坏	手机无时间显示
GPS 天线不良	GPS 信号不稳定或信号差
LCD 不良	绿屏、点屏有水纹、屏内有色点
LCD 不正常、电池没电、连接器不正常、主板不正常	LCD 无法点亮
TF 卡卡槽接触不良或有异物	不检 TF 卡
导航键不正常、导航键卡座不正常、主板异常、电池没电	导航键方向键失灵
电池与触片接口间脏、电池与触片接口接触不良、电池触片与手机电路板间接口接触不良、功放损坏	打电话或打几个电话后马上显示弱电
电池针座不良、有异物、主板上电池正负极短路	使用充电器、USB 可以开机，单独使用电池不能开机
电源管理损坏或假焊	引起不开机、大电流、自动关机等故障
接收滤波器、射频处理器等虚焊	信号不稳定
卡损坏、使用的卡不对、主板异常	无法读卡
开机键不良	零电流不开机
扬声器不良	开机有杂音
蓝牙模块损坏	会引起蓝牙无法启动、蓝牙通信失败

（续）

原　　因	故　　障
电动机不良	无振动或振动异响
软件不良	开机黑屏、点屏反应慢、点屏不进、反复检卡、不检卡、反复搜网、信号弱、会引起拍照反应慢、拍照异常、拍照程序出错、无法进入拍照模式、开机显示充电中、蓝牙功能异常、无法打开某种游戏、某网通话有杂音、无网络、搜网慢、打不出电话
摄像头不良、组装不良	无法进入拍照模式、进入拍照模式黑屏、无法拍照、拍照黑屏、黑点
听筒不良、组装不良、软件不良	听筒声音小、无声、有杂音

三、3G 手机故障维修实例

【问 70】　iPhone 4 的 SIM 卡不可识别，应怎样维修？

【精答】　iPhone 4 的 SIM 卡不可识别和无蜂窝电话服务故障，一般是 SIM 卡托架异常所导致的。因此检查 iPhone 4 的 SIM 卡托架，结果发现 SIM 卡托架损坏了。更换新的 SIM 卡托架后测试，手机能够识别 SIM 卡，故障排除。

注意，将托架和 SIM 卡插入 iPhone 4 前，需要注意其朝向。安装 SIM 卡的主要步骤如下：

1）将回形针的一端或 SIM 卡推出工具插入 SIM 卡托架上的孔中。用力按，并一直往下推，直至托架弹出。

2）拉出 SIM 卡托架，并将 SIM 卡放入托架中。

3）使 SIM 卡与托架平行，将 SIM 卡置于顶部，小心地装回托架。

【问 71】　iPhone 4 的振动用微电动机噪声过大，应怎样维修？

【精答】　振动用微电动机噪声过大、静音模式下振动用微电动机未激活等故障一般与振动用微电动机硬件或软件有关。其中，振动用微电动机噪声过大一般硬件故障较软件故障概率大一些。因此把 iPhone 4 的振动用微电动机拆卸下来，再单独接通电源，发现噪声依旧很大。因此，可以肯定是振动用微电动机异常所致。更换新的振动用微电动机，安装好后测试，手机振动用微电动机声音正常。

注意，拆卸振动用微电动机，一般需要拆卸后盖，每次拆卸和重新安装后盖时，需要确保主摄像头与闪光灯工作正常，并且正确对齐。iPhone 4 的振动模式测试步骤如下：

1）在"设置"→"声音"中，检查"静音"和"响铃"两种模式下的"振动"设置。

2）切换响铃/静音开关，检验振动功能。

3）关闭 iPhone 4，然后开机并重复第 2）步。

【问 72】　iPhone 4 拍摄时，照片边缘存在暗点，应怎样维修？

【精答】　根据故障现象，故障原因应与摄像头模组关系比较大。因此首先拆卸后盖，再拆卸上方整流罩以及拆卸主摄像头，然后更换安装新的主摄像头，再安装接地夹子、新的上方整流罩、后盖，检查主摄像头工作情况和 LED 闪光灯对齐情况，即可完成维修安装工作。

注意，与 iPhone 4 主摄像头有关的故障如下：闪光灯不工作或昏暗、自动聚焦不工作、照片或图像失真、颜色与所拍摄的物体不符、闪光灯不能照亮所拍摄的物体、主摄像头不可激活等。

【问 73】　iPhone 4 主摄像头上有污点，应怎样维修？

【精答】　iPhone 4 主摄像头上有污点可以使用压缩空气除尘器来清除灰尘、碎屑。另外，还可以使用干净的细绒抛光布来擦除摄像头镜头、后盖镜头上的污点。本台故障机采用压缩空气除尘器即清除了污点，故障得以排除。

【问 74】　iPhone 4 无铃声，应怎样维修？

【精答】　无铃声一般与扬声器、音频集成电路等有关，本着先易后难的原则，先检查扬声器，发现正常，因此怀疑可能是音频集成电路虚焊引起的，对音频集成电路虚焊处理后，测试，一切正常。

注意，音频集成电路异常会引发 iPhone 4 无铃声、无送话、无受话等故障。

【问 75】　iPhone 4 不能开机，应怎样维修？

【精答】　引发 iPhone 4 不能开机的原因有多种，涉及的元器件有多个，例如大字库虚焊或者损坏、电源集成电路虚焊或者损坏、中频集成电路虚焊或者损坏均会引发 iPhone 4 不能开机故障。经检测，发现是电源集成电路损坏所致，因此更换电源集成电路，安装好后调试，一切正常。

注意，电源集成电路异常还可能引起不能拍照、手机没有信号、不能上网等多种故障现象。

【问 76】　iPhone 4 导航没有信号，应怎样维修？

【精答】　iPhone 4 导航没有信号应检查 iPhone 4 的 GPS 模块，经检查发现 GPS 模块存在虚焊，补焊并安装好后调试，一切正常。

【问 77】　iPhone 4 按 home 键失灵，应怎样维修？

【精答】　该故障可能是操作不当引起的。正确的操作如下：按 home 键时其他手指不要接触屏幕。

【问 78】　iPhone 4S 有关故障，应怎样维修？

【答】　iPhone 4S 有关一些故障维修方法见表 5-22。

表 5-22　iPhone 4S 有关一些故障维修方法

故　障	解　说
iPhone 4S 摔过后，就没有声音	扬声器损坏了，更换扬声器即可。还有可能是排线、音频 IC、放大 IC 等异常引起的
iPhone 4S 摔一下后无法照相	可能是摄像头、摄像头 1.8V 供电、保护和滤波电容、相关元器件等异常引起的
不能充电	可能是电源集成电路异常等原因引起的
经常提示"不是 iPhone 专门配件"或者"有音频干扰，需要打开飞行模式"等	如果是进水引起的，应拆下来清理；如果是主板异常，则需要维修主板
麦克风或扬声器异常	可能是音频 IC 异常等原因引起的
通话时对方听到噪音	顶部的麦克风可能堵塞，也可能是保护壳发出的异常声音
iPhone 4S 进水损坏	除去表面的腐蚀、除去残留物、清洁 BGA 芯片、用牙刷和酒精擦洗电路板、用热风枪烘干等措施可能会维修好进水的 iPhone 4S iPhone 4S 进水，如果电池拆不下来，主板会一直供电，很容易烧坏主板。也不可以在太阳或吹风机烘干后再用，因为主板是一直供电，并且手机内部还是有水分的 iPhone 4S 进水，第一件事就是不开机，第二件事就是卸电池，第三件事就是清洁

【问 79】　iPhone 5 电源键失灵，应怎样维修？

【精答】　经拆机检查，发现该机的按键已经损坏，更换新的按键后，试机故障排除。

【问 80】　iPhone 5 刷机报错 16 系列代码，应怎样维修？

【精答】　iPhone 5 刷机报错 16 系列代码，主要原因如下：

1）CPU 没有供电，则需要检查电源、供电管等。

2）CPU 没有复位信号，则需要检查电源等。

3）CPU 没有主时钟信号，则需要检查时钟晶体等。

4）CPU 存在虚焊或者损坏，则需要重新焊接或者更换 CPU。

本机经过检查发现时钟晶体损坏，更换时钟晶体后，试机故障排除。

【问 81】　三星 I9108 手机不能开机，应怎样维修？

【精答】　首先检查该机的电池电压，发现大于 3.6V。由于开机，以及检查开机的声音、电动机的振动声，发现不正常，因此检查 PK400，发现 PK400 损坏。更换 PK400（电源键 FPCB）后，试机，手机一切正常。

【问 82】　三星 I9108 手机 GPS 不起作用，应怎样维修？

【精答】　首先检查该机的 GPS 功能是否开启，发现已经启用 GPS 功能。因此检查 U200 的 9 脚上的时钟脉冲是否为 32.768kHz。若发现时钟脉冲正常，再检查 C209 的电压，发现为 1.8V，正常。再检查

C207，发现 C207 损坏，因此更换 C207 后，试机，手机一切正常。

【问 83】　三星 I9108 手机 BT/Wi-Fi 不起作用，应怎样维修？

【精答】　首先检查该机的 BT 或 Wi-Fi 功能是否开启，发现已经启用 BT/Wi-Fi 功能。因此检查 C206 的电压，发现为 1.8V，正常。再检查 R205 上的时钟脉冲，发现为 37.4MHz，正常，再检查 L200 的电压，发现为 1.5V，正常。再检查 C200，发现异常，更换 C200 后，试机，手机一切正常。

【问 84】　三星 I9108 手机 FM 收音机不起作用，应怎样维修？

【精答】　首先检查该机的 HDC400 的连接情况，发现正常。因此检查 C431、C432 的音频信号，发现正常。怀疑 U200 可能存在虚焊，因此重新焊接 U200 后，试机，手机一切正常。

【问 85】　中兴 C700 cdma2000 1X 手机耦合功率低，应怎样维修？

【精答】　经检查发现是该机的后盖上天线的弹簧片装偏，没有与 PCB 上的天线连接焊盘接触在一起，造成耦合不良，引起手机耦合功率低。调整好后试机，一切正常。

【问 86】　中兴 C700 cdma2000 1X 手机按键失灵，应怎样维修？

【精答】　中兴 C700 cdma2000 1X 手机按键失灵需要针对具体情况来检测：

1）如果开机后，所有按键没有响应，则一般是 ESD 保护器件 FV903 异常所致。

2）如果开机后，所有按键没有响应，则一般应检查霍尔开关。

3）如果侧键按键不良，一般需要检查侧键焊接、侧键柔性电路板是否有折断的痕迹。

4）ESD 保护器件 FV902 异常。

经检查发现是该机的 ESD 保护器件 FV903 异常所致，更换 FV903 后，试机，一切正常。

【问 87】　中兴 C700 cdma2000 1X 手机受话器无声，应怎样维修？

【精答】　3G 手机受话器无声故障的原因有受话器引线焊接不良、受话器异常等。经检查发现该机的引线焊接良好，检测受话器发现异常。更换受话器后，试机，一切正常。

第6章 3G、4G 手机一线维修即时查

一、集成电路

【问1】 **88W8686 速查是怎样的？**

【精答】 88W8686 是 Marvell 公司生产的 Wi-Fi 芯片，在 iPhone 3G 手机上有应用，不过早期联通定制版本的 iPhone 3G 手机没有 88W8686。

88W8686 具有不同的封装结构，例如 QFN 68、Flip Chip，其中 QFN 68 引脚分布如图 6-1 所示，实物如图 6-2 所示。

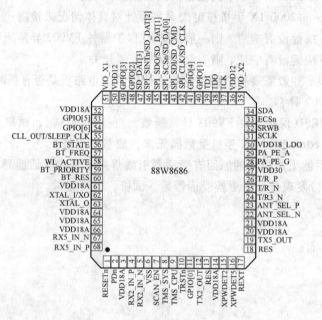

图 6-1　88W8686 引脚分布

图 6-2　88W8686 实物

【问2】 **AD6903 速查是怎样的？**

【精答】 AD6903 用于 TD-SCDMA 手机，AD6903 内核为 ARM9、支持 QVGA 显示，其应用结构如图 6-3所示。

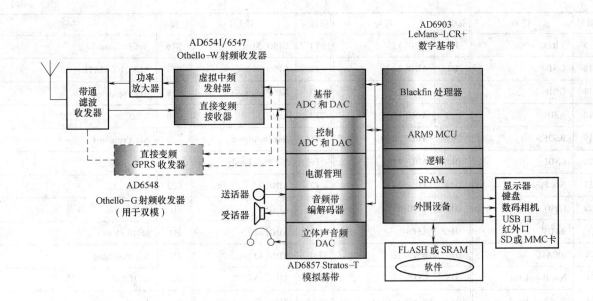

图 6-3　AD6903 应用结构

【问 3】　AD6905 速查是怎样的？

【精答】　AD6905 为 TD-HSDPA、TD-SCDMA、GSM、GPRS、EGPRS 基带处理器与数据调制解调器，AD6905 在中兴 U210 3G TD-SCDMA 手机中有应用。其实物如图 6-4 所示。

图 6-4　AD6905 实物

AD6905 采用 mBGA 封装，其引脚分布见表 6-1。

表 6-1　AD6905 引脚分布

引脚号	符号	引脚号	符号	引脚号	符号	引脚号	符号
A1	GND	A10	DATA[11]	A19	BSIFS	B6	DATA[2]
A2	TESTMODE	A11	DATA[13]	A20	CSDO	B7	DATA[4]
A3	nLWR_LBS	A12	DATA[14]	A21	CLKOUT	B8	DATA[6]
A4	nRD	A13	GPIO_24	A22	GND	B9	DATA[8]
A5	DATA[1]	A14	GND	B1	nWE	B10	DATA[10]
A6	DATA[3]	A15	VPLL	B2	Not Populated	B11	DATA[12]
A7	DATA[5]	A16	OSCOUT	B3	Not Populated	B12	DATA[15]
A8	DATA[7]	A17	OSCIN	B4	nHWR_UBS	B13	GND
A9	DATA[9]	A18	PWRON	B5	DATA[0]	B14	CLKIN

（续）

引脚号	符号	引脚号	符号	引脚号	符号	引脚号	符号
B15	VRTC	D8	ADD[12]	F1	GPIO_51	G16	Not Populated
B16	GND	D9	ADD[14]	F2	GPIO_49	G17	CLKOUT_GATE
B17	GND	D10	ADD[16]	F3	Not Populated	G18	Not Populated
B18	ASDI	D11	ADD[18]	F4	ADD[3]	G19	GND
B19	BSOFS	D12	ADD[20]	F5	Not Populated	G20	Not Populated
B20	CSDI	D13	ADD[22]	F6	Not Populated	G21	GPIO_124
B21	Not Populated	D14	ADD[23]	F7	ADD[7]	G22	GPIO_123
B22	GPIO_76	D15	GPIO_32	F8	ADD[9]	H1	nSDCAS
C1	nADV	D16	ASFS	F9	ADD[11]	H2	nSDRAS
C2	nWAIT	D17	BSDI	F10	ADD[13]	H3	Not Populated
C3	Not Populated	D18	CSFS	F11	ADD[15]	H4	nA3CS
C4	Not Populated	D19	Not Populated	F12	ADD[17]	H5	Not Populated
C5	Not Populated	D20	Not Populated	F13	ADD[19]	H6	ADD[2]
C6	Not Populated	D21	GPIO_57	F14	ADD[21]	H7	Not Populated
C7	Not Populated	D22	USB_DP	F15	ASDO	H8	Not Populated
C8	Not Populated	E1	nA2CS	F16	BSDO	H9	VMEM
C9	Not Populated	E2	nA1CS	F17	Not Populated	H10	VMEM
C10	Not Populated	E3	Not Populated	F18	Not Populated	H11	VCORE
C11	Not Populated	E4	ADD[5]	F19	USB_VBUS	H12	VCORE
C12	Not Populated	E5	Not Populated	F20	Not Populated	H13	VCORE
C13	Not Populated	E6	Not Populated	F21	MC_DAT[2]	H14	VINT1
C14	Not Populated	E7	Not Populated	F22	MC_CLK	H15	Not Populated
C15	Not Populated	E8	Not Populated	G1	nRESET	H16	Not Populated
C16	Not Populated	E9	Not Populated	G2	GPIO_53	H17	USB_ID
C17	Not Populated	E10	Not Populated	G3	Not Populated	H18	Not Populated
C18	Not Populated	E11	Not Populated	G4	ADD[1]	H19	VUSB
C19	Not Populated	E12	Not Populated	G5	Not Populated	H20	Not Populated
C20	Not Populated	E13	Not Populated	G6	ADD[4]	H21	WUDQ
C21	GPIO_63	E14	Not Populated	G7	Not Populated	H22	UCLK
C22	GPIO_62	E15	Not Populated	G8	Not Populated	J1	nSDCS
D1	nA0CS	E16	Not Populated	G9	Not Populated	J2	nSDWE
D2	BURSTCLK	E17	Not Populated	G10	Not Populated	J3	Not Populated
D3	Not Populated	E18	Not Populated	G11	Not Populated	J4	GPIO_52
D4	Not Populated	E19	GPIO_58	G12	Not Populated	J5	Not Populated
D5	ADD[6]	E20	Not Populated	G13	Not Populated	J6	ADD[0]
D6	ADD[8]	E21	MC_DAT[1]	G14	Not Populated	J7	Not Populated
D7	ADD[10]	E22	USB_DM	G15	Not Populated	J8	VMEM

（续）

引脚号	符号	引脚号	符号	引脚号	符号	引脚号	符号
J9	Not Populated	L3	Not Populated	M19	GND	AA7	GPIO_72
J10	Not Populated	L4	L4 nNDCS	M20	Not Populated	AA8	GPIO_78
J11	Not Populated	L5	Not Populated	M21	PPI_DATA[3]	AA9	GPIO_113
J12	Not Populated	L6	SCKE	M22	PPI_DATA[1]	AA10	USC[5]
J13	Not Populated	L7	Not Populated	N1	GPIO_5	AA11	USC[1]
J14	Not Populated	L8	VCORE	N2	GPIO_6	AA12	KEYPADROW[4]
J15	VMMC	L9	Not Populated	N3	Not Populated	AA13	KEYPADROW[1]
J16	Not Populated	L10	GND	N4	GPIO_7	AA14	KEYPADCOL[1]
J17	MC_DAT[0]	L11	GND	N5	Not Populated	AA15	GPIO_141
J18	Not Populated	L12	GND	N6	GPIO_4	AA16	GPIO_143
J19	MC_CMD	L13	GND	N7	Not Populated	AA17	GPIO_145
J20	Not Populated	L14	Not Populated	P1	GPIO_8	AA18	GPIO_147
J21	WUDI	L15	VINT2	P2	GPIO_9	AA19	GPIO_149
J22	WDDQ	L16	Not Populated	P3	Not Populated	AA20	GPIO_151
K1	SCLKOUT	L17	GPIO_100	P4	GPIO_10	AA21	Not Populated
K2	SDA10	L18	Not Populated	P5	Not Populated	AA22	PPI_VSYNC
K3	Not Populated	L19	SIMDATAIO	P6	GPIO_12	AB1	GND
K4	GPIO_54	L20	Not Populated	P7	Not Populated	AB2	GPIO_37
K5	Not Populated	L21	EB2_ADDR[7]	R1	GPIO_11	AB3	GPIO_56
K6	GPIO_50	L22	PPI_DATA[0]	R2	GPIO_14	AB4	GPIO_60
K7	Not Populated	M1	GPIO_2	R3	Not Populated	AB5	GPIO_69
K8	VMEM	M2	GPIO_3	R4	GPIO_13	AB6	GPIO_71
K9	Not Populated	M3	Not Populated	R5	Not Populated	AB7	GPIO_73
K10	GND	M4	GPIO_1	R6	GPIO_16	AB8	GPIO_85
K11	GND	M5	Not Populated	R7	Not Populated	AB9	GPIO_99
K12	GND	M6	nNDBUSY	T1	GPIO_15	AB10	USC[3]
K13	GND	M7	Not Populated	T2	JTAGEN	AB11	CLKON
K14	Not Populated	M8	VCORE	T3	Not Populated	AB12	KEYPADROW[2]
K15	VSIM	M9	Not Populated	T4	GPIO_18	AB13	KEYPADCOL[4]
K16	Not Populated	M10	GND	T5	Not Populated	AB14	KEYPADCOL[3]
K17	MC_DAT[3]	M11	GND	T6	GPIO_35	AB15	GPIO_172
K18	Not Populated	M12	GND	T7	Not Populated	AB16	GPIO_142
K19	SIMCLK	M13	GND	AA1	GND	AB17	GPIO_144
K20	Not Populated	M14	Not Populated	AA2	Not Populated	AB18	GPIO_146
K21	EB2_ADDR[6]	M15	VCORE	AA3	GPIO_38	AB19	GPIO_148
K22	WDDI	M16	Not Populated	AA4	GPIO_59	AB20	GPIO_150
L1	GPIO_0	M17	VCPRO	AA5	GPIO_61	AB21	PPI_HSYNC
L2	nNDWP	M18	Not Populated	AA6	GPIO_70	AB22	GND

（续）

图例（仰视图）：

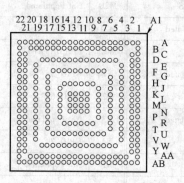

由 AD6905 组成 3G 手机电路典型框图如图 6-5 所示。

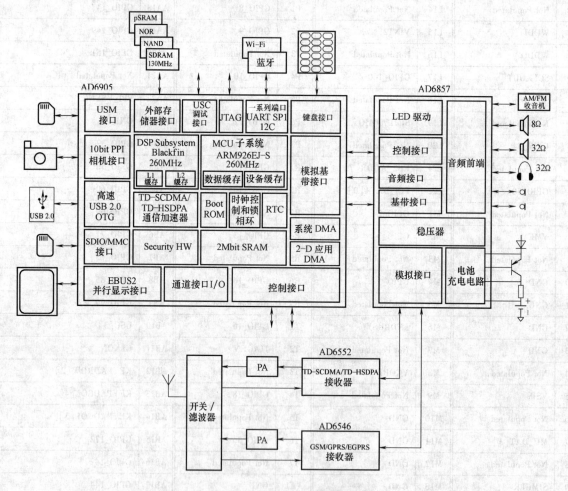

图 6-5　由 AD6905 组成 3G 手机电路典型框图

【问 4】　ADMTV102 速查是怎样的？

【精答】　美国模拟器件公司 ADMTV102 型 CMMB 调谐器在 3G 手机中有应用，例如联想 TD900 TD-SCDMA 手机，如图 6-6 所示。

ADMTV102 支持 DVB-H、DVB-T、DMB-TH、CMMB 等移动电视标准的高集成度 CMOS 单芯片，无需声表面波滤波器的零中频转换调谐器。它包含双通道的射频输入频带：VHF（174 ~ 245MHz）和 UHF（470 ~

862MHz）。另外，L 波段频带为 1450～1492MHz、FM 频带为
65～108MHz。

ADMTV102 内置有射频可编程增益放大器（RFPGA）、低
通滤波器（LNA）、I/Q 下变频混频器、基带可变增益放大器、
小数 N 分频锁相环（PLL）、带宽可调的低通滤波器、压控振
荡器（VCO）。ADMTV102 电路框图如图 6-7 所示、ADMTV102
引脚分布如图 6-8 所示。

【问 5】　AK8973 速查是怎样的？

【精答】　AK8973 是三轴电子指南针，采用 QFN 16 封装：
4.0mm × 4.0mm × 0.7mm。注意 AK8973 后面字母不同以及
AK897 × 系列是属于不同发展阶段的产品，它们在内置电路与
封装尺寸等方面存在差异，封装差异见表 6-2。

图 6-6　ADMTV102 在 3G 手机中的应用

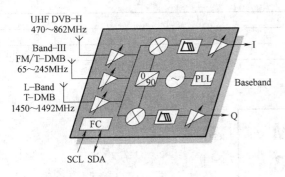

图 6-7　ADMTV102 电路框图

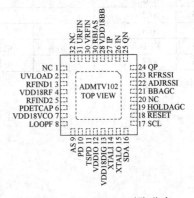

图 6-8　ADMTV102 引脚分布

表 6-2　AK897 × 系列的封装差异

型　号	封装尺寸
AK8973S	2.5mm × 2.5mm × 0.5mm
AK8970	5.9mm × 6.3mm × 1.0mm
AK8970N	5.0mm × 5.0mm × 1.0mm

AK8973 内部电路如图 6-9 所示。

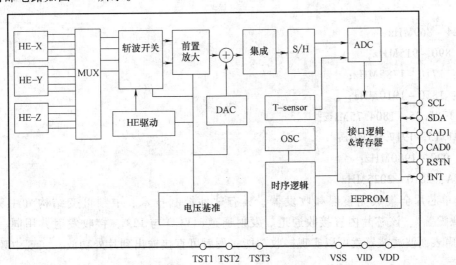

图 6-9　AK8973 内部电路

AK8973 引脚功能见表 6-3。

表 6-3　AK8973 引脚功能

引脚号	符号	I/O	电源系统	类型	功　　能
1	CAD0	I	VID	CMOS	地址 0 输入端
2	CAD1	I	VID	CMOS	地址 1 输入端
3	VID	—	—	电源	正电源端（数字接口电路）。该引脚是一个正极电源引脚,可采用 1.85V 电源供电
4	SDA	I/O	VID	CMOS	控制数据输入/输出端。输入:施密特触发器。输出:开漏极
5	SCL	I	VID	CMOS	控制数据时钟输入端。输入:施密特触发器
6	TST1	I/O		模拟	测试端
7	INT	O	VID	CMOS	中断信号输出端。这个引脚是用来检测外部 CPU
8	RSTN	I	VID	CMOS	复位端。低电平有效
9	NC1				未连接
10	TST2	I/O		模拟	测试端
11	TST3	I/O		模拟	测试端
12	NC2				未连接
13	NC3				未连接
14	NC4				未连接
15	VDD			电源	电源端
16	VSS			电源	接地端

图例如下:

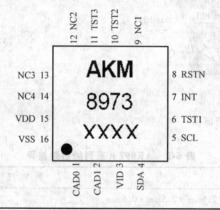

【问 6】　BG822CX 速查是怎样的?

【精答】　BG822CX 由 3.3V 电源供电,工作频率为 800～2200MHz,可以覆盖 GSM900、GSM1800、GSM1900、IS-95、TD-SCDMA、SCDMA、PHS、WCDMA 共 8 个频段,并且为单芯片全集成完整射频收发器:

IS-95:824～869MHz;

GSM900:890～915MHz;

GSM1800:1710～1785MHz;

GSM1900:1850～1910MHz;

SCDMA:1785.25～1804.75MHz;

PHS:1891.15～1917.95MHz;

WCDMA:920～1980MHz;

TD-SCDMA:2010～2025MHz。

BG822CX 单芯片全集成完整射频收发器,具有软件控制技术、中频可变结构（中频频率在 40～100MHz 中任意配置）,该芯片内置接收通道、发射通道、VCO 与 PLL,接收发射共用同一个 VCO/PLL,仅需外接一个声表面波滤波器就可以实现接收功能;发射可直接输出到片外功放,实现中频到射频的发射功能。

BG822CX 内部电路框图如图 6-10 所示。

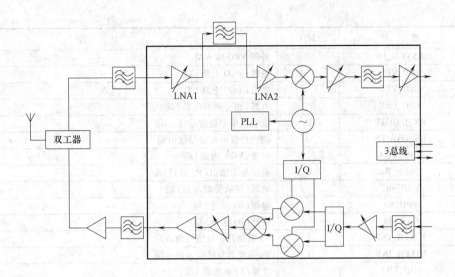

图 6-10　BG822CX 内部电路框图

BG822CX 引脚功能见表 6-4。

表 6-4　BG822CX 引脚功能

引脚号	符　号	I/O	功　能
1	LNAIN1	I	1800MHz 频段射频输入端
2	LNAIN2	I	900MHz 频段射频输入端
3	VDDD		电源(数字电路)端
4	GNDD		接地(数字电路)端
5	DIV_OUT	O	分频器锁相环输出端
6	RESET	I	复位(数字电路)端,低电平有效
7	CS	I	3 总线串行接口使能信号输入端
8	SCL	I	3 总线串行接口时钟信号输入端
9	SDA	I/O	3 总线串行接口数据输入/输出端
10	EX_CLK	O	TCXO 时钟形成输出端
11	TCXO_IN	I	TCXO 信号输入端
12	CREF_Tx	O	Tx 通道参考电压端
13	VDD_PA		电源(功率放大驱动电路)端
14	PAOUT1	O	900MHz 频段功率放大输出端
15	PAOUT2	O	1800MHz 频段功率放大输出端
16	GND_Tx		接地(Tx 通道)端
17	VDD_Tx		电源(Tx 通道)端
18	CREF_PLL	O	PLL 电压基准输出端
19	TX_IFINP	I	正极基带信号输入端
20	TX_IFINN	I	负极基带信号输入端
21	IPHASE_ADJ	I	I 相调整输入端
22	QPHASE_ADJ	I	Q 相调整输入端
23	VDD_PLL		电源(PLL 电路)端
24	GND_PLL		接地(PLL 电路)端
25	CPOUT	O	电荷泵电流输出端
26	VDD_DIV2		电源端
27	GND_DIV2		接地端
28	VTUNE	I	压控振荡器电压调整输入端
29	GND1_GSM		接地 1(GSM VCO)端
30	GND2_GSM		接地 2(GSM VCO)端
31	GND2_CDMA		接地 2(CDMA VCO)端
32	GND1_CDMA		接地 1(CDMA VCO)端
33	VCO_OUT	O	VCO 输出端

（续）

引脚号	符　号	I/O	功　能
34	EXVCO_IN	I	外部 VCO 输入端
35	VDD_VCO		电源（VCO 电路）端
36	GND_VCO		接地（VCO 电路）端
37	VDD_PRE		电源（预分频器电路）端
38	RX_IFOUTP	O	接收正极中频信号输出端
39	RX_IFOUTN	O	接收负极中频信号输出端
40	VDD_VGA		电源（VGA 电路）端
41	CREF_Rx	O	电压基准输出（Rx 通道）端
42	VDD_BG		电源（接收带隙电路）端
43	VDD_Rx		电源（Rx 通道）端
44	GND_Rx		接地（Rx 通道）端
45	MIXER_INP	I	Rx 混频器正极信号输入端
46	MIXER_INN	I	Rx 混频器负极信号输入端
47	VDD_LNA		电源（LNA 电路）端
48	LNAOUT	O	LNA 输出端

图例（1900MHz 应用参考电路）如下：

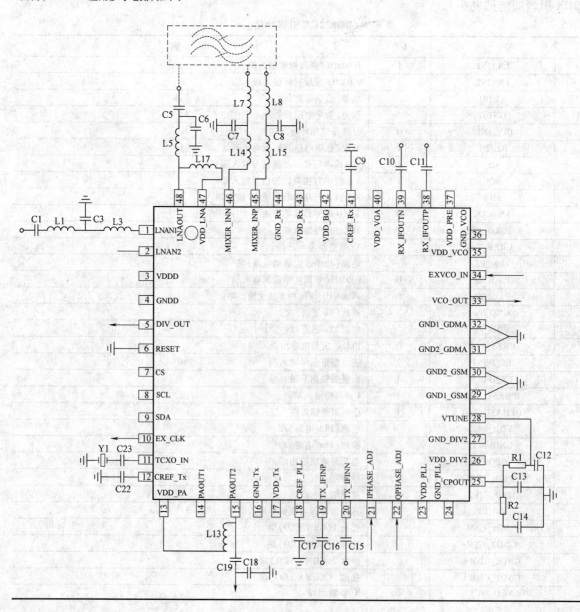

【问 7】 CS42L51 速查是怎样的?

【精答】 CS42L51 是低功耗立体声耳机放大器编解码器。CS42L51 引脚功能见表 6-5。

表 6-5　CS42L51 引脚功能

引脚号	符　号	功　能
1	LRCK	左右时钟(输入/输出)端
2	SDA/CDIN (MCLKDIV2)	串行控制数据(输入/输出)端(MCLK 的 2 分频输入)
3	SCL/CCLK (I²S/$\overline{LJ}$)	串行控制端口时钟(输入)端(接口类型选择输入)
4	AD0/$\overline{CS}$(DEM)	地址 0 位(I²C)/控制端口片选输入(SPI)端(去加重输入)
5	VA_HP	耳机模拟功率(输入)端
6	FLYP	电荷泵电容正极连接端
7	GND_HP	接地(模拟电路,输入)端
8	FLYN	电荷泵电容负极连接端
9	VSS_HP	电荷泵负电压(输出)端
10	AOUTB	模拟音频输出端
11	AOUTA	模拟音频输出端
12	VA	电源(模拟电路,输入)端
13	AGND	接地(模拟电路)端
14	DAC_FILT +	参考电压(输出)端
15	VQ	静态电压(输出)端
16	ADC_FILT +	参考电压(输出)端
17	MICIN1/AIN3A	送话器输入 1 端
18	MICIN2/BIAS/AIN3B	送话器输入 2 端
19	AIN2A	模拟输入端
20	AIN2B/BIAS	模拟输入端
21	AFILTA	滤波器连接(输出)端
22	AFILTB	滤波器连接(输出)端
23	AIN1A	模拟输入端
24	AIN1B	模拟输入端
25	$\overline{RESET}$	复位(输入)端
26	VL	数字接口电源(输入)端
27	VD	电源(数字电路,输入)端
28	DGND	接地(数字电路)端
29	SDOUT(M/$\overline{S}$)	串行音频数据输出(主/从串口输入/输出)端
30	MCLK	主时钟(输入)端
31	SCLK	串行时钟(输入/输出)端
32	SDIN	串行音频数据输入端

图例如下:

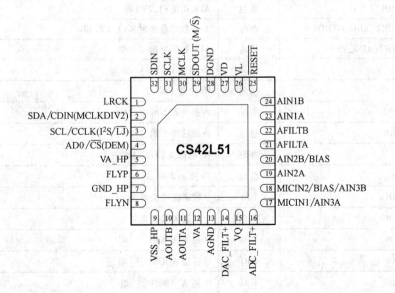

【问 8】　IF101 速查是怎样的？

【精答】　IF101 采用 TFQFP 或 LFBGA 封装，支持双调谐器，工作功耗为 600mW，是 CMMB 信道解调芯片。IF101 的封装采用 TQFN-128，引脚功能见表 6-6。

表 6-6　IF101 引脚功能

引脚号	符　　号	IO	功　　能
1	VDD33IO	电源	IO 电源 0 端(3.3V)
2	VSS33IO	接地	IO 接地端
3	VDD12CORE	电源	内核电源 1 端(1.2V)
4	VSS12CORE	接地	内核接地端
5	VDD12CORE	电源	晶体振荡器电源端(1.2V)
6	PAD_XIN	DI	晶体振荡输入时钟端
7	PAD_XOUT	DO	晶体振荡输出时钟端
8	VSS12CORE	接地	晶体振荡器接地端
9	PAD_AVDD12A	电源	AFE 电源端(1.2V)
10	PAD_AVSS12A	接地	AFE 接地端
11	PAD_VREFN	AIO	VREFN 参考信号负极端，一般外接去耦电容
12	PAD_VMID	AIO	VMID 端
13	PAD_VREFP	AIO	VREFN 参考信号正极端
14	PAD_AIN1	AI	调谐输入 IP0 端
15	PAD_AIN2	AI	调谐输入 IN0 端
16	PAD_BIN1	AI	调谐输入 QP0 端
17	PAD_BIN2	AI	调谐输入 QN0 端
18	PAD_AVDD33	电源	模拟电路电源(3.3V)端
19	PAD_VREF	AIO	参考电压(1.22V)端
20	PAD_AVSS33	接地	模拟电路接地端
21	PAD_CIN1	AI	调谐输入 IP1 端
22	PAD_CIN2	AI	调谐输入 IN1 端
23	PAD_DIN1	AI	调谐输入 QP1 端
24	PAD_DIN2	AI	调谐输入 QN1 端
25	PAD_AVSS12B	接地	AFE 接地端
26	PAD_AVDD12B	电源	AFE 电源(1.2V)端
27	PAD_DVDD12(ADC_DVDD)	电源	AFE 数字电路电源(1.2V)端
28	PAD_DVSS12(ADC_VSS)	接地	AFE 数字电路接地端
29	VDD33IO	电源	IO 电源 1 (3.3V)端
30	VSS33IO	接地	IO 接地 1 端
31	VDD12CORE	电源	内核电源 1 端(1.2V)
32	VSS12CORE	接地	内核接地 1 端(1.2V)
33	VDD33IO	电源	IO 电源 2 (3.3V)端
34	VSS33IO	接地	IO 接地 2 端
35	PAD_EDIO11	DIO	Q 通道溢出状态端
36	PAD_EDIO10	DIO	Q 通道欠载状态端
37	PAD_EDIO9	DIO	Q 通道 ADCIO [9]端
38	PAD_EDIO8	DIO	Q 通道 ADCIO [8]端
39	PAD_EDIO7	DIO	Q 通道 ADCIO[7]端

（续）

引脚号	符　号	IO	功　能
40	PAD_EDIO6	DIO	Q 通道 ADCIO[6]端
41	VDD33IO	电源	IO 电源 3 (3.3V)端
42	VSS33IO	接地	IO 接地 3 端
43	PAD_EDIO5	DIO	Q 通道 ADCIO[5]端
44	PAD_EDIO4	DIO	Q 通道 ADCIO[4]端
45	PAD_EDIO3	DIO	Q 通道 ADCIO[3]端
46	PAD_EDIO2	DIO	Q 通道 ADCIO[2]端
47	PAD_EDIO1	DIO	Q 通道 ADCIO[1]端
48	PAD_EDIO0	DIO	Q 通道 ADCIO[0]端
49	VDD12CORE	电源	内核电源 2 端(1.2V)
50	VSS12CORE	接地	内核接地 2 端
51	PAD_UARXD	DI	UART 接收器输入端
52	PAD_UATXD	DIO	UART 接收器输出端
53	PAD_SCL	DI	I^2C 时钟信号输入端
54	PAD_SDA	DIO	I^2C 数据信号输入端
55	PAD_RSTN	DI	系统复位端
56	PAD_INT	DIO	8051 外部中断端
57	VDD33IO	电源	IO 电源 4 (3.3V)端
58	VSS33IO	接地	IO 接地 4 端
59	PAD_LAT0	DIO	PIO 端
60	PAD_LAT1	DIO	PIO 端
61	PAD_LAT2	DIO	PIO 端
62	PAD_P1_7	DIO	8051 IO 端口 P1_7
63	PAD_P1_6	DIO	8051 IO 端口 P1_6
64	PAD_P1_5	DIO	8051 IO 端口 P1_5
65	PAD_P1_4	DIO	8051 IO 端口 P1_4
66	VDD12CORE	电源	内核电源 3 端(1.2V)
67	VSS12CORE	接地	内核接地端
68	PAD_P1_3	DIO	8051 IO 端口 P1_3
69	PAD_P1_2	DIO	8051 IO 端口 P1_2
70	PAD_P1_1	DIO	8051 IO 端口 P1_1
71	PAD_P1_0	DIO	8051 IO 端口 P1_0
72	VDD33IO	电源	IO 电源 5 (3.3V)端
73	VSS33IO	接地	IO 接地 5 端
74	PAD_P3_7	DIO	8051 IO 端口 P3_7
75	PAD_P3_6	DIO	8051 IO 端口 P3_6
76	PAD_P3_5	DIO	8051 IO 端口 P3_5
77	PAD_P3_4	DIO	8051 IO 端口 P3_4
78	PAD_P3_3	DIO	8051 IO 端口 P3_3
79	PAD_P3_2	DIO	8051 IO 端口 P3_2
80	PAD_P3_1	DIO	8051 IO 端口 P3_1

（续）

引脚号	符　　号	IO	功　　能
81	PAD_P3_0	DIO	8051 IO 端口 P3_0
82	VDD33IO	电源	IO 电源 6（3.3V）端
83	VSS33IO	接地	IO 接地 6 端
84	PAD_MMIS_CLK	DIO	MMIS 时钟端
85	PAD_MMIS_VLD	DIO	MMIS 数据有效端
86	PAD_MMIS_SYNC	DIO	MMIS 同步端
87	VDD12CORE	电源	内核电源 4 端（1.2V）
88	VSS12CORE	接地	内核接地端
89	PAD_MMIS_D0	DIO	MMIS 数据 0 端
90	PAD_MMIS_D1	DIO	MMIS 数据 1 端
91	PAD_MMIS_D2	DIO	MMIS 数据 2 端
92	VDD33IO	电源	IO 电源 7 端
93	VSS33IO	接地	IO 电源 7 端
94	PAD_MMIS_D3	DIO	MMIS 数据 3 端
95	PAD_MMIS_D4	DIO	MMIS 数据 4 端
96	PAD_MMIS_D5	DIO	MMIS 数据 5 端
97	VDD12CORE	电源	内核电源 5 端
98	VSS12CORE	接地	内核接地端
99	PAD_MMIS_D6	DIO	MMIS 数据 6 端
100	PAD_MMIS_D7	DIO	MMIS 数据 7 端
101	PAD_DIO13	DIO	ADC 测试模式, 选择输入或输出模式端
102	PAD_DIO12	DIO	ADC 时钟信号输入或输出端
103	PAD_DIO11	DIO	I 通道溢出状态端
104	PAD_DIO10	DIO	I 通道欠载状态端
105	VDD12CORE	电源	内核电源 6 端
106	VSS12CORE	接地	内核接地端
107	PAD_DIO9	DIO	I 通道 ADCIO[9]端
108	PAD_DIO8	DIO	I 通道 ADCIO[8]端
109	PAD_DIO7	DIO	I 通道 ADCIO[7]端
110	PAD_DIO6	DIO	I 通道 ADCIO[6]端
111	PAD_DIO5	DIO	I 通道 ADCIO[5]端
112	VSS12CORE	电源	内核接地 7 端
113	PAD_DIO4	DIO	I 通道 ADCIO[4]端
114	PAD_DIO3	DIO	I 通道 ADCIO[3]端
115	PAD_DIO2	DIO	I 通道 ADCIO[2]端
116	PAD_DIO1	DIO	I 通道 ADCIO[1]端
117	PAD_DIO0	DIO	I 通道 ADCIO[0]端
118	VSS33CORE	接地	IO 电源 8 端
119	VSS33CORE	电源	IO 电源 8 端
120	PAD_PUP	DIO	调谐器开端
121	PAD_PDN	DIO	调谐器关端

（续）

引脚号	符　号	IO	功　能
122	PAD_TESTPIN	DI	CPU 的禁用（JTAG 模式）端
123	PAD_TESTADC	DI	ADC 测试模式端
124	DD33% IO% PAD_PLL_PVDD2POC_1	电源	锁相环电源（数字电路）端
125	VDD% C% PAD_PLL_PVDD1DGZ_1	电源	锁相环电源（数字电路）端
126	VSS% C% PAD_PLLDVSS	接地	锁相环接地（数字电路）端
127	VDD% C% PAD_PLLAVDD	电源	锁相环电源（数字电路）端
128	VSS% C% PAD_PLLAVSS	接地	锁相环电源（模拟电路）端

【问 9】　LIS331DL 速查是怎样的？

【精答】　LIS331DL 属于低功耗三轴线性加速器或者传感器，其在 iPhone 3G 手机中有应用。LIS331DL 为 LGA 16（3mm × 3mm × 1mm）封装。LIS331DL 集成了一个标准的 SPI/I^2C 数字接口，并具有多种嵌入式功能（唤醒检测、动作检测、单击识别、双击识别、高通滤波器、两个专用的高度灵活的可编程中断线路）。LIS331DL 引脚布局如图 6-11 所示，LIS331DL 实物如图 6-12 所示。

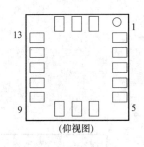

图 6-11　LIS331DL 引脚布局

图 6-12　LIS331DL 实物

注意，LIS331DL 实物识读时，并不将型号完整标注出来，而是标注"33DL"。另外，其 14 脚、15 脚与 5 脚、12 脚、13 脚、16 脚间常外接 10μF、100nF 电容。

LIS331DL 引脚功能见表 6-7。

表 6-7　LIS331DL 引脚功能

引脚号	符　号	功　能
1	Vdd_IO	电源端（I/O）
2	NC	未使用
3	NC	未使用
4	SCL SPC	I^2C 总线时钟信号端 SPI 串行端口时钟信号端
5	GND	接地端
6	SDA SDI SDO	I^2C 总线数据信号端 SPI 串行端口数据信号端 3 总线串行接口数据输出端
7	SDO	SPI 串行数据输出端 I^2C 总线地址位端
8	CS	SPI 使能端 I^2C/SPI 模式选择端（1：I^2C 模式；0：SPI 启用）
9	INT 2	惯性中断 2 端

（续）

引脚号	符　号	功　能
10	Reserved	与地连接端
11	INT 1	惯性中断 1 端
12	GND	接地端
13	GND	接地端
14	Vdd	电源端
15	Reserved	与电源端连接
16	GND	接地端

【问 10】　**LM2512A 速查是怎样的？**

【精答】　LM2512A 是移动像素链接（MPL-1）串行器，内置 24 位 RGB 显示接口、抖动模块等。它能够将 24 位 RGB 视频转换为 18 位 RGB 视频，并且图像质量不会出现明显的损失。LM2512A 具有 LLP40、UFBGA49 封装结构，如图 6-13、图 6-14 所示。

其中 UFBGA49 封装结构的引脚对应功能符号见表 6-8。

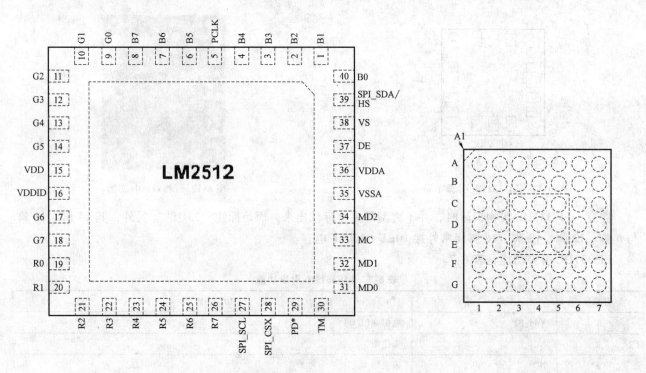

图 6-13　LLP40 封装结构　　　　　　　　图 6-14　UFBGA49 封装结构

表 6-8　UFBGA49 封装结构的引脚对应功能符号

	1	2	3	4	5	6	7
A	B1	SPI_SDA/HS	RES1	NC	MD2	MD1	MD0
B	B2	B0	VS	VDDA	MC	TM	PD
C	PCLK	B3	DE	VSSA	SPI_CSX	SPI_SCL	R7
D	VSSIO	VDDIO	B4	VSSIO	VSSIO	VDDIO	R6
E	B6	B7	G5	B5	R1	R4	R5
F	G0	G1	G4	VDD	G6	R0	R3
G	G2	G3	VSS	VSSIO	VDDIO	G7	R2

LM2512A 的内部结构如图 6-15 所示。

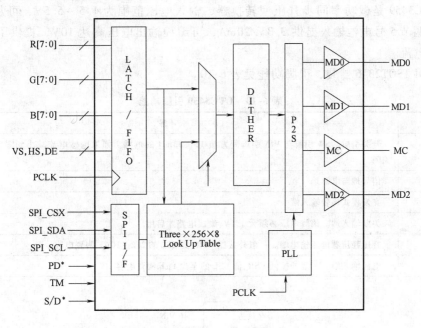

图 6-15　LM2512A 的内部结构

【问 11】　LM4890ITL 速查是怎样的?

【精答】　LM4890ITL 是 1W 音频功率放大集成电路,主要应用于早期具有 WCDMA 制式的诺基亚等机型上。其具有不同的封装结构以及识别方法,具体见表 6-9。

表 6-9　LM4890ITL 封装结构

型　号	封 装 结 构	型　号	封 装 结 构
LM4890IBP、LM4890IBPX	8 V_{o1} / 1 −IN / 2 GND / 3 Bypass / 4 V_{o2} / 7 +IN / 6 VDD / 5 Shutdown	LM4890IBL、LM4890IBLX	V_{o1} / A −IN / B GND / C Bypass / +IN / VDD / GND / 1　2 V_{o2}　3 Shutdown
LM4890LD	SHUTDOWN [1] BYPASS [2] GND [3] IN+ [4] IN− [5] / [10] V_{o2} [9] NC [8] VDD [7] NC [6] V_{o1}	LM4890MM	SHUTDDWH 1 BYPASS 2 +IN 3 −IN 4 / 8 V_{o2} 7 GND 6 VDD 5 V_{o1}
LM4890M	SHUTDOWN 1 BYPASS 2 +IN 3 −IN 4 / 8 V_{o2} 7 GND 6 VDD 5 V_{o1}	LM4890ITL、LM4890ITLX	V_{o1} / −IN A GND B Bypass C / +IN VDD GND / 1　2 V_{o2}　3 Shutdown

【问 12】　**LTC3459 速查是怎样的？**

【精答】　LTC3459 是微功率同步升压型转换器，输入电压范围为 1.5 ~ 5.5V，可从 3.3V 输入提供 5V/30mA，可从两节 5 号电池输入提供 3.3V/20mA，可编程输出电压高达 10V，提供了突发模式操作和一个固定的峰值电流。

LTC3459 采用 TSOT23-6 封装，引脚功能见表 6-10。

表 6-10　LTC3459 引脚功能

引脚号	符号	解　说
1	SW	开关引脚。SW 引脚与 VIN 引脚间常接 15 ~ 33mH 的电感。如果电感电流减小到零，内部 P 沟道 MOSFET 关闭
2	GND	信号地与电源地
3	FB	突发模式比较输入端
4	$\overline{SHDN}$	关断输入端。该脚电压必须大于 1V，集成电路才启用
5	VOUT	升压稳压器电压输出端。一般外接低 ESR、低 ESL 的 2.2 ~ 10μF 陶瓷电容
6	VIN	电源输入端。一般外接低 ESR、低 ESL 的至少 1μF 陶瓷电容

图例：

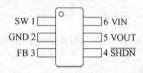

LTC3459 内部结构如图 6-16 所示。

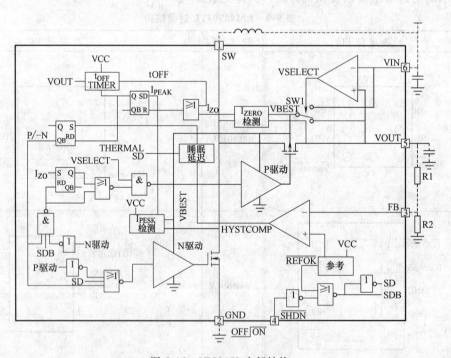

图 6-16　LTC3459 内部结构

【问 13】　**LTC4088-2 速查是怎样的？**

【精答】　LTC4088 是锂离子/锂聚合物电池充电/USB 电源管理稳压输出器。LTC4088 内置同步开关输入稳压器、全功能电池充电器、一个理想的二极管等。LTC4088 专为 USB 应用的电池充电集成电路。LTC4088 的开关稳压器可利用逻辑控制自动地将其输入电流限制为 1x（对于 100mA USB）；5x（对于 500mA USB）；10x（对于 1A 的墙上适配器供电型应用）。

LTC4088 系列分为 LTC4088-1、LTC4088-2，其中 LTC4088-1 在充电器关断的情况下上电；LTC4088-2 在充电器接通的情况下上电。

LTC4088-2 实物标识为 "40882"，其引脚分布如图 6-17 所示，采用扁平 14 引脚 4mm × 3mm × 0.75mm DFN 表面贴装型封装。

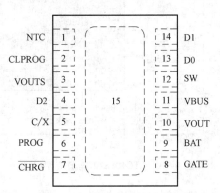

图 6-17　LTC4088-2 引脚分布

LTC4088-2 引脚功能说明见表 6-11。

表 6-11　LTC4088-2 引脚功能说明

引脚号	符号	解　说
1	NTC	NTC 热敏电阻监测信号电路。NTC 引脚连接的负温度系数热敏电阻通常与电池组一起封装，以监测电池是否过热或过冷。如果电池的温度超出范围，则运行相应功能，直到电池的温度重新进入有效范围
2	CLPROG	USB 限流控制与监控端
3	VOUTS	电压检测输出端。该 VOUTS 引脚用于检测 VOUT 的电源电压，当开关稳压器在运行时，VOUTS 应始终直接连接到 VOUT 引脚
4	D2	模式选择输入端
5	C/X	充电结束显示端
6	PROG	充电电流编程与充电电流监视端
7	$\overline{\text{CHRG}}$	漏极开路结构，充电状态输出端
8	GATE	理想二极管放大器输出端
9	BAT	单节锂离子电池引脚端
10	VOUT	输出电压端
11	VBUS	开关电源通路控制器电压输入端
12	SW	SW 引脚提供从 VOUT 至 VBUS 降压的开关稳压电源
13	D0	模式选择输入端
14	D1	模式选择输入端
15	Exposed Pad	接地

LTC4088-2 有关极限参数如下：

V_{BUS}（Transient）：-0.3 ~ 7V

V_{BUS}（Static）、BAT、CHRG、NTC、D0、D1、D2：-0.3 ~ 6V

I_{CLPROG}：3mA　　　　I_{PROG}、$I_{C/X}$：2mA

I_{CHRG}：75mA　　　　I_{OUT}：2A

I_{SW}：2A　　　　　　I_{BAT}：2A

T_{JMAX}：125℃　　　　T_{OP}：-40 ~ 85℃

T_{ST}：-65 ~ 125℃

LTC4088-2 典型应用电路如图 6-18 所示。

LTC4088-2 在 iPhone 3G 手机中有应用，实际应用电路板如图 6-19 所示。

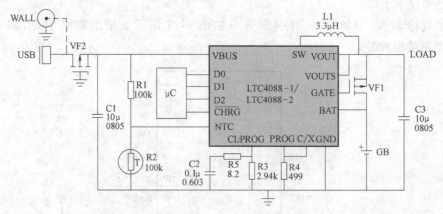

图 6-18 LTC4088-2 典型应用电路

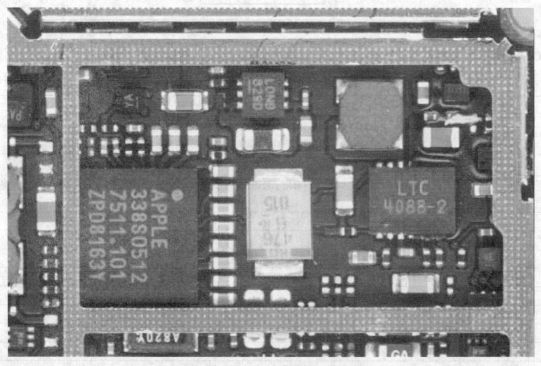

图 6-19 在 iPhone 3G 手机中的 LTC4088-2

【问 14】 MAX2392 速查是怎样的？

【精答】 MAX2392 是 TD-SCDMA 零中频射频接收集成电路，在 3G 手机中有应用，例如联想 TD900 手机中的应用如图 6-20 所示。

MAX2392 内置电路有低噪声放大器、I/Q 正交解调器、VCO、锁相环、直接转换混频器、信道选择滤波器、AGC 放大器、I/Q 幅度自动校准电路等。

MAX2392 引脚功能见表 6-12。

MAX2392 外围参考电路如图 6-21 所示。

天线接收的 3G 信号经过天线开关选择 TD-SCDMA通道后，经过频带选择滤波器选择有用的频带信号，然后将需要的微弱信号经过 MAX2392 的 LNA 放大后，通过 I/Q 解调器变成模拟

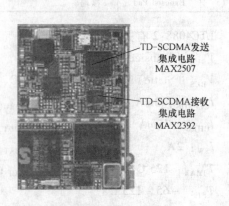

图 6-20 MAX2392 在联想 TD900 手机中的应用

基带 I/Q 信号，模拟基带 I/Q 信号经过信道滤波的低通滤波器与 ACG 放大器后，送至模拟前端，完成对基带 I/Q 信号的数字化处理。

表 6-12　MAX2392 引脚功能

引脚号	符号	功能与解说
1	VCC	I/Q 混频器电源引脚端。一般外接 100pF 旁路电容
2	RF +	正极射频信号输入端。正极射频信号输入到零中频解调器,在 RF + 与 RF − 间的差分阻抗为 200Ω
3	RF −	负极射频信号输入端。负极射频信号输入到零中频解调器,在 RF + 与 RF − 间的差分阻抗为 200Ω
4	BIAS	外接偏置电阻端
5	VCC	低噪声放大器电源引脚端。一般外接 100pF 旁路电容
6	G_LNA	低噪声放大器增益模式逻辑控制引脚端
7	LNA_OUT	低噪声放大器输出端。内部匹配为 50Ω
8	GND	射频低噪声放大器接地端
9	LNA_IN	低噪声放大器输入端。对外匹配 50Ω
10	GND	射频 VCO 电容接地端
11	VCC	压控振荡器电源引脚端。一般外接 100pF 旁路电容
12	TUNE	射频 VCO 变容二极管调谐输入端。连接 CP 与锁相环环路滤波器的调谐
13	CP	射频电荷泵高阻抗输出端。该射频锁相环的环路滤波器是连接该脚与 12 脚的
14	VCC	电荷泵电源引脚端。一般外接 100nF 旁路电容
15	VCC	数字电路电源引脚端。一般外接 100nF 旁路电容
16	REFIN	合成器基准频率输入端。一般外接 1nF 旁路电容
17	LD	指示射频锁相环状态端,OD 结构
18	$\overline{SHDN}$	接收器逻辑关闭端。低电平有效
19	AGC	基带 VGA 增益控制输入端
20	Q +	Q 通道正极基带信号输出端
21	Q −	Q 通道负极基带信号输出端
22	I −	I 通道负极基带信号输出端
23	I +	I 通道正极基带信号输出端
24	VCC	电源端
25	$\overline{CS}$	3 总线串行总线使能输入端(低电平有效)
26	G_MXR	混频器增益模式逻辑控制端
27	SDATA	3 总线串行总线数据输入端
28	SCLK	3 总线串行总线数据输入端

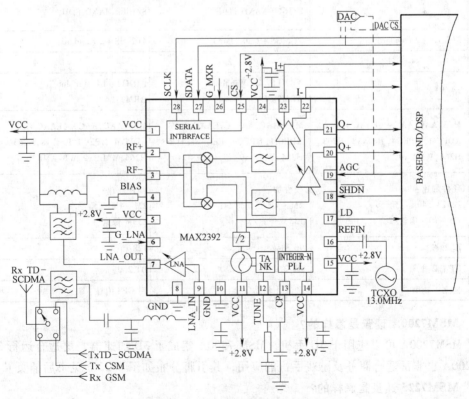

图 6-21　MAX2392 外围参考电路

【问 15】 MSM6280、MSM7200 与 MSM7200A 的比较是怎样的?

【精答】 MSM6280、MSM7200 与 MSM7200A 的比较见表 6-13。

表 6-13　MSM6280、MSM7200 与 MSM7200A 的比较

型号 特点	MSM6280	MSM7200	MSM7200A
工艺	90nm CMOS (14mm×14mm×1.4mm)	90nm CMOS (15mm×15mm×1.4mm)	65nm CMOS (15mm×15mm×1.4mm)
处理器	ARM926EJ-S 274 MHz (Modem) QDSP 100 MHz	ARM11 400 MHz (APPS) ARM926EJ-S 256 MHz(Modem) QDSP 256 MHz(APPS) QDSP 122 MHz(Modem)	ARM11 400/533 MHz (APPS) ARM926EJ-S 256 MHz(Modem) QDSP 256 MHz(APPS) QDSP 122 MHz(Modem)
调制解调器	WCDMA,GSM,GPRS,EDGE, HSDPA 7.2bit/s,DTM	GSM,GPRS,EGPRS MSC 12,DTM, WCDMA R5,HSDPA 7.2Mbit/s, 数据卡并发 3.6 Mbit/s DL +1.5 Mbit/s UL,手机并发 1.8 Mbit/s DL +1.5Mbit/s UL	WCDMA,GSM,GPRS,EDGE,DTM, HSDPA 7.2Mbit/s, HSUPA 5.76Mbit/s, 手机并发 7.2 Mbit/s DL +2Mbit/s UL
LCD 支持	16/18 位/像素(EBI2) 16/18 位/像素(MDDI)	16/18 位/像素(EBI2) 16/18/24 位/像素(MDDI)	16/18/24 位/像素 (EBI2) 16/18/24 位/像素(MDDI)
MDDI 支持	支持(1 主体 +1 客户机)	支持(2 主机 +1 客户机)	支持(2 主机 +1 客户机)
广播接口	TSIF (DVB-H,ISDB-T,S-DMB)	TSIF (DVB-H,ISDB-T,S-DMB)	TSIF (DVB-H,ISDB-T,S-DMB)
存储器	外部:32bit SDRAM 8/16bit NAND Flash	多层 256 Mbit DDR-SDRAM (128MHz) 外部:32bit DDR-SDRAM 8/16bit NAND Flash	多层 256Mbit DDR-SDRAM (166MHz) 外部:32bit DDR-SDRAM 8/16bit NAND Flash
UART	3(1 HS +2 standard)	3(1 HS +2 standard)	4(2 HS +2 standard)
SDIO	1	2	4
OS	L4/REX	ARM11: L4,WinMob ARM9: L4	ARM11: L4,WinMob ARM9:L4
音频/视频 解码器	MP3,AAC,AAC +,EAAC +, ADPCM,MPEG4,Real v8,H263, H264,WMA v9	MP3,AAC,AAC +,EAAC +, ADPCM,MPEG4,Real v8,H263, H264,WMA v9	MP3,AAC,AAC +,EAAC +, ADPCM,MPEG4,Real v8,H263, H264,WMA v9,WB-AMR
2D/3D 图形加速	硬件加速: 225k ~540k 三角形/s; 7M ~90M 像素/s	硬件加速: 2M ~4M 三角形/s; 133M 像素/s	硬件加速: 2M ~4M 三角形/s; 133M 像素/s
和弦铃声	72 和弦	96 和弦	128 和弦
蓝牙	BT 1.2	BT 2.0	BT 2.0
GPS	独立 + 辅助	独立 + 辅助	新 GPS 内核

【问 16】 MSM7200A 速查是怎样的?

【精答】 MSM7200A 可以应用于 3G 手机,MSM 7200A 集成了 3D 加速器,更适合运行 3D 图像及 3D 游戏。MSM7200A 也非常适合商务及游戏手机的应用,其引脚分布如图 6-22 (见书后插页) 所示。

【问 17】 MSM7225 速查是怎样的?

【精答】 MSM7225 功能框图与典型应用如图 6-23 所示。

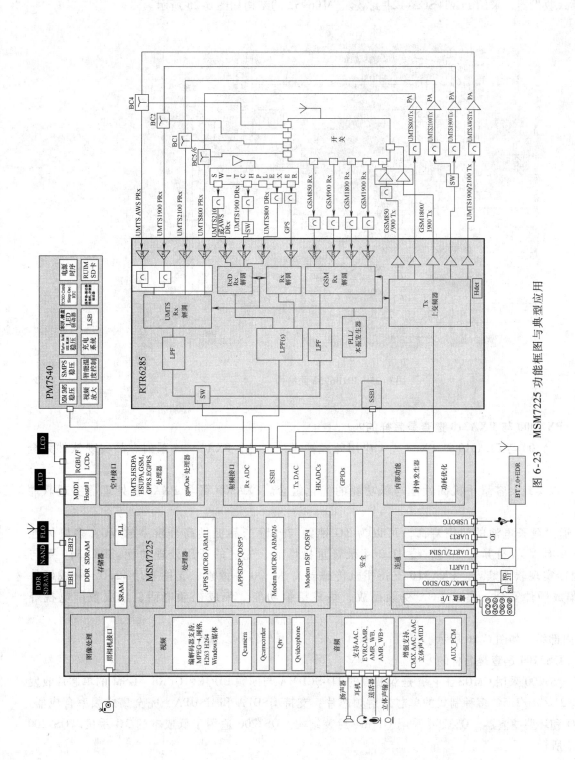

图 6-23 MSM7225 功能框图与典型应用

MSM7225 引脚分配如图 6-24 所示（见书后插页）。

【问 18】　PMB6952 速查是怎样的？

【精答】　PMB6952 是基于 SMARTi PM 四频段 GSM/EDGE 收发器和 SMARTi 3G 六频段 WCDMA 收发器架构的双模式收发器，采用 PG-TFSGA-121 封装。PMB6952 的结构如图 6-25 所示。

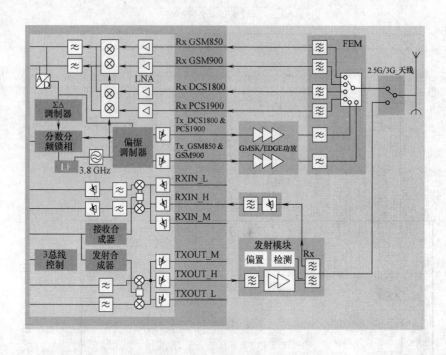

图 6-25　PMB6952 的结构

【问 19】　PXA300 与 PXA310 速查是怎样的？

【精答】　PXA300 与 PXA310 是 PXA3×× 应用处理器系列产品，PXA3×× 系列产品实现软件完全兼容。

PXA300 可以实现大容量手机高性能与低功耗的优化组合。PXA300 可与 PXA320 处理器实现软件兼容。

PXA310 通过延长电池的使用寿命，可以为 3G 视频与音频产品提供高分辨率的 VGA 多媒体性能。PXA310 具有 VGA 分辨率 30 帧/s、H.264 录音重播性能、先进的通用处理功能。PXA310 可与 PXA320 处理器实现软件兼容。PXA310 支持相机传感器高达 500 万像素、支持蓝牙 v2.0、集成硬件视频加速、集成硬件安全、集成 VGA 视频播放、集成摄像功能、集成视频电话、集成数字电视等功能。

PXA310 内部结构如图 6-26 所示。

【问 20】　QS3200 速查是怎样的？

【精答】　QS3200 采用 CMOS 工艺，是双波段的 TD-SCDMA 与四频 EDGE、GPRS、GSM 的单芯片收发器，同时支持 2G/3G/3.5G 多种制式的单芯片射频芯片：支持 HSDPA 和 HSUPA、完全集成频率合成器、完全集成 VCO 和环路滤波器。QS3200 采用 QFN64 封装结构。QS3200 适用于低成本的 3G 手机。QS3200 外形如图 6-27 所示。

注意，展讯 QS3000 系列支持 GSM/GPRS/EDGE + WCDMA/HSDPA；展讯 QS3200 系列支持 GSM/GPRS/EDGE + TD-SCDMA/HSDPA；展讯 QS2000 系列支持 GSM/GPRS/EDGE + WiFi/Bluetooth。

【问 21】　QSC60×5 系列速查是怎样的？

【精答】　QSC60×5 系列采用 424CSP 封装结构，其引脚分布如图 6-28 所示。

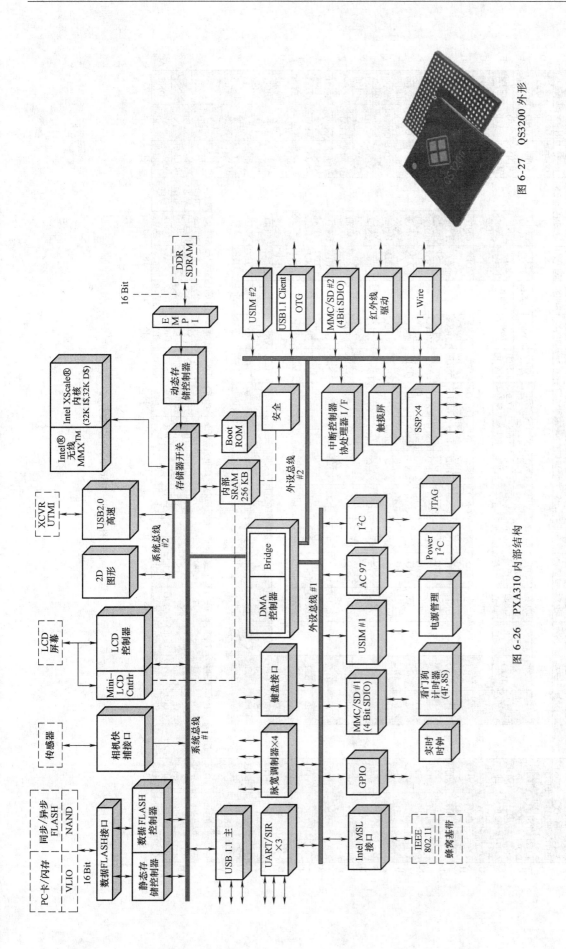

图 6-27　QS3200 外形

图 6-26　PXA310 内部结构

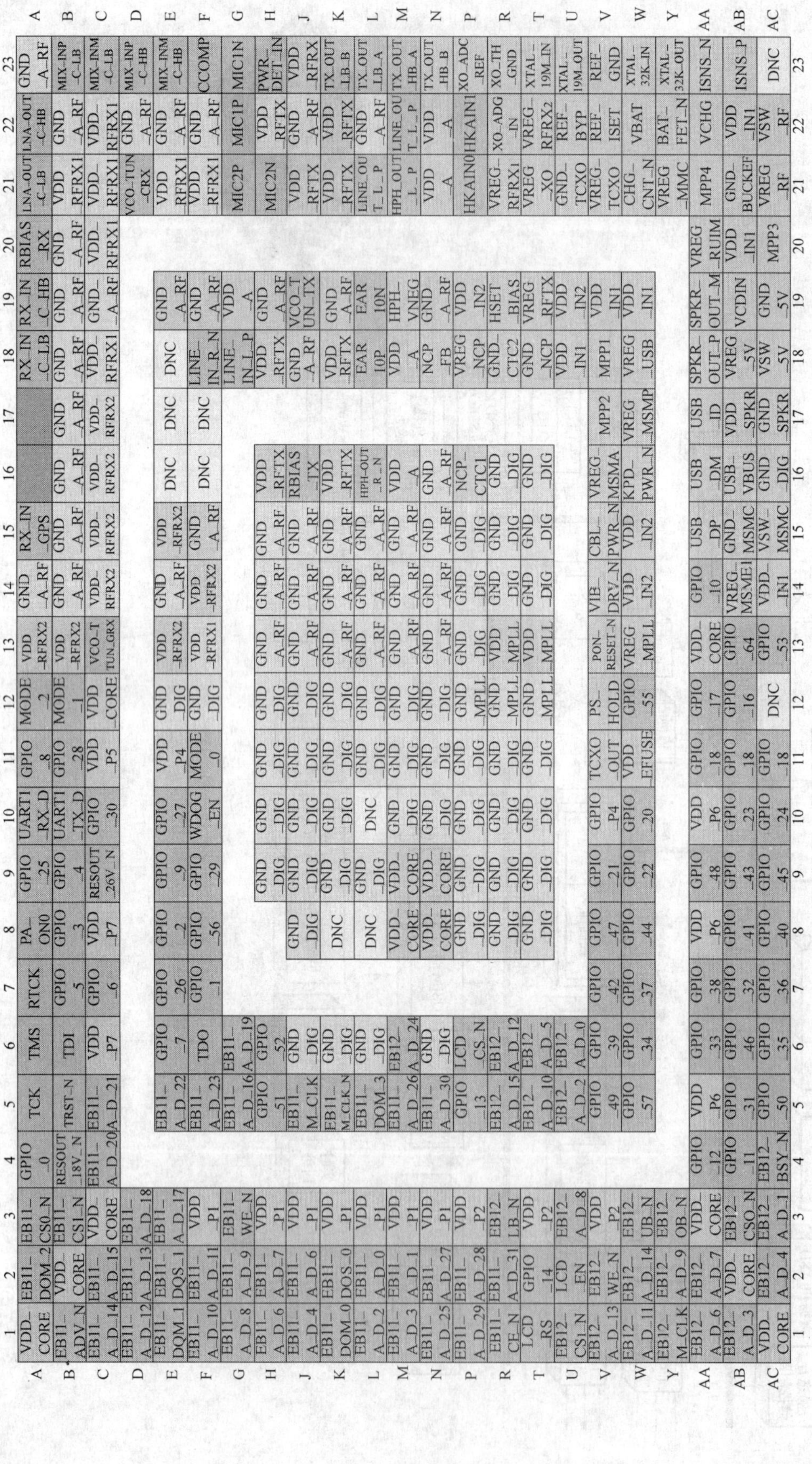

图 6-28　QSC60×5 引脚分布

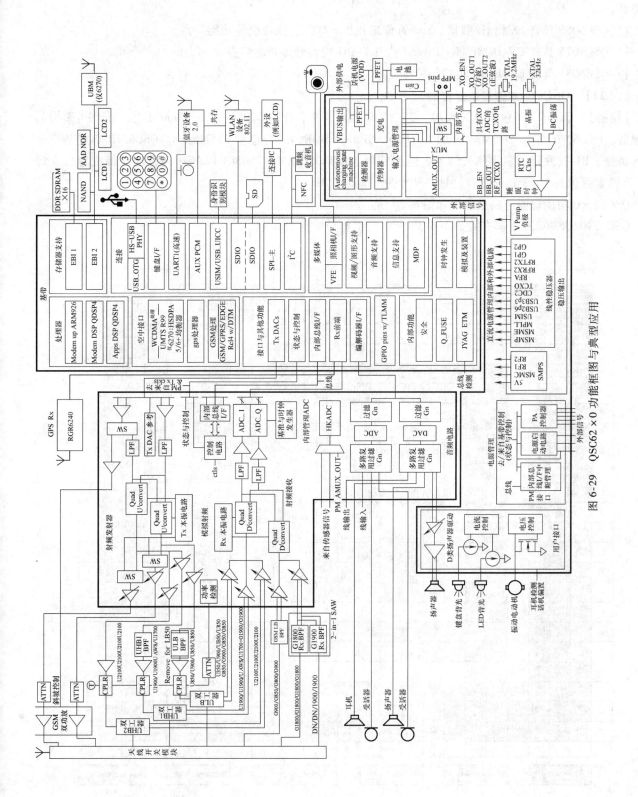

图 6-29 QSC62×0 功能框图与典型应用

QSC60 ×5 系列包括 QSC6055、QSC6065、QSC6075、QSC6085 等，其中：

1）QSC6055 具有 1X 语音/数据、130 万像素相机、CMX（72 和弦）、MP3/AAC/AAC +/eAAC + 等功能特点。

2）QSC6065 具有 1X 语音/数据、300 万像素相机、QTV、摄像机等功能特点。

3）QSC6075 具有 EV-DOr0、Rx Diversity、EV-DO 均衡器等功能特点。

4）QSC6085 具有 EV-DOrA 等功能特点。

【问 22】　QSC62 ×0 速查是怎样的？

【精答】　QSC62 ×0 包括 QSC6270、QSC6240 等。其中，QSC6270 是采用 65nm 工艺、ARM9 架构的处理器。QSC6270 支持 WCDMA/HSDPA、GSM/GPRS/EDGE，下行速度 3.6Mbit/s。QSC6270 集成基带调制解调器、RF 收发器、多媒体处理器、电源管理、128MB RAM + 256MB FLASH 闪存的存储配置，支持 300 万像素摄像头与 72 和弦铃声。封装尺寸为 12mm × 12mm。

QSC62 ×0 功能框图与典型应用如图 6-29 所示。

QSC6240/QSC6270 引脚布局如图 6-30 所示，引脚分配见表 6-14。

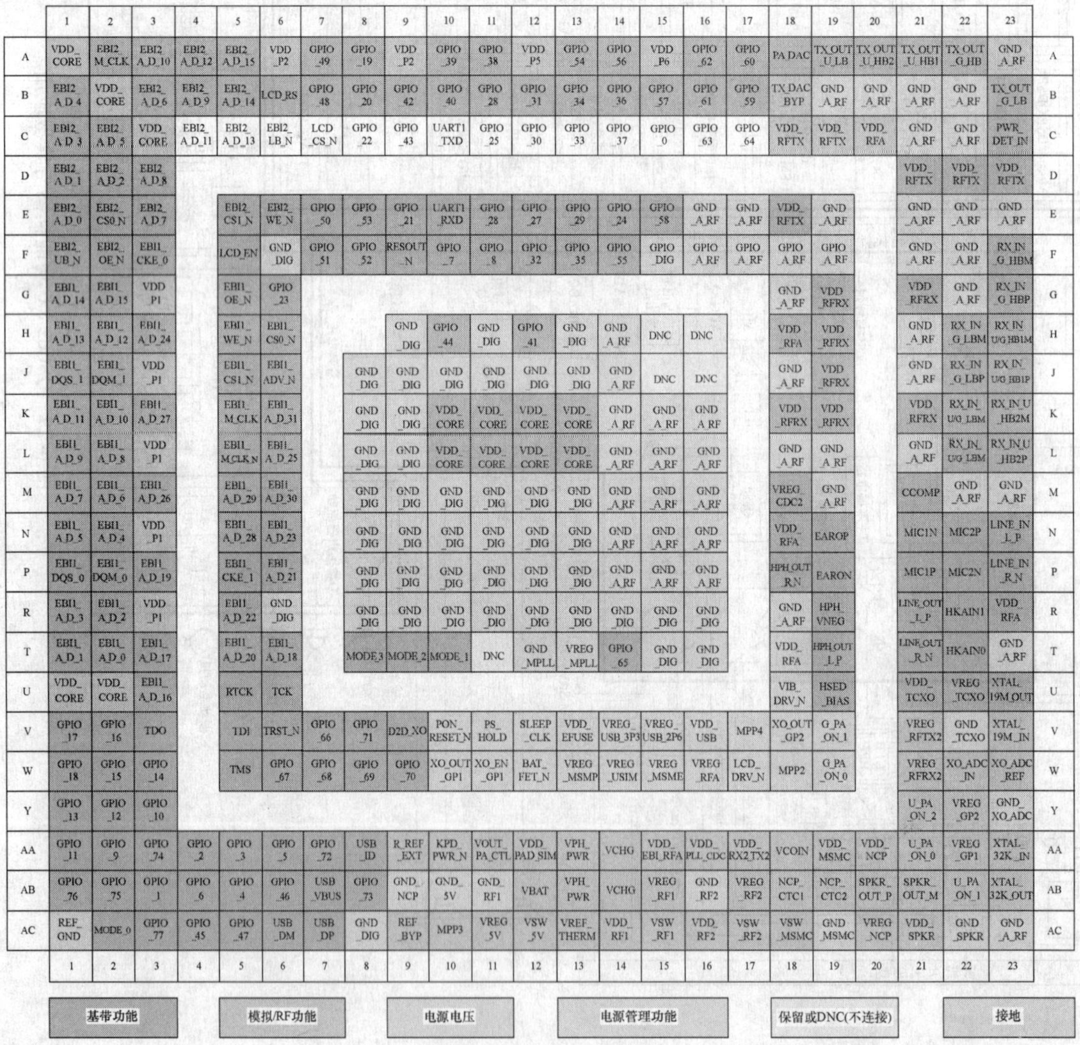

图 6-30　QSC6240/QSC6270 引脚布局

图例：基带功能　｜　模拟/RF功能　｜　电源电压　｜　电源管理功能　｜　保留或DNC(不连接)　｜　接地

表 6-14　QSC6240/QSC6270 引脚分配

引脚号	名　称	功　能	功能类别	引脚号	名　称	功　能	功能类别
B1	EBI2_A_D_4	EBI2_A_D_4	B-EBI	C20	VDD_RFA	VDD_RFA	PWR
B2	VDD_CORE	VDD_CORE	PWR	C21	GND_A_RF	GND_A_RF	GND
C3	VDD_CORE	VDD_CORE	PWR	C22	GND_A_RF	GND_A_RF	GND
C4	EBI2_A_D_11	EBI2_A_D_11	B-EBI	C23	PWR_DET_IN	PWR_DET_IN	A-RTR
C5	EBI2_A_D_13	EBI2_A_D_13	B-EBI	D1	EBI2_A_D_1	EBI2_A_D_1	B-EBI
C6	EBI2_LB_N	EBI2_LB_N	B-EBI	D2	EBI2_A_D_2	EBI2_A_D_2	B-EBI
C7	LCD_CS_N	LCD_CS_N	B-EBI	D3	EBI2_A_D_8	EBI2_A_D_8	B-EBI
C8	GPIO_22 AUX_PCM_CLK	Configurable I/O	B-GPIO B-CON	D21	VDD_RFTX	VDD_RFTX	PWR
C9	GPIO_43 NFC_IRQ ETM_PIPESTATA2	Configurable I/O	B-GPIO B-CON B-ETM	D22	VDD_RFTX	VDD_RFTX	PWR
				D23	VDD_RFTX	VDD_RFTX	PWR
C10	UART1_TXD	UART1_TXD	B-CON	E1	EBI2_A_D_0	EBI2_A_D_0	B-EBI
C11	GPIO_25 CAMIF_HSYNC ETM_PIPESTATB2	Configurable I/O	B-GPIO B-CAM B-ETM	E2	EBI2_CS0_N	EBI2_CS0_N	B-EBI
				E3	EBI2_A_D_7	EBI2_A_D_7	B-EBI
C12	GPIO_30 CAMIF_DATA_2 ETM_TRACE_PKTB0	Configurable I/O	B-GPIO B-CAM B-ETM	E5	EBI2_CS1_N	EBI2_CS1_N	B-EBI
				E6	EBI2_WE_N	EBI2_WE_N	B-EBI
C13	GPIO_33 CAMIF_DATA_5 ETM_TRACE_PKTB3	Configurable I/O	B-GPIO B-CAM B-ETM	E7	GPIO_50 SPI_MISO_DATA	Configurable I/O	B-GPIO B-CON
C14	GPIO_37 CAMIF_DATA_9 ETM_TRACE_PKTB7	Configurable I/O	B-GPIO B-CAM B-ETM	E8	GPIO_53 SPI_CLK	Configurable I/O	B-GPIO B-CON
				E9	GPIO_21 AUX_PCM_DOUT	Configurable I/O	B-GPIO B-CON
C15	GPIO_0 GP_PDM_0 ETM_TRACECLK	Configurable I/O	B-GPIO B-IOF B-ETM	E10	UART1_RXD	UART1_RXD	B-CON
C16	GPIO_63 PA_RANGE1	Configurable I/O	B-GPIO B-IOF	E11	GPIO_26 CAMIF_VSYNC ETM_TRACESYNCB	Configurable I/O	B_GPIO B-CAM B-ETM
C17	GPIO_64 PA_RANGE0	Configurable I/O	B-GPIO B-IOF	E12	GPIO_27 CAMIF_DISABLE ETM_MODE_INT	Configurable I/O	B-GPIO B-CAMIF B-ETM
C18	VDD_RFTX	VDD_RFTX	PWR	E13	GPIO_29 CAMIF_DATA_1 ETM_PIPESTATB0	Configurable I/O	B-GPIO B-CAM B-ETM
C19	VDD_RFTX	VDD_RFTX	PWR	E14	GPIO_24 CAMIF_PCLK	Configurable I/O	B-GPIO B-CAM

（续）

引脚号	名　称	功　能	功能类别	引脚号	名　称	功　能	功能类别
E15	GPIO_58 GPS_ADCQ	Configurable I/O	B-GPIO B-IOF	G1	EBI1_A_D_14	EBI1_A_D_14	B-EBI
				G2	EBI1_A_D_15	EBI1_A_D_15	B-EBI
E16	GND_A_RF	GND_A_RF	GND	G3	VDD_P1	VDD_P1	PWR
E17	GND_A_RF	GND_A_RF	GND	G5	EBI1_OE_N	EBI1_OE_N	B-EBI
E18	VDD_RFTX	VDD_RFTX	PWR	G6	GPIO_23 MDP_VSYNC_P FM_INT	Configurable I/O	B-GPIO B-CON B-CON
E19	GND_A_RF	GND_A_RF	GND				
E21	GND_A_RF	GND_A_RF	GND	G18	GND_A_RF	GND_A_RF	GND
E22	GND_A_RF	GND_A_RF	GND	G19	VDD_RFRX	VDD_RFRX	PWR
E23	GND_A_RF	GND_A_RF	GND	G21	VDD_RFRX	VDD_RFRX	PWR
				G22	GND_A_RF	GND_A_RF	GND
F1	EBI2_UB_N	EBI2_UB_N	B-EBI	G23	RX_IN_G_HBP	RX_IN_G_HBP	A-RTR
F2	EBI2_OE_N	EBI2_OE_N	B-EBI	H1	EBI1_A_D_13	EBI1_A_D_13	B-EBI
F3	EBI1_CKE_0	EBI1_CKE_0	B-EBI	H2	EBI1_A_D_12	EBI1_A_D_12	B-EBI
F5	LCD_EN	LCD_EN	B-EBI	H3	EBI1_A_D_24	EBI1_A_D_24	B-EBI
F6	GND_DIG	GND_DIG	GND	H5	EBI1_WE_N	EBI1_WE_N	B-EBI
F7	GPIO_51 SPI_MOSI_DATA	Configurable I/O	B-GPIO B-CON	H6	EBI1_CS0_N	EBI1_CS0_N	B-EBI
				H9	GND_DIG	GND_DIG	GND
F8	GPIO_52 SPI_CS_N	Configurable I/O	B-GPIO B-CON	H10	GPIO_44 ETM_MODE_CS_N	Configurable I/O	B-GPIO B-ETM
F9	RESOUT_N	RESOUT_N	B-IOF	H11	GND_DIG	GND_DIG	GND
F10	GPIO_7 UART1_CTS_N	Configurable I/O	B-GPIO B-CON	H12	GPIO_41 HEADSET_DET_N GP_CLK ETM_TRACESYNCA	Configurable I/O	B-GPIO B-CON B-IOF B-ETM
F11	GPIO_8 UART1_RFR_N	Configurable I/O	B-GPIO B-CON				
F12	GPIO_32 CAMIF_DATA_4 ETM_TRACE_PKTB2	Configurable I/O	B-GPIO B-CAM B-ETM	H13	GND_DIG	GND_DIG	GND
				H14	GND_A_RF	GND_A_RF	GND
F13	GPIO_35 CAMIF_DATA_7 ETM_TRACE_PKTB5	Configurable I/O	B-GPIO B-CAM B-ETM	H15	DNC	DNC	NDR
				H16	DNC	DNC	NDR
F14	GPIO_55 GPS_ADCI	Configurable I/O	B-GPIO B-IOF	H18	VDD_RFA	VDD_RFA	PWR
				H19	VDD_RFRX	VDD_RFRX	PWR
F15	GND_DIG	GND_DIG	GND	H21	GND_A_RF	GND_A_RF	GND
F16	GND_A_RF	GND_A_RF	GND	H22	RX_IN_G_LBM	RX_IN_G_LBM	A-RTR
F17	GND_A_RF	GND_A_RF	GND	H23	RX_IN_U/G_HB1M	RX_IN_U/G_HB1M	A-RTR
F18	GND_A_RF	GND_A_RF	GND	J1	EBI1_DQS_1	EBI1_DQS_1	B-EBI
F19	GND_A_RF	GND_A_RF	GND	J2	EBI1_DQM_1	EBI1_DQM_1	B-EBI
F21	GND_A_RF	GND_A_RF	GND	J3	VDD_P1	VDD_P1	PWR
F22	GND_A_RF	GND_A_RF	GND	J5	EBI1_CS1_N	EBI1_CS1_N	B-EBI
F23	RX_IN_G_HBM	RX_IN_G_HBM	A-RTR				

（续）

引脚号	名　称	功　能	功能类别	引脚号	名　称	功　能	功能类别
J6	EBI1_ADV_N	EBI1_ADV_N	B-EBI	L3	VDD_P1	VDD_P1	PWR
J8	GND_DIG	GND_DIG	GND	L5	EBI1_M_CLK_N	EBI1_M_CLK_N	B-EBI
J9	GND_DIG	GND_DIG	GND	L6	EBI1_A_D_25	EBI1_A_D_25	B-EBI
J10	GND_DIG	GND_DIG	GND	L8	GND_DIG	GND_DIG	GND
J11	GND_DIG	GND_DIG	GND	L9	GND_DIG	GND_DIG	GND
J12	GND_DIG	GND_DIG	GND	L10	VDD_CORE	VDD_CORE	PWR
J13	GND_DIG	GND_DIG	GND	L11	VDD_CORE	VDD_CORE	PWR
J14	GND_A_RF	GND_A_RF	GND	L12	VDD_CORE	VDD_CORE	PWR
J15	DNC	DNC	NDR	L13	VDD_CORE	VDD_CORE	PWR
J16	DNC	DNC	NDR	L14	GND_A_RF	GND_A_RF	GND
J18	GND_A_RF	GND_A_RF	GND	L15	GND_A_RF	GND_A_RF	GND
J19	VDD_RFRX	VDD_RFRX	PWR	L16	GND_A_RF	GND_A_RF	GND
J21	GND_A_RF	GND_A_RF	GND	L18	GND_A_RF	GND_A_RF	GND
J22	RX_IN_G_LBP	RX_IN_G_LBP	A-RTR	L19	GND_A_RF	GND_A_RF	GND
J23	RX_IN_U/G_HB1P	RX_IN_U/G_HB1P	A-RTR	L21	GND_A_RF	GND_A_RF	GND
K1	EBI1_A_D_11	EBI1_A_D_11	B-EBI	L22	RX_IN_U/G_LBP	RX_IN_U/G_LBP	A-RTR
K2	EBI1_A_D_10	EBI1_A_D_10	B-EBI	L23	RX_IN_U_HB2P	RX_IN_U_HB2P	A-RTR
K3	EBI1_A_D_27	EBI1_A_D_27	B-EBI	M1	EBI1_A_D_7	EBI1_A_D_7	B-EBI
K5	EBI1_M_CLK	EBI1_M_CLK	B-EBI	M2	EBI1_A_D_6	EBI1_A_D_6	B-EBI
K6	EBI1_A_D_31	EBI1_A_D_31	B-EBI	M3	EBI1_A_D_26	EBI1_A_D_26	B-EBI
K8	GND_DIG	GND_DIG	GND	M5	EBI1_A_D_29	EBI1_A_D_29	B-EBI
K9	GND_DIG	GND_DIG	GND	M6	EBI1_A_D_30	EBI1_A_D_30	B-EBI
K10	VDD_CORE	VDD_CORE	PWR	M8	GND_DIG	GND_DIG	GND
K11	VDD_CORE	VDD_CORE	PWR	M9	GND_DIG	GND_DIG	GND
K12	VDD_CORE	VDD_CORE	PWR	M10	GND_DIG	GND_DIG	GND
K13	VDD_CORE	VDD_CORE	PWR	M11	GND_DIG	GND_DIG	GND
K14	GND_A_RF	GND_A_RF	GND	M12	GND_DIG	GND_DIG	GND
K15	GND_A_RF	GND_A_RF	GND	M13	GND_DIG	GND_DIG	GND
K16	GND_A_RF	GND_A_RF	GND	M14	GND_A_RF	GND_A_RF	GND
K18	VDD_RFRX	VDD_RFRX	PWR	M15	GND_A_RF	GND_A_RF	GND
K19	VDD_RFRX	VDD_RFRX	PWR	M16	GND_A_RF	GND_A_RF	GND
K21	VDD_RFRX	VDD_RFRX	PWR	M18	VREG_CDC2	VREG_CDC2	P-OVR
K22	RX_IN_U/G_LBM	RX_IN_U/G_LBM	A-RTR	M19	GND_A_RF	GND_A_RF	GND
K23	RX_IN_U_HB2M	RX_IN_U_HB2M	A-RTR	M21	CCOMP	CCOMP	A-HAC
L1	EBI1_A_D_9	EBI1_A_D_9	B-EBI	M22	GND_A_RF	GND_A_RF	GND
L2	EBI1_A_D_8	EBI1_A_D_8	B-EBI	M23	GND_A_RF	GND_A_RF	GND

（续）

引脚号	名　称	功　能	功能类别	引脚号	名　称	功　能	功能类别
N1	EBI1_A_D_5	EBI1_A_D_5	B-EBI	P23	LINE_IN_R_N	LINE_IN_R_N	A-HAC
N2	EBI1_A_D_4	EBI1_A_D_4	B-EBI	R1	EBI1_A_D_3	EBI1_A_D_3	B-EBI
N3	VDD_P1	VDD_P1	PWR	R2	EBI1_A_D_2	EBI1_A_D_2	B-EBI
N5	EBI1_A_D_28	EBI1_A_D_28	B-EBI	R3	VDD_P1	VDD_P1	PWR
N6	EBI1_A_D_23	EBI1_A_D_23	B-EBI	R5	EBI1_A_D_22	EBI1_A_D_22	B-EBI
N8	GND_DIG	GND_DIG	GND	R6	GND_DIG	GND_DIG	GND
N9	GND_DIG	GND_DIG	GND	R8	GND_DIG	GND_DIG	GND
N10	GND_DIG	GND_DIG	GND	R9	GND_DIG	GND_DIG	GND
N11	GND_DIG	GND_DIG	GND	R10	GND_DIG	GND_DIG	GND
N12	GND_DIG	GND_DIG	GND	R11	GND_DIG	GND_DIG	GND
N13	GND_DIG	GND_DIG	GND	R12	GND_DIG	GND_DIG	GND
N14	GND_A_RF	GND_A_RF	GND	R13	GND_DIG	GND_DIG	GND
N15	GND_A_RF	GND_A_RF	GND	R14	GND_DIG	GND_DIG	GND
N16	GND_A_RF	GND_A_RF	GND	R15	GND_DIG	GND_DIG	GND
N18	VDD_RFA	VDD_RFA	PWR	R16	GND_DIG	GND_DIG	GND
N19	EAROP	EAROP	A-HAC	R18	GND_A_RF	GND_A_RF	GND
N21	MIC1N	MIC1N	A-HAC	R19	HPH_VNEG	HPH_VNEG	A-HAC
N22	MIC2P	MIC2P	A-HAC	R21	LINE_OUT_L_P	LINE_OUT_L_P	A-HAC
N23	LINE_IN_L_P	LINE_IN_L_P	A-HAC	R22	HKAIN1	HKAIN1	A-HAC
P1	EBI1_DQS_0	EBI1_DQS_0	B-EBI	R23	VDD_RFA	VDD_RFA	PWR
P2	EBI1_DQM_0	EBI1_DQM_0	B-EBI	T1	EBI1_A_D_1	EBI1_A_D_1	B-EBI
P3	EBI1_A_D_19	EBI1_A_D_19	B-EBI	T2	EBI1_A_D_0	EBI1_A_D_0	B-EBI
P5	EBI1_CKE_1	EBI1_CKE_1	B-EBI	T3	EBI1_A_D_17	EBI1_A_D_17	B-EBI
P6	EBI1_A_D_21	EBI1_A_D_21	B-EBI	T5	EBI1_A_D_20	EBI1_A_D_20	B-EBI
P8	GND_DIG	GND_DIG	GND	T6	EBI1_A_D_18	EBI1_A_D_18	B-EBI
P9	GND_DIG	GND_DIG	GND	T8	MODE_3	MODE_3	B-INT
P10	GND_DIG	GND_DIG	GND	T9	MODE_2	MODE_2	B-INT
P11	GND_DIG	GND_DIG	GND	T10	MODE_1	MODE_1	B-INT
P12	GND_DIG	GND_DIG	GND	T11	DNC	DNC	NDR
P13	GND_DIG	GND_DIG	GND	T12	GND_MPLL	GND_MPLL	GND
P14	GND_A_RF	GND_A_RF	GND	T13	VREG_MPLL	VREG_MPLL	P-OVR
P15	GND_A_RF	GND_A_RF	GND	T14	GPIO_65	Configurable I/O	B-GPIO
P16	GND_A_RF	GND_A_RF	GND		TRK_LO_ADJ		B-IOF
					GP_CLK		B-IOF
P18	HPH_OUT_R_N	HPH_OUT_R_N	A-HAC		GP_PDM_1		B-IOF
P19	EARON	EARON	A-HAC	T15	GND_DIG	GND_DIG	GND
P21	MIC1P	MIC1P	A-HAC				
P22	MIC2N	MIC2N	A-HAC	T16	GND_DIG	GND_DIG	GND

（续）

引脚号	名 称	功 能	功能类别	引脚号	名 称	功 能	功能类别
T18	VDD_RFA	VDD_RFA	PWR	V19	G_PA_ON_1	G_PA_ON_1	P-IUI
T19	HPH_OUT_L_P	HPH_OUT_L_P	A-HAC	V21	VREG_RFTX2	VREG_RFTX2	P-OVR
T21	LINE_OUT_R_N	LINE_OUT_R_N	A-HAC	V22	GND_TCXO	GND_TCXO	GND
T22	HKAIN0	HKAIN0	A-HAC	V23	XTAL_19M_IN	XTAL_19M_IN	P-GH
T23	GND_A_RF	GND_A_RF	GND	W1	GPIO_18 KEYSENSE0_N ETM_TRACE_PKTA7	Configurable I/O	B-GPIO B-CON B-ETM
U1	VDD_CORE	VDD_CORE	PWR				
U2	VDD_CORE	VDD_CORE	PWR	W2	GPIO_15 KEYSENSE3_N ETM_TRACE_PKTA4	Configurable I/O	B-GPIO B-CON B-ETM
U3	EBI1_A_D_16	EBI1_A_D_16	B-EBI				
U5	RTCK	RTCK	B-INT	W3	GPIO_14 KEYSENSE4_N ETM_TRACE_PKTA3	Configurable I/O	B-GPIO B-CON B-ETM
U6	TCK	TCK	B-INT				
U18	VIB_DRV_N	VIB_DRV_N	P-IUI	W5	TMS	TMS	B-INT
U19	HSED_BIAS	HSED_BIAS	A-HAC	W6	GPIO_67 SDCC2_DATA0	Configurable I/O	B-GPIO B-CON
U21	VDD_TCXO	VDD_TCXO	PWR				
U22	VREG_TCXO	VREG_TCXO	P-OVR	W7	GPIO_68 SDCC2_DATA1	Configurable I/O	B-GPIO B-CON
U23	XTAL_19M_OUT	XTAL_19M_OUT	P-GH				
V1	GPIO_17 KEYSENSE1_N ETM_TRACE_PKTA6	Configurable I/O	B-GPIO B-CON B-ETM	W8	GPIO_69 SDCC2_DATA2	Configurable I/O	B-GPIO B-CON
V2	GPIO_16 KEYSENSE2_N ETM_TRACE_PKTA5	Configurable I/O	B-GPIO B-CON B-ETM	W9	GPIO_70 SDCC2_DATA3	Configurable I/O	B-GPIO B-CON
V3	TDO	TDO	B-INT	W10	XO_OUT_GP1	XO_OUT_GP1	P-GH
V5	TDI	TDI	B-INT	W11	XO_EN_GP1	XO_EN_GP1	P-GH
V6	TRST_N	TRST_N	B-INT	W12	BAT_FET_N	BAT_FET_N	P-IPM
V7	GPIO_66 SDCC2_CMD	Configurable I/O	B-GPIO B-CON	W13	VREG_MSMP	VREG_MSMP	P-OVR
				W14	VREG_USIM	VREG_USIM	P-OVR
V8	GPIO_71 SDCC2_CLK	Configurable I/O	B-GPIO B-CON	W15	VREG_MSME	VREG_MSME	P-OVR
				W16	VREG_RFA	VREG_RFA	P-OVR
V9	D2D_XO	D2D_XO	P-GH	W17	LCD_DRV_N	LCD_DRV_N	P-IUI
V10	PON_RESET_N	PON_RESET_N	P-IUI	W18	MPP2	Multipurpose pin	P-MPP
V11	PS_HOLD	PS_HOLD	P-IUI	W19	G_PA_ON_0	G_PA_ON_0	P-IUI
V12	SLEEP_CLK	SLEEP_CLK	P-GH	W21	VREG_RFRX2	VREG_RFRX2	P-OVR
V13	VDD_EFUSE	VDD_EFUSE	PWR	W22	XO_ADC_IN	XO_ADC_IN	P-GH
V14	VREG_USB_3P3	VREG_USB_3P3	P-OVR	W23	XO_ADC_REF	XO_ADC_REF	P-GH
V15	VREG_USB_2P6	VREG_USB_2P6	P-OVR	Y1	GPIO_13 KEYPAD_0 ETM_TRACE_PKTA2	Configurable I/O	B-GPIO B-CON B-ETM
V16	VDD_USB	VDD_USB	PWR				
V17	KPD_DRV_N_MPP3	Multipurpose pin	P-MPP	Y2	GPIO_12 KEYPAD_1 ETM_TRACE_PKTA1	Configurable I/O	B-GPIO B-CON B-ETM
V18	XO_OUT_GP2	XO_OUT_GP2	P-GH				

（续）

引脚号	名　称	功　能	功能类别	引脚号	名　称	功　能	功能类别
Y3	GPIO_10 KEYPAD_3 ETM_PIPESTATA0	Configurable I/O	B-GPIO B-CON B-ETM	AB2	GPIO_75 MSM_WAKES_BT	Configurable I/O	B-GPIO B-CON
Y21	U_PA_ON_2	U_PA_ON_2	P-IUI	AB3	GPIO_1 SDCC1_CMD	Configurable I/O	B-GPIO B-CON
Y22	VREG_GP2	VREG_GP2	P-OVR	AB4	GPIO_6 SDCC1_CLK	Configurable I/O	B-GPIO B-CON
Y23	GND_XO_ADC	GND_XO_ADC	GND	AB5	GPIO_4 SDCC1_DATA2	Configurable I/O	B-GPIO B-CON
AA1	GPIO_11 KEYPAD_2 ETM_TRACE_PKTA0	Configurable I/O	B-GPIO B-CON B-ETM	AB6	GPIO_46 USIM_CLK	Configurable I/O	B-GPIO B-CON
AA2	GPIO_9 KEYPAD_4 ETM_PIPESTATA1	Configurable I/O	B-GPIO B-CON B-ETM	AB7	USB_VBUS	USB_VBUS	P-IPM
AA3	GPIO_74 BT_WAKES_MSM	Configurable I/O	B-GPIO B-CON	AB8	GPIO_73 MUSIM_DP	Configurable I/O	B-GPIO B-CON
AA4	GPIO_2 SDCC1_DATA0	Configurable I/O	B-GPIO B-CON	AB9	GND_NCP	GND_NCP	P-OVR
AA5	GPIO_3 SDCC1_DATA1	Configurable I/O	B-GPIO B-CON	AB10	GND_5V	GND_5V	GND
				AB11	GND_RF1	GND_RF1	GND
AA6	GPIO_5 SDCC1_DATA3	Configurable I/O	B-GPIO B-CON	AB12	VBAT	VBAT	P-IPM
AA7	GPIO_72 MUSIM_DM	Configurable I/O	B-GPIO B-CON	AB13	VPH_PWR	VPH_PWR	P-IPM
				AB14	VCHG	VCHG	P-IPM
AA8	USB_ID	USB_ID	B-CON	AB15	VREG_RF1	VREG_RF1	P-OVR
AA9	R_REF_EXT	R_REF_EXT	P-GH	AB16	GND_RF2	GND_RF2	GND
AA10	KPD_PWR_N	KPD_PWR_N	P-IUI	AB17	VREG_RF2	VREG_RF2	P-OVR
AA11	VOUT_PA_CTL	VOUT_PA_CTL	P-IUI	AB18	NCP_CTC1	NCP_CTC1	P-OVR
AA12	VDD_PAD_SIM	VDD_PAD_SIM	PWR	AB19	NCP_CTC2	NCP_CTC2	P-OVR
AA13	VPH_PWR	VPH_PWR	P-IPM	AB20	SPKR_OUT_P	SPKR_OUT_P	P-IUI
AA14	VCHG	VCHG	P-IPM	AB21	SPKR_OUT_M	SPKR_OUT_M	P-IUI
AA15	VDD_EBI_RFA	VDD_EBI_RFA	PWR	AB22	U_PA_ON_1	U_PA_ON_1	P-IUI
AA16	VDD_PLL_CDC	VDD_PLL_CDC	PWR	AB23	XTAL_32K_OUT	XTAL_32K_OUT	P-GH
AA17	VDD_RX2_TX2	VDD_RX2_TX2	PWR	AC1	REF_GND	REF_GND	GND
AA18	VCOIN	VCOIN	P-IPM	AC2	MODE_0	MODE_0	B-INT
AA19	VDD_MSMC	VDD_C_MSMC	PWR	AC3	GPIO_77 WLAN_PWR_DN	Configurable I/O	B-GPIO B-CON
AA20	VDD_NCP	VDD_NCP	PWR	AC4	GPIO_45 USIM_RESET	Configurable I/O	B-GPIO B-CON
AA21	U_PA_ON_0	U_PA_ON_0	P-IUI				
AA22	VREG_GP1	VREG_GP1	P-OVR	AC5	GPIO_47 USIM_DATA	Configurable I/O	B-GPIO B-CON
AA23	XTAL_32K_IN	XTAL_32K_IN	P-GH	AC6	USB_DM	USB_DM	B-CON
AB1	GPIO_76 BT_PWR_ON	Configurable I/O	B-GPIO B-CON	AC7	USB_DP	USB_DP	B-CON
				AC8	GND_DIG	GND_DIG	GND

（续）

引脚号	名　称	功　能	功能类别	引脚号	名　称	功　能	功能类别
AC9	REF_BYP	REF_BYP	P-OVR	AC17	VSW_RF2	VSW_RF2	P-OVR
AC10	MPP4	multipurpose pin	P-MPP	AC18	VSW_MSMC	VSW_MSMC	P-OVR
AC11	VREG_5V	VREG_5V	P-OVR	AC19	GND_MSMC	GND_MSMC	GND
AC12	VSW_5V	VSW_5V	P-OVR	AC20	VREG_NCP	VREG_NCP	P-OVR
AC13	VREF_THERM	VREF_THERM	P-GH	AC21	VDD_SPKR	VDD_SPKR	PWR
AC14	VDD_RF1	VDD_RF1	PWR	AC22	GND_SPKR	GND_SPKR	GND
AC15	VSW_RF1	VSW_RF1	P-OVR	AC23	DNC	DNC	NDR
AC16	VDD_RF2	VDD_RF2	PWR				

注：A-RTR 表示模拟/射频—射频收发器功能。

　　A-HAC 表示模拟/射频—ADC 和音频编解码器。

　　B-EBI 表示基带—外部总线接口（EBI1 和 EBI2）。

　　B-CAM 表示基带—相机接口。

　　B-CON 表示基带—连接。

　　B-ETM 表示基带—ETM。

　　B-GPIO 表示基带—GPIO。

　　B-INT 表示基带—内部功能单元。

　　B-IOF 表示基带—接口与其他功能。

　　P-GH 表示电源管理—一般管理。

　　P-IUI 表示电源管理—接口（芯片级与用户级接口）。

　　P-IPM 表示电源管理—输入功率管理。

　　P-MPP 表示电源管理—可配置的多功能引脚。

　　P-OVR 表示电源管理—输出电压调节。

　　PWR 表示直流输入电源电压。

　　GND 表示接地。

　　NDR 表示无内部连接（NC）、不连接（DNC）或保留（RSRVD）。

【问 23】　RF3267 速查是怎样的？

【精答】　　RF3267 是 3V 的 WCDMA 线性功率放大器模块。RF3267 引脚功能与内部电路见表 6-15。

表 6-15　RF3267 引脚功能与内部电路

引脚号	符号	解　说
1	RF IN	射频信号输入端。匹配电阻 50Ω
2	NC	空脚端
3	VMODE	功率模式选择数字控制端。该脚低电平时，为高功率模式。该脚高电平时，为低功率模式
4	VREG	功率放大器偏置电路稳压电压。该引脚还作为功率启用/禁用控制
5	CPL	耦合器输出端
6	NC	空脚端
7	NC	空脚端
8	NC	空脚端
9	RF OUT	交流射频输出端
10	VCC2	Q2 放大器电源 1 端。该脚一般需要外接低频去耦电容（4.7μF）
11	VCC2	
12	VCC2	
13	VCC2L	Q2 放大器电源 2 端。该脚一般需要外接低频去耦电容（4.7μF）
14	IM	级间匹配
15	VCC1	Q1 放大器电源 1 端
16	VCCBIAS	偏置电源端

（续）

图例：

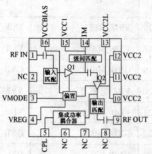

封装：$3mm \times 3mm \times 0.9mm$

参数：

频率：$1920 \sim 1980MHz$；增益：$28dB(HPM)$；P_{OUT}：$28dB$

【问 24】　RF6281 速查是怎样的？

【精答】　RF6281 是 3V 多频段 UMTS 线性功率放大器模块。其可以应用在 3V 的 UMTS 波段手机、多模 UMTS 手机、3V 的 TD-SCDMA 手机中。

RF6281 引脚功能与内部电路见表 6-16。

表 6-16　RF6281 引脚功能与内部电路

引脚号	符号	解　说
1	VCC1A	第一级电源 A 端
2	GND	接地端
3	RF IN	射频信号输入端
4	GND	接地端
5	VCC1B	第一级电源 B 端
6	VCTRL	降低待机电流模拟偏置控制端，以提高低输出功率的功效
7	NC	空脚端
8	GND	接地端
9	VCC2B	输出级电源 B 端
10	GND	接地端
11	RF OUT	射频输出端
12	GND	接地端
13	VCC2A	输出级电源 A 端
14	GND	接地端
15	VREF	放大器偏置电路的电源电压端。省电模式下，VREF 与 VCTRL 应为低电平（$< 0.5V$）
16	VCCBIAS	直流偏置电路的电源，应大于 3.0V

图例如下：

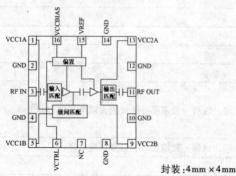

封装：$4mm \times 4mm$

参数：

输入/输出内部匹配：50Ω；HSDPA 增益：$27dBm$；频率：$1710 \sim 1980MHz$；增益：$28dB$

【问 25】　RF7206 速查是怎样的？

【精答】　RF7206 是 3V 的 WCDMA 频带 2 线性功率放大器模块，其可适应 WCDMA/HSPA +3G 频带及频带组合。RF7206 引脚功能与内部电路见表 6-17。

表 6-17　RF7206 引脚功能与内部电路

引脚号	符号	解　说
1	VBAT	偏置电路与第一级放大器电源电压端
2	RF IN	射频信号输入端。匹配电阻 50Ω、直流阻抗
3	VMODE1	功率模式选择数字控制 1 端。（注）
4	VMODE0	功率模式选择数字控制 0 端。（注）
5	VEN	功率启用和禁用数字控制输入端。（注）
6	CPL_OUT	耦合器输出端
7	GND	接地端
8	CPL_IN	耦合器输入端
9	RF OUT	射频信号输出端。匹配电阻 50Ω、直流阻抗
10	VCC	第二级放大器电源端

（注）真值表：

VEN	VMODE0	VMODE1	VBAT	VCC	模式
0	0	0	3 ~ 4.2V	3 ~ 4.2V	省电模式
0	×	×	3 ~ 4.2V	3 ~ 4.2V	待机模式
1	0	0	3 ~ 4.2V	3 ~ 4.2V	高功率模式
1	1	0	3 ~ 4.2V	3 ~ 4.2V	中功率模式
1	1	1	3 ~ 4.2V	3 ~ 4.2V	低功率模式
1	1	1	3 ~ 4.2V	≥0.5V	可选低 VCC 低功率模式

图例如下：

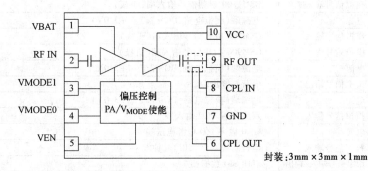

封装:3mm×3mm×1mm

参数：

频率:1850 ~ 1910MHz;增益:26.5 dB(HPM)、17.5 dB(MPM)、14.5 dB(LPM)

【问 26】　RTR6250 速查是怎样的？

【精答】　RTR6250 是收发器，支持多频段接收信号与发射信号：

接收信号：GSM850、GSM900、GSM1800、GSM1900。发射信号：GSM850/GSM900、GSM1800/GSM1900、UMTS800、UMTS1900、UMTS2100。

RTR6250 引脚功能见表 6-18。

表 6-18　RTR6250 引脚功能

引脚号	符 号	类 型	解 说
1	CP_HOLD1	模拟信号输出	PLL1 电荷泵输出保持电容器连接端。该脚与地间一般连接一只 10nF 的电容
2	CP1	模拟信号输出	PLL1 电荷泵输出端
3	FAQ1	模拟信号输出	外部电阻连接端（PLL1）
4	VDDA	电源	电源端（模拟电路, DC +2.7 ~ +3.0V）
5	VDDA	电源	电源端（模拟电路, DC +2.7 ~ +3.0V）
6	TCXO	数字信号输入	PLL 电路参考时钟输入端（手机压控温补晶振需要一个外部 AC 耦合电容）
7	VDDA	电源	电源端（模拟电路, DC +2.7 ~ +3.0V）
8	VTUNE_REF	输入信号	VCO 调谐参考电压输入端
9	VCO_TUNE	输入信号	VCO 调谐电压输入端
10	VDDA	电源	电源端（模拟电路, DC +2.7 ~ +3.0V）
11	RX_QP	模拟信号输出	接收正交模拟输出端（正极）
12	RX_QN	模拟信号输出	接收正交模拟输出端（负极）
13	RX_IP	模拟信号输出	接收同相信号输出端（正极）
14	RX_IN	模拟信号输出	接收同相信号输出端（负极）
15	VDDA	电源	电源端（模拟电路, DC +2.7 ~ +3.0V）
16	TX_QP	数字信号输入	发送正交模拟信号输入端（正极）
17	TX_QN	数字信号输入	发送正交模拟信号输入端（负极）
18	TX_IP	数字信号输入	发送同相信号输入端（正极）
19	TX_IN	数字信号输入	发送同相信号输入端（负极）
20	DAC_REF	数字信号输出	发送数据数模转换参考输出端
21	GSM850_INN	数字信号输入	GSM850 射频信号输入端（负极）
22	GSM850_INP	数字信号输入	GSM850 射频信号输入端（正极）
23	VDDA	电源	电源端（模拟电路, DC +2.7 ~ +3.0V）
24	GSM1900_INN	数字信号输入	GSM1900 射频信号输入端（负极）
25	GSM1900_INP	数字信号输入	GSM1900 射频信号输入端（正极）
26	VDDA	电源	电源端（模拟电路, DC +2.7 ~ +3.0V）
27	VDDA	电源	电源端（模拟电路, DC +2.7 ~ +3.0V）
28	FAQ2	模拟信号输出	外部电阻连接端（PLL2）
29	CP_HOLD2	模拟信号输出	PLL2 电荷泵输出保持电容器连接端。该脚与地间一般连接一只 10nF 的电容
30	CP2	模拟信号输出	PLL2 电荷泵输出端
31	VDDA	电源	电源端（模拟电路, DC +2.7 ~ +3.0V）
32	RX_VCO_IN	模拟信号输入	UMTS_RX_VCO 输入端。需要外部 50Ω 终端与 AC 耦合电容
33	R_BIAS	模拟信号输入	偏置电流设置电阻端。与地间必须连接 11.3kΩ（±1%）的电阻
34	GSM1800_INN	模拟信号输入	GSM1800 射频信号输入端（负极）
35	GSM1800_INP	模拟信号输入	GSM1800 射频信号输入端（正极）
36	VDDA	电源	电源端（模拟电路, DC +2.7 ~ +3.0V）
37	GSM900_INP	模拟信号输入	GSM900 射频信号输入端（正极）
38	GSM900_INN	模拟信号输入	GSM900 射频信号输入端（负极）
39	VDDA	电源	电源端（模拟电路, DC +2.7 ~ +3.0V）
40	TX_MOD_CP	模拟信号输出	电荷泵输出端
41	VDDA	电源	电源端（模拟电路, DC +2.7 ~ +3.0V）
42	TX_VCO_FB	模拟信号输入	双路发射 VCO 输入端
43	VDDM	电源	MSM 数字 I/O 电源电压端
44	SBCK	数字信号输入	串行总线接口（SBI）时钟端
45	SBDT	数字信号输入/输出	双向 SBI 数据端
46	SBST	数字信号输入	SBI 选通端
47	RF_ON（TX_ON）	数字信号输入	射频使能信号端
48	VDDA	电源	电源端（模拟电路, DC +2.7 ~ +3.0V）
49	VCONTROL	模拟信号输入	UMTS 传输增益控制电压端
50	VDDA	模拟信号输入	电源端（模拟电路, DC +2.7 ~ +3.0V）
51	UMTS2100_OUT	模拟信号输出	UMTS2100 驱动放大输出端
52	VDDA	电源	电源端（模拟电路, DC +2.7 ~ +3.0V）
53	UMTS1900_OUT	模拟信号输出	UMTS1900 驱动放大输出端
54	VDDA	电源	电源端（模拟电路, DC +2.7 ~ +3.0V）

（续）

引脚号	符 号	类 型	解 说
55	UMTS800_OUT	模拟信号输出	UMTS800 驱动放大输出端
56	VDDA	电源	电源端（模拟电路，DC +2.7 ~ +3.0V）
slug	GND_SLUG	电源	大型地面连接端，直接连接到 PCB 接地平面

外形与内部结构如下：

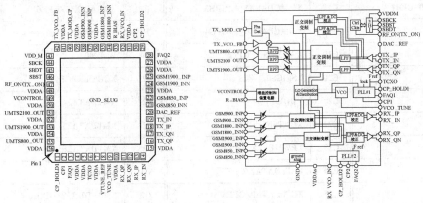

【问 27】 S3C2442 料号的差异速查是怎样的？

【精答】 S3C2442 相当于 S3C2440 + 64M SDRAM + 128M/256M NAND Flash。

S3C2442 有 5 个料号，差异如下：

MCP1：256Mb mSDRAM(x32) + 512MB NAND(x8)

MCP2：256Mb mSDRAM(x32) + 1GB NAND(x8)

MCP3：512Mb mSDRAM(x32) + 1GB NAND(x8)

MCP4：512Mb mSDRAM(x32) + 2GB NAND(x8)

MCP5：512Mb mSDRAM(x32)

【问 28】 S3C6410 × 速查是怎样的？

【精答】 S3C6410 × 是三星公司生产的基于 ARM11 架构的应用处理器芯片，其主频为 800MHz、双总线架构（一路用于内存总线、一路用于 Flash 总线）、DDR 内存控制器、支持 NOR Flash 和 NAND Flash、支持多种启动方式（主要包括 SD、NAND Flash、NOR Flash、ONE Flash 等设备启动）、8 路 DMA 通道（包括 LCD、UART、照相机等专用 DMA 通道）、USB2.0 OTG 控制器、内部视频解码器（包括 MPEG4、H.264、H.263 等视频格式）、内部视频加速器（包括 2D 和 3D 处理）、TVout 与 S-Video 输出、内置多种控制器（LCD、UART、SPI、I²C、照相机、GPIO 等）等。

S3C6410 × 采用 FBGA424 封装，芯片大小为 13mm × 13mm，其引脚功能见表 6-19。

表 6-19 S3C6410 × 引脚功能

引脚号	符 号	引脚号	符 号	引脚号	符 号
A2	NC_C	A10	XM1DATA9	A18	XMMCCLK0/GPG0
A3	XPCMSOUT0/GPD4	A11	XM1DATA12	A19	XSPIMOSI0/GPC2
A4	VDDPCM	A12	XM1DATA18	A20	XI2CSCL/GPB5
A5	XM1DQM0	A13	XM1SCLK	A21	XUTXD2/GPB1
A6	XM1DATA1	A14	XM1SCLKN	A22	XURTSN0/GPA3
A7	VDDINT	A15	XMMCDATA1_4/GHP6	A23	XUTXD0/GPA1
A8	VDDARM	A16	XMMCCMD1/GPH1	A24	NC_D
A9	XM1DATA6	A17	XMMCCDN0/GPG6	B1	NC_B

（续）

引脚号	符　号	引脚号	符　号	引脚号	符　号
B2	XPCMSIN1/GPE3	C14	VDDM1	E24	XM1DATA28
B3	XPCMEXTCLK1/GPE1	C15	XM1DATA20	E25	XM1DQS3
B4	XPCMSIN0/GPD3	C16	XMMCDATA1_6/GPH8	F1	XM0ADDR8/GPO8
B5	XPCMEXTCLK0/GPD1	C17	XMMCDATA1_1/GPH3	F2	XM0ADDR6/GPO6
B6	XM1DATA0	C18	XMMCDATA0_2/GPG4	F3	VDDARM
B7	XM1DATA3	C19	XSPIMOSI1/GPC6	F4	VDDM0
B8	VDDM1	C20	XSPICS0/GPC3	F22	XCIPCLK/GPF2
B9	VDDM1	C21	VDDEXT	F23	XM1DATA24
B10	XM1DATA13	C22	XURTSN1/GPA7	F24	XM1DATA25
B11	VDDARM	C23	XPWMECLK/GPF13	F25	XM1DATA26
B12	XM1DATA16	C24	XCIYDATA2/GPF7	G1	XM0ADDR11/GPO11
B13	XM1DATA17	C25	XCIYDATA0/GPF5	G2	XM0ADDR10/GPO10
B14	XM1DQS2	D1	XM0ADDR2	G3	VDDM0
B15	XM1DATA22	D2	XM0ADDR3	G4	XM0ADDR7/GPO7
B16	XMMCDATA1_2/GPH4	D3	VDDARM	G8	XM1DQM1
B17	VDDMMC	D6	XPCMFSYNC0/GPD2	G9	XM1DQS1
B18	XMMCDATA0_0/GPG2	D7	XPCMDCLK0/GPD0	G10	VDDM1
B19	XSPIMISO1/GPC4	D8	VDDARM	G11	XMMCDATA1_5/GPH7
B20	XSPIMISO0/GPC0	D9	XM1DQS0	G12	XMMCDATA0_3/GPG5
B21	XUTXD3/GPB3	D10	XM1DATA15	G13	XMMCCMD0/GPG1
B22	XUTXD1/GPA5	D11	XM1DATA11	G14	XI2CSDA/GPB6
B23	XCIYDATA7/GPF12	D12	XM1DATA8	G15	XIRSDBW/GPB4
B24	XCIYDATA5/GPF10	D13	VDDINT	G16	XUCTSN0/GPA2
B25	NC_F	D14	XM1DQM2	G17	XCIYDATA6/GPF11
C1	XM0ADDR0	D15	XM1DATA21	G18	XCIYDATA3/GPF8
C2	VDDARM	D16	XM1DATA23	G22	XCICLK/GPF0
C3	XPCMSOUT1/GPE4	D17	XSPICS1/GPC7	G23	XM1DATA29
C4	XPCMFSYNC1/GPE2	D18	VDDINT	G24	XM1DATA27
C5	XPCMDCLK1/GPE0	D19	XURXD2/GPB0	G25	XM1DATA30
C6	XM1DATA4	D20	D20 XURXD0/GPA0	H1	VDDINT
C7	XM1DATA2	D23	XPWMTOUT1/GPF15	H2	XM0ADDR13/GPO13
C8	XM1DATA5	D24	XCIVSYNC/GPF4	H3	XM0ADDR15/GPO15
C9	XM1DATA7	D25	XCIHREF/GPF1	H4	XM0ADDR12/GPO12
C10	VDDARM	E1	XM0ADDR5	H7	XM0ADDR4
C11	XM1DATA14	E2	VDDARM	H8	VSSIP
C12	XM1DATA10	E3	XM0ADDR1	H9	XMMCDATA1_7/GPH9
C13	XM1DATA19	E23	XCIYDATA1/GPF6	H10	XMMCDATA1_3/GPH5

（续）

引脚号	符　　号	引脚号	符　　号	引脚号	符　　号
H11	XMMCDATA1_0/GPH2	K19	XM1ADDR11	N7	XM0CSN0
H12	XSPICLK1/GPC5	K22	XM1ADDR13	N8	XM0CSN5/GPO3
H13	XMMCDATA0_1/GPG3	K23	XM1ADDR8	N9	VSSIP
H14	XSPICLK0/GPC1	K24	XM1ADDR12	N17	XHIDATA16/GPL13
H15	XUCTSN1/GPA6	K25	XM1ADDR5	N18	XHIDATA14/GPK14
H16	XPWMTOUT0/GPF14	L1	XM0BEN0	N19	VDDUH
H17	XCIYDATA4/GPF9	L2	XM0DATA13	N22	XUHDP
H18	VSSPERI	L3	XM0SMCLK/GPp1	N23	XHIDATA15/GPK15
H19	XCIRSTN/GPF3	L4	XM0OEN	N24	XHIDATA13/GPK13
H22	XM1DQM3	L7	XM0DATA10	N25	XHIDATA12/GPK12
H23	XM1DATA31	L8	XM0DATA12	P1	VDDINT
H24	XM1ADDR0	L9	VSSIP	P2	XM0DATA5
H25	XM1ADDR3	L17	VDDINT	P3	XM0DATA7
J1	XM0ADDR16/GPQ8	L18	XM1CSN1	P4	XM0CSN2/GPO0
J2	XM0WEN	L19	XM1ADDR4	P7	GPO5
J3	VDDARM	L22	XM1RASN	P8	XM0ADDR19/GPQ1
J4	XM0ADDR14/GPO14	L23	XM1CSN0	P9	VSSSS
J7	VSSMEM	L24	XM1CASN	P17	VSSIP
J8	XM0ADDR9/GPO9	L25	XM1ADDR15	P18	XHIDATA11/GPK11
J11	XMMCCLK1/GPH0	M1	VDDM0	P19	XHIDATA9/GPK9
J12	VSSIP	M2	XM0DATA8	P22	XUHDN
J13	J13	M3	XM0DATA11	P23	XHIDATA10/GPK10
J14	XURXD3/GPB2	M4	XM0DATA9	P24	VDDHI
J15	XURXD1/GPA4	M7	XM0DATA2	P25	XHIDATA8/GPK8
J18	VDDINT	M8	XM0DATA4	R1	VDDM0
J19	VDDM1	M9	VSSMEM	R2	XM0CSN3/GPO1
J22	XM1ADDR9	M17	XM1ADDR14	R3	XM0CSN1
J23	XM1ADDR2	M18	XM1CKE0	R4	XM0WAITN/GPP2
J24	XM1ADDR1	M19	XM1WEN	R7	XM0INTATA/GPP8
J25	XM1ADDR6	M22	VDDINT	R8	XM0RDY0_ALE/GPP3
K1	XM0DATA15	M23	XM1ADDR10	R9	VSSIP
K2	VDDM0	M24	XM1CKE1	R17	VSSPERI
K3	VDDARM	M25	XHIDATA17/GPL14	R18	VDDALIVE
K4	XM0DATA14	N1	XM0DATA1	R19	XHIADR12/GPL12
K7	XM0BEN1	N2	XM0DATA0	R22	XHIDATA5/GPK5
K8	VSSIP	N3	XM0DATA3	R23	XHIDATA4/GPK4
K18	XM1ADDR7	N4	XM0DATA6	R24	XHIDATA6/GPK6

（续）

引脚号	符　号	引脚号	符　号	引脚号	符　号
R25	XHIDATA7/GPK7	V10	XEINT1/GPN1	Y22	XVVD18/GPJ2
T1	GPQ2	V11	XEINT6/GPN6	Y23	XHIWEN/GPM3
T2	GPO4	V12	XEINT12/GPN12	Y24	XHICSN_SUB/GPM2
T3	XM0CSN4/GPO2	V13	XVVD3/GPI3	Y25	VDDINT
T4	GPQ5	V14	XVVD8/GPI8	AA1	VDDAPLL
T7	XEFFVDD	V15	XVVD12/GPI12	AA2	XM0INPACKATA/GPP10
T8	VSSMPLL	V16	XVVD16/GPJ0	AA3	XM0REGATA/GPP11
T18	XHIADR7/GPL7	V17	VSSPERI	AA23	XHICSN/GPM0
T19	XHIADR9/GPL9	V18	XHICSN_MAIN/GPM1	AA24	XVDEN/GPJ10
T22	XHIDATA1/GPK1	V19	XVVCLK/GPJ11	AA25	XVHSYNC/GPJ8
T23	XHIDATA3/GPK3	V22	XHIOEN/GPM4	AB1	VDDEPLL
T24	XHIDATA2/GPK2	V23	XHIADR6/GPL6	AB2	VDDMPLL
T25	XHIDATA0/GPK0	V24	VDDHI	AB3	XM0OEATA/GPP13
U1	GPQ3	V25	XHIADR5/GPL5	AB6	VSSMEM
U2	XM0ADDR18/GPQ0	W1	VDDINT	AB7	VSSOTG
U3	XM0ADDR17/GPQ7	W2	XM0RDY1_CLE/GPP4	AB8	VSSOTGI
U4	XM0INTSM1_FREN/GPP6	W3	XM0RESETATA/GPP9	AB9	XRTCXTI
U7	XM0CDATA/GPP14	W4	VSSAPLL	AB10	XJTRSTN
U8	VSSMEM	W8	VSSMEM	AB11	XJTCK
U11	VSSPERI	W9	XOM1	AB12	XJTDI
U12	VSSPERI	W10	VDDALIVE	AB13	XJDBGSEL
U13	VSSIP	W11	XEXTCLK	AB14	XXTO27
U14	VSSPERI	W12	XEINT8/GPN8	AB15	XXTI27
U15	VDDALIVE	W13	XEINT14/GPN14	AB16	XSELNAND
U18	XHIADR2/GPL2	W14	XVVD1/GPI1	AB17	XEINT3/GPN3
U19	XHIADR0/GPL0	W15	XVVD6/GPI6	AB18	XEINT10/GPN10
U22	XHIADR4/GPL4	W16	XVVD11/GPI11	AB19	VDDALIVE
U23	XHIADR11/GPL11	W17	XVVD14/GPI14	AB20	XVVD5/GPI5
U24	XHIADR10/GPL10	W18	XVVD22/GPJ6	AB23	XVVD23/GPJ7
U25	XHIADR8/GPL8	W22	XVVSYNC/GPJ9	AB24	XVVD21/GPJ5
V1	VDDSS	W23	XHIADR3/GPL3	AB25	XVVD20/GPJ4
V2	GPQ6	W24	XHIADR1/GPL1	AC1	XADCAIN0
V3	GPQ4	W25	XHIIRQN/GPM5	AC2	XADCAIN1
V4	XM0WEATA/GPP12	Y1	XM0RPN_RNB/GPP7	AC3	XADCAIN7
V7	VSSEPLL	Y2	XM0ADRVALID/GPP0	AC4	VDDADC
V8	XOM3	Y3	XM0INTSM0_FWEN/GPP5	AC5	VSSDAC
V9	XNRESET	Y4	XPLLEFILTER	AC6	XDACOUT0

（续）

引脚号	符　　号	引脚号	符　　号	引脚号	符　　号
AC7	XDACCOMP	AD5	VSSADC	AE4	XADCAIN6
AC8	XUSBREXT	AD6	VDDDAC	AE5	XDACOUT1
AC9	VDDOTG	AD7	XUSBXTI	AE6	XDACIREF
AC10	VDDOTGI	AD8	XUSBXTO	AE7	XDACVREF
AC11	VDDRTC	AD9	XUSBVBUS	AE8	VSSOTG
AC12	AC12	AD10	XUSBID	AE9	XUSBDM
AC13	XOM2	AD11	VDDOTG	AE10	XUSBDP
AC14	VSSPERI	AD12	XRTCXTO	AE11	XUSBDRVVBUS
AC15	VDDSYS	AD13	XOM0	AE12	XJTMS
AC16	XXTI	AD14	XPWRRGTON	AE13	XJRTCK
AC17	XXTO	AD15	WR_TEST	AE14	XOM4
AC18	XEINT5/GPN5	AD16	XNRSTOUT	AE15	XNBATF
AC19	XEINT7/GPN7	AD17	XEINT2/GPN2	AE16	VDDINT
AC20	VDDINT	AD18	VDDSYS	AE17	XEINT0/GPN0
AC21	XVVD9/GPI9	AD19	XEINT11/GPN11	AE18	XEINT4/GPN4
AC22	XVVD10/GPI10	AD20	XEINT15/GPN15	AE19	XEINT9/GPN9
AC23	VDDLCD	AD21	XVVD4/GPI4	AE20	XEINT13/GPN13
AC24	XVVD15/GPI15	AD22	VDDLCD	AE21	XVVD0/GPI0
AC25	XVVD19/GPJ3	AD23	XVVD13/GPI13	AE22	XVVD2/GPI2
AD1	NC_G	AD24	XVVD17/GPJ1	AE23	XVVD7/GPI7
AD2	XADCAIN2	AD25	NC_I	AE24	NC_J
AD3	XADCAIN3	AE2	NC_H		
AD4	XADCAIN5	AE3	XADCAIN4		

图例如下：

【问 29】　S5PC100 速查是怎样的?

【精答】　S5PC100 框图如图 6-31 所示。

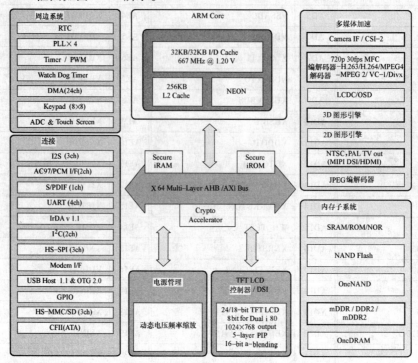

图 6-31　S5PC100 框图

S5PC100 采用 FCFBGA580 封装，其引脚功能见表 6-20。

表 6-20　S5PC100 采用 FCFBGA580 封装引脚功能

引脚号	符　号	引脚号	符　号	引脚号	符　号
A1	VSS	A17	VDDQ_B	B6	Xm0DATA[9]
A2	VSS	A18	Xm0INPACKn	B7	Xm0DATA[11]
A3	Xm0DATA[1]	A19	N. C(PULL UP)	B8	Xm0DATA[14]
A4	Xm0DATA[2]	A20	XjTCK	B9	Xm0BEn[0]
A5	VDDQ_B	A21	XjTDO	B10	Xm0IORDY
A6	Xm0DATA[6]	A22	XuRXD[2]	B11	Xm0CSn[3]
A7	Xm0DATA[10]	A23	XuTXD[1]	B12	VDDQ_B
A8	VDD_DRAM	A24	Xmmc0CMD	B13	Xm0CSn[1]
A9	Xm0CSn[2]	A25	XuRXD[3]	B14	Xm0ADDR[4]
A10	Xm0ADDR[13]	A26	VSS	B15	Xm0CFOEn
A11	Xm0FRnB[1]	A27	VSS	B16	Xm0ADDR[19]
A12	VDDQ_B	B1	VSS	B17	VDDQ_B
A13	Xm0ADDR[18]	B2	VSS	B18	Xm0IORDn
A14	Xm0REG	B3	Xm0DATA[0]	B19	XspiCSn[1]
A15	XefVGATE_0	B4	Xm0DATA[7]	B20	XjTMS
A16	Xm0FREn	B5	VDDQ_B	B21	Xi2c0SCL

（续）

引脚号	符　号	引脚号	符　号	引脚号	符　号
B22	XpwmTOUT[0]	D8	Xm0ADDR[11]	F18	Xmmc1DATA[3]
B23	Xmmc1DATA[2]	D9	VSS	F19	XpwmTOUT[1]
B24	XuRXD[0]	D10	Xm0ADDR[6]	F20	Xmmc0DATA[1]
B25	VDD_DRAM	D11	Xm0ADDR[10]	F21	VDD_ARM
B26	VSS	D12	Xm0CFWEn	F25	VSS
B27	VSS	D13	Xm0ADDR[8]	F26	XspiCSn[0]
C1	Xm0FRnB[0]	D14	Xm0RESET	F27	Xi2c1SDA
C2	Xm0FCLE	D15	VSS	G1	VDDQ_B
C3	VSS	D16	Xm0DATA_RDn	G2	VDDQ_B
C4	Xm0DATA[3]	D17	Xmmc0DATA[5]	G3	Xm0OEn
C5	Xm0DATA[4]	D18	Xmmc0DATA[7]	G4	XvVD[23]
C6	Xm0DATA[8]	D19	Xi2c0SDA	G6	VSS
C7	Xm0DATA[12]	D20	Xmmc1DATA[0]	G7	VDDQ_M0
C8	Xm0DATA[15]	D21	Xmmc1CLK	G8	Xm0ADDR[9]
C9	VSS	D25	XuTXD[2]	G9	Xm0FRnB[2]
C10	Xm0ADDR[5]	D26	XspiMOSI[0]	G10	Xm0WAITn
C11	Xm0IOWRn	D27	XuRXD[1]	G11	Xm0ADDR[2]
C12	Xm0ADDR[16]	E1	XvVD[9]	G12	VDDQ_DDR
C13	Xm0ADDR[20]	E2	Xm0CSn[4]	G13	VDDQ_DDR
C14	Xm0CDn	E3	Xm0FWEn	G14	VSS
C15	VSS	E25	XuCTSn[0]	G15	VSS
C16	Xm0ADDR[1]	E26	XjTRSTn	G16	Xm0ADDR[7]
C17	XnRESET	E27	VDD_DRAM	G17	Xmmc0DATA[3]
C18	Xmmc0CLK	F1	XvVD[4]	G18	Xmmc1CDn
C19	XspiMOSI[1]	F2	XvVD[15]	G19	Xmmc0DATA[0]
C20	XspiMISO[1]	F3	XvVD[22]	G20	VDD_ARM
C21	VSS	F7	VDDQ_M0	G21	VDD_ARM
C22	Xmmc0DATA[6]	F8	VDD_INT	G22	XuRTSn[0]
C23	XuTXD[0]	F9	Xm0ADDR[15]	G24	XspiCLK[0]
C24	XuRTSn[1]	F10	Xm0INTRQ	G25	XDDR2SEL
C25	VSS	F11	Xm0FRnB[3]	G26	XjTDI
C26	XuTXD[3]	F12	Xm0ADDR[14]	G27	XuCTSn[1]
C27	XpwmTOUT[2]	F13	Xm0ADDR[3]	H1	XvVD[3]
D1	Xm0WEn	F14	VSS	H2	XvVD[8]
D2	Xm0FALE	F15	Xm0ADDR[17]	H3	Xm0CSn[5]
D3	Xm0DATA[5]	F16	Xm0ADDR[0]	H4	XvVD[1]
D7	Xm0DATA[13]	F17	Xmmc0DATA[2]	H6	VDDQ_M0

（续）

引脚号	符　号	引脚号	符　号	引脚号	符　号
H7	Xm0ADDR[12]	K4	XciFIELD	L24	XspiCLK[1]
H8	XvVD[18]	K6	XvVD[14]	L25	XPWRRGTON
H9	XefFSOURCE_0	K7	XvVD[6]	L26	VDDQ_SYS0
H10	VSS	K8	Xm0CSn[0]	L27	N. C(PULL UP)
H11	VDDQ_DDR	K11	XciDATA[7]	M1	XiemSCLK
H12	VDDQ_DDR	K12	XvVD[12]	M2	XciDATA[2]
H13	VDDQ_DDR	K13	XvVD[16]	M3	XciDATA[5]
H14	VDD_INT	K14	XvVD[11]	M4	XvVCLK
H15	VDD_INT	K15	VDD_INT	M6	XciDATA[6]
H16	VDD_INT	K16	VDD_ARM	M7	XvVDEN
H17	Xmmc0DATA[4]	K17	VDD_ARM	M8	VDDQ_LCD
H18	VDD_ARM	K20	VDD_ARM	M10	XvVD[20]
H19	VDD_ARM	K21	VDD_ARM	M11	XvVD[5]
H20	VDD_ARM	K22	VSS	M12	XvVD[19]
H21	VDD_ARM	K24	VSS	M13	VSS
H22	VSS	K25	VSS	M14	VSS
H24	XNFMOD[0]	K26	XnBATF	M15	VSS
H25	XuCLK	K27	POP_DATA[1]	M16	VSS
H26	XspiMISO[0]	L1	VCC_O	M17	VSS
H27	XjDBGSEL	L2	XciDATA[3]	M18	VDD_ARM
J1	VDD_DRAM	L3	XvHSYNC	M20	VDDQ_EXT
J2	XiemSPWI	L4	VDDQ_CI	M21	Xmmc1CMD
J3	VSS	L6	XvVD[21]	M22	VSS
J4	VSS	L7	XvVD[10]	M24	XEINT[1]
J6	XvVD[2]	L8	XvVD[13]	M25	POP_DATA[2]
J7	XvVD[7]	L10	Xm0BEn[1]	M26	VDD_DRAM
J8	XvVD[17]	L11	VDD_INT	M27	POP_DATA[4]
J20	VDD_ARM	L12	XvVD[0]	N1	Xmmc2DATA[0]
J21	VDD_ARM	L13	VDD_INT	N2	Xmmc2DATA[1]
J22	VSS	L14	VDD_INT	N3	XciCLKenb
J24	XXTO	L15	VDD_INT	N4	XciVSYNC
J25	XXTI	L16	VSS	N6	VDDQ_LCD
J26	VDD_ALIVE	L17	VDD_ARM	N7	VSS
J27	POP_INTB_B	L18	VDD_ARM	N8	XciDATA[1]
K1	XciDATA[4]	L20	Xmmc1DATA[1]	N10	XciHREF
K2	POP_CEB	L21	VDD_ARM	N11	XciRESET
K3	XvVSYNC	L22	VSS	N12	VSS

（续）

引脚号	符　号	引脚号	符　号	引脚号	符　号
N16	VSS	R10	Xi2s0SDI	U2	VCCQ_O
N17	VSS	R11	Xmmc2CMD	U3	VDDQ_AUD
N18	XEINT[16]	R12	VSS	U4	XmsmDATA[14]
N20	XEINT[6]	R16	VSS	U6	XmsmDATA[13]
N21	Xmmc0CDn	R17	XEINT[25]	U7	XmsmDATA[12]
N22	Xi2c1SCL	R18	XEINT[24]	U8	XmsmADDR[9]
N24	XEINT[18]	R20	XEINT[5]	U10	XmsmADDR[2]
N25	XEINT[0]	R21	VDDQ_EXT	U11	XnRSTOUT
N26	POP_DATA[0]	R22	XEINT[3]	U12	VDD_INT
N27	POP_DATA[7]	R24	XEINT[21]	U13	VDD_INT
P1	VCCQ_O	R25	POP_DATA[3]	U14	VDD_INT
P2	Xmmc2CLK	R26	VDDQ_A	U15	VDD_INT
P3	Xmmc2DATA[2]	R27	VDDQ_A	U16	VSS
P4	Xi2s0SDO[1]	T1	Xi2s1LRCK	U17	XEINT[15]
P6	Xi2s0LRCK	T2	Xi2s1CDCLK	U18	VDDQ_CAN
P7	Xi2s0SDO[0]	T3	Xi2s0SCLK	U20	XEINT[9]
P8	Xmmc2CDn	T4	Xi2s1SDO	U21	XEINT[13]
P10	XciPCLK	T6	XmsmDATA[9]	U22	XEINT[12]
P11	XciDATA[0]	T7	XmsmWEn	U24	XEINT[26]
P12	VSS	T8	XmsmADDR[8]	U25	XNFMOD[1]
P16	VSS	T10	XmsmADDR[1]	U26	POP_DATA[6]
P17	VSS	T11	XCLKOUT	U27	POP_DATA[8]
P18	XEINT[7]	T12	VDD_INT	V1	VSS
P20	XEINT[22]	T13	VSS	V2	VSS
P21	XEINT[2]	T14	VSS	V3	VSS
P22	XEINT[17]	T15	VSS	V4	XmsmDATA[4]
P24	XEINT[8]	T16	XEINT[10]	V6	XmsmDATA[6]
P25	XEINT[20]	T17	XEINT[30]	V7	XmsmADDR[3]
P26	VSS	T18	XNFMOD[4]	V8	XmsmREn
P27	VSS	T20	VSS	V11	XmsmADDR[11]
R1	Xi2s1SCLK	T21	XEINT[23]	V12	VDDQ_SYS2
R2	VSS	T22	XEINT[27]	V13	V13 VDD_INT
R3	Xi2s0CDCLK	T24	XEINT[4]	V14	VDD_INT
R4	Xi2s0SDO[2]	T25	XEINT[19]	V15	XusbDRVVBUS
R6	Xi2s1SDI	T26	POP_DATA[5]	V16	VSS
R7	VDDQ_MMC	T27	POP_DM[0]	V17	VDDQ_SYS5
R8	Xmmc2DATA[3]	U1	VCCQ_O	V20	XEINT[14]

（续）

引脚号	符　　号	引脚号	符　　号	引脚号	符　　号
V21	XEINT[29]	Y19	XOM[1]	AB8	VSS_HDMI
V22	XEINT[28]	Y20	XEINT[11]	AB9	VSS_HDMI
V24	XEINT[31]	Y21	VSS	AB10	XhdmiREXT
V25	VDD_RTC	Y22	XOM[4]	AB11	VSS_MIPI_PLL18
V26	POP_DATA[10]	Y24	VSS_ADC	AB12	VSS_MIPI
V27	POP_DATA[11]	Y25	VSS	AB13	VSS_MIPI
W1	XmsmDATA[7]	Y26	VSS	AB14	VSS_USBHOST
W2	XmsmDATA[15]	Y27	POP_DATA[13]	AB15	XuhDN
W3	XmsmDATA[11]	AA1	XmsmADDR[12]	AB16	VSS_EPLL
W4	XmsmDATA[10]	AA2	XdacOUT[0]	AB17	VDD_APLL
W6	VDDQ_MSM	AA3	XdacVREF	AB18	XusbID
W7	XmsmDATA[1]	AA4	XdacOUT[1]	AB19	XusbREXT
W8	XmsmIRQn	AA6	XdacCOMP	AB20	XusbXTI
W20	XOM[0]	AA7	VSS_DAC_D	AB21	XusbVBUS
W21	XOM[2]	AA8	XmomADDR[5]	AB25	VDD_ADC
W22	XOM[3]	AA9	XNFMOD[3]	AB26	XadcAIN[9]
W24	XrtcXTI	AA10	X27mXTO	AB27	POP_DATA[15]
W25	XrtcXTO	AA11	X27mXTI	AC1	VDD_DAC_A
W26	POP_DATA[9]	AA12	VSS_HPLL	AC2	XdacOUT[2]
W27	VDDQ_A	AA13	VDD12_MIPI	AC3	VSS
Y1	XmsmDATA[8]	AA14	VDD12_MIPI	AC25	XadcAIN[7]
Y2	XmsmDATA[3]	AA15	XuhDP	AC26	VDDQ_A
Y3	XmsmDATA[5]	AA16	VDD_EPLL	AC27	POP_DATA[14]
Y4	XmsmDATA[0]	AA17	VDD_MPLL	AD1	XmsmADDR[7]
Y6	VDDQ_MSM	AA18	VSS_APLL	AD2	VCC_O
Y7	XmsmADDR[6]	AA19	VSS12_UOTG	AD3	XmsmCSn
Y8	XmsmADDR[10]	AA20	XusbXTO	AD7	VDD12_HDMI
Y9	XNFMOD[2]	AA21	XadcAIN[3]	AD8	XmipiDP[0]
Y10	VDD12_HDMI	AA22	XadcAIN[6]	AD9	XmipiDN[1]
Y11	VSS	AA24	XadcAIN[0]	AD10	XmipiDN[3]
Y12	VDD_INT	AA25	XadcAIN[4]	AD11	VDDQ_A
Y13	VDD18_MIPI_PLL	AA26	XadcAIN[8]	AD12	VDD_HPLL
Y14	XmipiReg_cap	AA27	POP_DATA[12]	AD13	VDDQ_A
Y15	VDD18_MIPI	AB1	XmsmDATA[2]	AD14	POP_DATA[24]
Y16	VDDQ_UHOST	AB2	VSS_DAC_A	AD15	VSS
Y17	VSS_MPLL	AB3	XdacIREF	AD16	POP_DATA[21]
Y18	VDD33_UOTG	AB7	VDD_DAC_D	AD17	POP_ADDR[1]

（续）

引脚号	符 号	引脚号	符 号	引脚号	符 号
AD18	POP_BA[0]	AE24	XadcAIN[2]	AF27	VSS
AD19	XusbDP	AE25	XadcAIN[5]	AG1	VSS
AD20	XusbDM	AE26	POP_ADDR[5]	AG2	VSS
AD21	VSS	AE27	POP_ADDR[9]	AG3	XhdmiTX1N
AD25	XadcAIN[1]	AF1	VSS	AG4	VDDQ_A
AD26	POP_DM[1]	AF2	VDD_DRAM	AG5	XhdmiTX0N
AD27	POP_INTB_A	AF3	XhdmiTX1P	AG6	XhdmiTXCN
AE1	XhdmiTX2P	AF4	VSS	AG7	XmipiTXCP
AE2	XhdmiTX2N	AF5	XhdmiTX0P	AG8	XmipiDN[2]
AE3	XmsmADDR[0]	AF6	XhdmiTXCP	AG9	XmipiDP[4]
AE4	VSS	AF7	XmipiTXCN	AG10	N. C
AE5	XmsmADDR[4]	AF8	XmipiDP[2]	AG11	XmipiRXCP
AE6	XNFMOD[5]	AF9	XmipiDN[4]	AG12	POP_DATA[29]
AE7	VDDQ_A	AF10	N. C	AG13	POP_DATA[28]
AE8	XmipiDN[0]	AF11	XmipiRXCN	AG14	POP_DATA[31]
AE9	XmipiDP[1]	AF12	POP_DATA[26]	AG15	POP_DATA[30]
AE10	XmipiDP[3]	AF13	POP_DATA[27]	AG16	VDD_DRAM
AE11	VSS	AF14	POP_DATA[18]	AG17	POP_DATA[16]
AE12	POP_DATA[25]	AF15	POP_DATA[19]	AG18	POP_DATA[17]
AE13	POP_DM[3]	AF16	POP_DATA[20]	AG19	POP_ADDR[0]
AE14	POP_DATA[23]	AF17	POP_DM[2]	AG20	POP_RASN
AE15	VSS	AF18	POP_ADDR[3]	AG21	POP_CLK
AE16	POP_DATA[22]	AF19	POP_CASN	AG22	POP_CKE
AE17	POP_ADDR[2]	AF20	POP_CSN	AG23	POP_ADDR[6]
AE18	POP_ADDR[10]	AF21	VSS12_UOTG	AG24	POP_ADDR[7]
AE19	POP_BA[1]	AF22	POP_WEN	AG25	POP_ADDR[4]
AE20	VDD12_UOTG	AF23	POP_ADDR[12]	AG26	VSS
AE21	VSS	AF24	POP_ADDR[11]	AG27	VSS
AE22	XadcVref	AF25	POP_ADDR[8]		
AE23	VDD_DRAM	AF26	VSS		

（续）

图例如下：

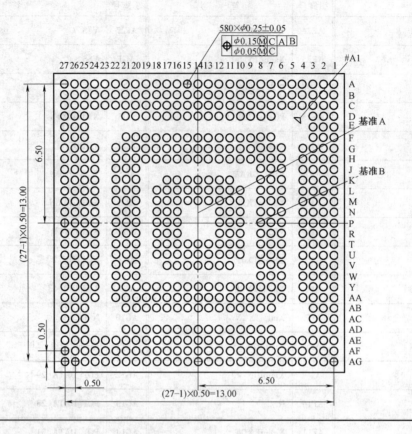

S5PC100 采用 FCFBGA521 封装，其引脚功能见表 6-21。

表 6-21　S5PC100 采用 FCFBGA521 封装引脚功能

引脚号	符　　号	引脚号	符　　号	引脚号	符　　号
A1	VSS	A15	Xm1DQS[2]	B2	Xm0DATA[4]
A2	VSS	A16	Xm1DQSn[2]	B3	Xm0DATA[9]
A3	Xm0DATA[7]	A17	Xm1ADDR[4]	B4	Xm0DATA_RDn
A4	Xm0DATA[10]	A18	Xm1ADDR[13]	B5	Xm0DATA[13]
A5	Xm0DATA[2]	A19	Xm1ADDR[8]	B6	Xm0DATA[1]
A6	Xm0DATA[3]	A20	Xm1DATA[13]	B7	Xm0FRnB[3]
A7	Xm0DATA[8]	A21	Xm1DATA[12]	B8	Xm0CSn[2]
A8	Xm0DATA[0]	A22	Xm1DATA[15]	B9	VDDQ_M0
A9	Xm0FRnB[1]	A23	Xm1DQS[1]	B10	Xm1DATA[30]
A10	Xm0IORDY	A24	Xm1DQSn[1]	B11	Xm1DATA[29]
A11	Xm1DQS[3]	A25	Xm1DATA[7]	B12	Xm1DATA[27]
A12	Xm1DQSn[3]	A26	VSS	B13	Xm1DATA[21]
A13	Xm1DATA[23]	A27	VSS	B14	Xm1DATA[16]
A14	Xm1DQM[2]	B1	VSS	B15	Xm1ADDR[5]

（续）

引脚号	符　号	引脚号	符　号	引脚号	符　号
B16	Xm1ADDR[9]	C26	Xm1DATA[5]	G8	Xm0CFWEn
B17	Xm1ADDR[7]	C27	Xm1DATA[4]	G9	Xm0CFOEn
B18	Xm1NSCLK	D1	Xm0ADDR[20]	G10	Xm0INPACKn
B19	Xm1WEn	D2	Xm0BEn[0]	G11	Xm1ADDR[6]
B20	Xm1ADDR[3]	D3	VSS	G12	Xm1ADDR[12]
B21	Xm1DQM[1]	D8	VDD_INT	G13	Xm1ADDR[14]
B22	Xm1DATA[14]	D9	Xm0REG	G14	Xm1ADDR[0]
B23	Xm1DATA[10]	D10	Xm1DATA[24]	G15	Xm1RASn
B24	Xm1DATA[9]	D11	Xm1DATA[26]	G16	Xm1ADDR[10]
B25	Xm1DQS[0]	D12	Xm1DATA[25]	G17	VDD_ARM
B26	Xm1DQSn[0]	D13	Xm1DATA[22]	G18	VDD_ARM
B27	VSS	D14	Xm1DATA[19]	G19	VDD_ARM
C1	Xm0WEn	D15	VDD_INT	G20	VDD_ARM
C2	Xm0FALE	D16	VSS	G25	XpwmTOUT[0]
C3	Xm0DATA[14]	D17	Xm1CSn[1]	G26	XuRXD[0]
C4	Xm0DATA[12]	D18	Xm1ADDR[15]	G27	XuRXD[3]
C5	Xm0DATA[11]	D19	VSS	H1	Xm0ADDR[9]
C6	Xm0DATA[15]	D20	VDDQ_DDR	H2	Xm0ADDR[5]
C7	Xm0FRnB[2]	D25	Xm1DQM[0]	H3	Xm0DATA[6]
C8	VSS	D26	Xm1DATA[2]	H4	Xm0FRnB[0]
C9	Xm0IOWRn	D27	Xm1DATA[3]	H7	XefFSOURCE_0
C10	Xm1DATA[31]	E1	Xm0ADDR[0]	H8	Xm0RESET
C11	Xm1DATA[28]	E2	Xm0ADDR[11]	H9	Xm0CDn
C12	Xm1DQM[3]	E3	VDDQ_M0	H10	Xm0BEn[1]
C13	Xm1DATA[17]	E25	XpwmTOUT[1]	H11	Xm1ADDR[11]
C14	Xm1DATA[20]	E26	Xm1DATA[1]	H12	Xm1CKE[1]
C15	Xm1DATA[18]	E27	Xm1DATA[0]	H13	Xm1CKE[0]
C16	VDDQ_DDR	F1	Xm0ADDR[12]	H14	Xm1CASn
C17	Xm1SCLK	F2	Xm0ADDR[4]	H15	VDDQ_DDR
C18	Xm1CSn[0]	F3	Xm0ADDR[18]	H16	VSS
C19	Xm1ADDR[1]	F25	Xi2c0SCL	H17	VSS
C20	Xm1DATA[11]	F26	XuRTSn[0]	H18	VSS
C21	VDDQ_DDR	F27	XuRTSn[1]	H19	VSS
C22	VSS	G1	Xm0CSn[3]	H20	VSS
C23	Xm1ADDR[2]	G2	Xm0ADDR[13]	H21	VDD_ARM
C24	Xm1DATA[8]	G3	Xm0ADDR[10]	H24	XuTXD[0]
C25	Xm1DATA[6]	G7	XefVGATE_0	H25	XuRXD[2]

（续）

引脚号	符　号	引脚号	符　号	引脚号	符　号
H26	XuRXD[1]	K26	Xi2c1SDA	M19	Xmmc0DATA[4]
H27	XuTXD[2]	K27	XspiCLK[0]	M20	Xmmc0DATA[3]
J1	Xm0DATA[5]	L1	XvVD[7]	M21	XspiMOSI[1]
J2	Xm0ADDR[1]	L2	XvVD[14]	M24	XspiMOSI[0]
J3	Xm0ADDR[2]	L3	Xm0CSn[1]	M25	XspiMISO[0]
J4	Xm0ADDR[16]	L4	Xm0CSn[0]	M26	Xmmc0DATA[6]
J7	Xm0INTRQ	L7	Xm0ADDR[8]	M27	Xmmc0CMD
J8	Xm0FCLE	L8	Xm0ADDR[15]	N1	Xm0CSn[4]
J9	Xm0FWEn	L9	Xm0ADDR[14]	N2	XvVD[23]
J10	Xm0FREn	L11	VSS	N3	XvVD[22]
J11	VDDQ_DDR	L12	VSS	N4	VDDQ_LCD
J12	Xm0OEn	L13	VSS	N7	XvVD[18]
J13	Xm0WAITn	L14	VSS	N8	XvVD[6]
J14	Xm0IORDn	L15	VSS	N9	XciRESET
J15	VSS	L16	VDD_ARM	N11	Xm0ADDR[3]
J16	VDD_ARM	L17	VDD_ARM	N12	VDD_INT
J17	VDD_ARM	L19	Xmmc0CLK	N16	VSS
J18	VDD_ARM	L20	XspiCSn[1]	N17	VDDQ_EXT
J19	VDD_ARM	L21	XjTDO	N19	XjTMS
J20	VSS	L24	XpwmTOUT[2]	N20	XspiMISO[1]
J21	VDD_ARM	L25	XuCTSn[1]	N21	Xmmc0DATA[2]
J24	XuTXD[1]	L26	Xi2c0SDA	N24	Xmmc0DATA[0]
J25	XuTXD[3]	L27	XspiCLK[1]	N25	Xmmc1CMD
J26	XuCLK	M1	XvVD[1]	N26	XjTRSTn
J27	XspiCSn[0]	M2	XvVD[10]	N27	Xmmc0CDn
K1	XvVD[21]	M3	XvVD[2]	P1	XvVD[15]
K2	Xm0ADDR[6]	M4	Xm0CSn[5]	P2	XvVD[9]
K3	VDDQ_M0	M7	XvVD[17]	P3	XvVD[8]
K4	VSS	M8	XvVD[12]	P4	XvVD[4]
K7	Xm0ADDR[7]	M9	XvVD[20]	P7	XvVD[13]
K8	Xm0ADDR[17]	M11	VDD_INT	P8	XciDATA[0]
K9	Xm0ADDR[19]	M12	VDD_INT	P9	VDDQ_LCD
K19	VDD_ARM	M13	VDD_INT	P11	XvVD[16]
K20	VSS	M14	VDD_INT	P12	XvVD[11]
K21	Xmmc0DATA[5]	M15	VDD_INT	P16	VSS
K24	Xi2c1SCL	M16	VSS	P17	VDD_INT
K25	XuCTSn[0]	M17	VDD_ARM	P19	XjTCK

（续）

引脚号	符　号	引脚号	符　号	引脚号	符　号
P20	XEINT[16]	T17	VDD_INT	V20	XEINT[9]
P21	Xmmc0DATA[1]	T19	XEINT[24]	V21	XOM[2]
P24	Xmmc1DATA[3]	T20	XnRESET	V24	XEINT[1]
P25	Xmmc1DATA[0]	T21	XEINT[5]	V25	XEINT[0]
P26	Xmmc1CLK	T24	XEINT[3]	V26	XjDBGSEL
P27	Xmmc1DATA[2]	T25	XEINT[22]	V27	XEINT[4]
R1	XvVD[3]	T26	VSS	W1	Xi2s0SDO[2]
R2	XvVSYNC	T27	XjTDI	W2	Xi2s0SDO[1]
R3	XvHSYNC	U1	XciDATA[2]	W3	Xmmc2CDn
R4	XciDATA[5]	U2	VDDQ_CI	W4	Xi2s1CDCLK
R7	Xi2s0SDO[0]	U3	XciPCLK	W7	XmsmDATA[5]
R8	XciHREF	U4	XciCLKenb	W8	XmsmDATA[13]
R9	VDD_INT	U7	Xi2s0LRCK	W9	XmsmDATA[6]
R11	XciDATA[6]	U8	Xi2s1SDO	W10	XmsmDATA[4]
R12	XvVD[5]	U9	XciDATA[7]	W11	XmsmIRQn
R16	VSS	U11	XmsmADDR[9]	W12	XmsmWEn
R17	VDD_INT	U12	Xi2s0SDI	W13	XmsmADDR[3]
R19	XEINT[7]	U13	XvVD[19]	W14	Xmmc2CMD
R20	XEINT[6]	U14	Xmmc2DATA[3]	W15	XEINT[25]
R21	Xmmc0DATA[7]	U15	XnRSTOUT	W16	XEINT[15]
R24	Xmmc1CDn	U16	N.C(PULL UP)	W17	XEINT[14]
R25	Xmmc1DATA[1]	U17	VDDQ_SYS5	W18	XEINT[29]
R26	VDDQ_EXT	U19	XNFMOD[1]	W19	XEINT[28]
R27	XDDR2SEL	U20	VDDQ_CAN	W20	XOM[0]
T1	XciDATA[4]	U21	XEINT[2]	W21	XEINT[21]
T2	XciFIELD	U24	XPWRRGTON	W24	XEINT[20]
T3	XvVDEN	U25	XEINT[18]	W25	VDDQ_SYS0
T4	XvVCLK	U26	XEINT[17]	W26	XEINT[19]
T7	XiemSPWI	U27	XEINT[27]	W27	XEINT[26]
T8	XciVSYNC	V1	XciDATA[1]	Y1	Xi2s0CDCLK
T9	XusbDRVVBUS	V2	XciDATA[3]	Y2	Xi2s1SCLK
T11	XvVD[0]	V3	XiemSCLK	Y3	Xmmc2DATA[2]
T12	VDDQ_MMC	V4	Xmmc2DATA[1]	Y4	VSS
T13	VSS	V7	VDD_MSM	Y7	XmsmDATA[0]
T14	VSS	V8	Xi2s1SDI	Y8	XmsmDATA[9]
T15	VSS	V9	XmsmDATA[12]	Y9	XmsmDATA[7]
T16	VSS	V19	XEINT[8]	Y10	XmsmADDR[5]

（续）

引脚号	符　　号	引脚号	符　　号	引脚号	符　　号
Y11	XNFMOD[2]	AB25	XadcAIN[7]	AE10	XhdmiREXT
Y12	XmsmREn	AB26	VSS_ADC	AE11	VDD_HPLL
Y13	XmsmADDR[2]	AB27	AB27	AE12	MIPI_PLLVSS18
Y14	XmsmADDR[8]	AC1	XmsmDATA[10]	AE13	VDD12_MIPI
Y15	XEINT[30]	AC2	XmsmDATA[15]	AE14	VDD12_MIPI
Y16	XEINT[10]	AC3	XmsmDATA[11]	AE15	MIPI_VSS
Y17	XEINT[13]	AC25	XadcAIN[8]	AE16	XmipiDN[3]
Y18	XEINT[11]	AC26	VDD_ADC	AE17	XmipiDP[3]
Y19	XOM[1]	AC27	XadcAIN[9]	AE18	VSS_EPLL
Y20	XnBATF	AD1	XmsmDATA[8]	AE19	XuhDP
Y21	XrtcXTI	AD2	XmsmDATA[3]	AE20	XuhDN
Y24	XOM[4]	AD3	XmsmADDR[12]	AE21	VDD_INT
Y25	VDD_ALIVE	AD8	VSS12_HDMI	AE22	VDD33_UOTG
Y26	XNFMOD[0]	AD9	VDD12_HDMI	AE23	XusbVBUS
Y27	XXTI	AD10	VSS	AF24	XadcAIN[0]
AA1	Xmmc2DATA[0]	AD11	VDD_INT	AE25	XadcVref
AA2	Xmmc2CLK	AD12	MIPI_VSS	AE26	XadcAIN[1]
AA3	VDDQ_AUD	AD13	N. C	AE27	XadcAIN[2]
AA8	XmsmDATA[2]	AD14	N. C	AF1	VSS
AA9	XmsmADDR[10]	AD15	VDD_APLL	AF2	XdacOUT[0]
AA10	XmsmADDR[11]	AD16	VSS_APLL	AF3	XdacVREF
AA11	XmsmDATA[1]	AD17	VDD_EPLL	AF4	VDD_DAC_D
AA12	XmsmADDR[4]	AD18	VDD_MPLL	AF5	XmsmADDR[7]
AA13	XCLKOUT	AD19	VSS_MPLL	AF6	XmsmADDR[0]
AA14	XmsmADDR[1]	AD20	VSS	AF7	XmsmCSn
AA15	XEINT[23]	AD25	XadcAIN[3]	AF8	XNFMOD[4]
AA16	VDDQ_SYS2	AD26	XadcAIN[4]	AF9	X27mXTO
AA17	XEINT[31]	AD27	XadcAIN[5]	AF10	X27mXTI
AA18	N. C(PULL UP)	AE1	XdacCOMP	AF11	VSS12_HDMI
AA19	XEINT[12]	AE2	VSS30_DAC_A	AF12	VSS_HPLL
AA20	XrtcXTO	AE3	XdacIREF	AF13	VDD18_MIPI_PLL
AA25	VDD_RTC	AE4	VDD_DAC_A	AF14	VDD18_MIPI
AA26	XOM[3]	AE5	XmsmADDR[6]	AF15	XmipiDN[1]
AA27	XXTO	AE6	VDD_MSM	AF16	XmipiDP[1]
AB1	Xi2s0SCLK	AE7	XNFMOD[5]	AF17	XmipiDN[2]
AB2	Xi2s1LRCK	AE8	XNFMOD[3]	AF18	XmipiDP[2]
AB3	XmsmDATA[14]	AE9	VDD12_HDMI	AF19	XmipiDN[4]

（续）

引脚号	符　号	引脚号	符　号	引脚号	符　号
AF20	XmipiDP[4]	AG5	VSS30_DAC_D	AG17	XmipiTXCN
AF21	XusbID	AG6	XhdmiTX2N	AG18	XmipiTXCP
AF22	VDD12_UOTG	AG7	XhdmiTX2P	AG19	XmipiRXCN
AF23	VSS12_UOTG	AG8	XhdmiTX1N	AG20	XmipiRXCP
AF24	XusbREXT	AG9	XhdmiTX1P	AG21	VSS_UHOST
AF25	XusbXTO	AG10	XhdmiTX0N	AG22	VDDQ_UHOST
AF26	XusbXTI	AG11	XhdmiTX0P	AG23	XusbDP
AF27	VSS	AG12	XhdmiTXCN	AG24	XusbDM
AG1	VSS	AG13	XhdmiTXCP	AG25	VSS
AG2	VSS	AG14	XmipiReg_cap	AG26	VSS
AG3	XdacOUT[1]	AG15	XmipiDN[0]	AG27	VSS
AG4	XdacOUT[2]	AG16	XmipiDP[0]		

图例如下：

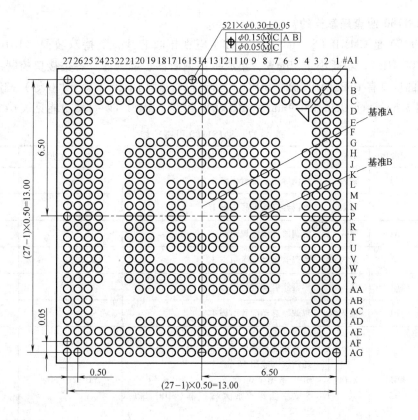

【问 30】　SC6600V 速查是怎样的？

【精答】　SC6600V 是 CMMB 标准的手机电视单芯片，其内置视频/音频解码器（支持 H.264 和 AVS 视频解码器）、音频输出支持 I^{2}S 接口，支持解码后的视频 YUV 标准输出，可直接输出视频到 LCD 显示屏，可支持旁路视频解码器直接输出 MFS 流，内置 CMMB 解调器和微处理器，支持 RGB 和 MCU LCD 接口、主流 CMMB 射频器件接口、外部调谐器接口（支持中频输入信号，可以与外部调谐器配合使用，例如 ADMTV102），可支持外配主流 CMMB 解调器、16 位 SDR/DDR 存储器，集成电源管理模块，芯片内核电压 1.8V、I/O 接口电压 1.8 ~ 3.3V，支持多种音频标准（MPEG Audio Layer 1 ~ Layer 3，AAC LC，AAC + (LP)，DRA Decoder），可从外部 E^{2}PROM 或 TF 卡启动，可支持无需外部主控设备的独立的手持电视终端与配合外部主控设备的手持电视终端 2 种系统平台集成方式。SC6600V 内部电路结构如图 6-32 所示。

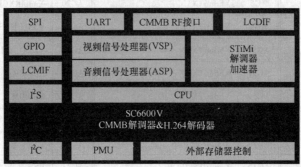

图 6-32　SC6600V 内部结构

　　另外，注意 SC6600V 与 2G GSM/GPRS 基带芯片 SC6600D、音乐手机 2G GSM/GPRS 基带芯片 SC6600H、音乐播放、视频播放和拍照摄像功能的多媒体基带一体化的 2G 基带芯片 SC6600I、SC6600R 属于不同的应用芯片。

【问 31】　SMS1180 速查是怎样的？

　　【精答】　SMS1180 是 CMMB（S-TiMi）移动数字电视接收芯片，支持双波段（UHF 470 ~ 862 MHz、S-band 2100 ~ 2700MHz），功耗小于 30mW，集成数字调谐器、解调器、各类接口控制器等。

　　SMS1180 支持的接口有 USB 2.0、SPI、SDIO、并行接口、通用串行（基于 I^{2}C 等）控制等。

　　SMS1180 采用 6.6mm × 6.9mm × 0.9mm 的 BGA105 封装，SMS1180 引脚功能见表 6-22。

表 6-22　SMS1180 引脚功能

引脚名称	引脚号	类型	描述	上电复位功能	电压域
CFG0	A3	输入	解调器启动配置引脚 0		调谐
CFG1	A2	输入	解调器启动配置引脚 1		调谐
CFG2	A1	输入	解调器启动配置引脚 2		调谐
CFG3	B1	输入	解调器启动配置引脚 3		调谐
CFG4	C1	输入	解调器启动配置引脚 4		调谐
CFG5	D1	输入	解调器启动配置引脚 4		调谐
A1/GPIO16/SDIO0	G1	双向	主机地址总线位 1 通用输入输出 16 SDIO 数据位 0 S 波段低噪声放大器控制（SDIO、SPI、USB、GSP）	VID12（USB）	主机
A2/GPIO17/SDIO1	H1	双向	主机地址总线位 2 通用输入输出 17 SDIO 数据位 1 LED 1	VID13（USB）	主机

（续）

引脚名称	引脚号	类型	描　述	上电复位功能	电压域
A3/GPIO18/SDIO2	J1	双向	主机地址总线位 3 通用输入输出 18 SDIO 数据位 2	VID14（USB）	主机
A4/GPIO19/SDIO3	G2	双向	主机地址总线位 4 通用输入输出 19 SDIO 数据位 3	VID15（USB）	主机
A5/GPIO20/SDCMD	H2	双向	主机地址总线位 5 通用输入输出 20 SDIO 控制信号 天线 2 控制（USB,GSP）		主机
A6/GPIO21/SDO	G7	双向	主机地址总线位 6 通用输入输出 21 SPI 数据输出	VID10（SDIO）、 PID0（USB）	主机
A7/GPIO22/SCS	G8	双向	主机地址总线位 7 通用输入输出 22 SPI 帧同步	VID11（SDIO）、 PID1（USB）	主机
A8/GPIO23/SCLK	G9	双向	主机地址总线位 8 通用输入输出 23 SPI 时钟	VID12（SDIO）、 PID2（USB）	主机
D0/GPIO0	B2	双向	主机数据总线位 0 通用输入输出 0 天线 0 控制（SDIO、PI、USB、GSP）		主机
D1/GPIO1	B3	双向	主机数据总线位 1 通用输入输出 1	VID0	主机
D2/GPIO2	B4	双向	主机数据总线位 2 通用输入输出 2 天线 1 控制（SDIO、SPI、USB、GSP）		主机
D3/GPIO3	B5	双向	主机数据总线位 3 通用输入输出 3	VID1	主机
D4/GPIO4	B6	双向	主机数据总线位 4 通用输入输出 4	VID2	主机
D5/GPIO5	B7	双向	主机数据总线位 5 通用输入输出 5	VID3	主机
D6/GPIO6	B8	双向	主机数据总线位 6 通用输入输出 6	VID4	主机
D7/GPIO7	B9	双向	主机数据总线位 7 通用输入输出 7	VID5	主机
D8/GPIO8/RTRSTn	D2	双向	主机数据总线位 8 通用输入输出 8 JTAG 返回复位	VID6	主机

（续）

引脚名称	引脚号	类型	描　　述	上电复位功能	电压域
D9/GPIO9/RTCK	C2	双向	主机数据总线位 9 通用输入输出 9 JTAG 返回时钟	VID7	主机
D10/GPIO10	G5	双向	主机数据总线位 10 通用输入输出 10 UHF 低噪声放大器控制（SDIO、SPI、USB、GSP）	VID8	主机
D11/GPIO11	G4	双向	主机数据总线位 11 通用输入输出 11	UHF 波段低噪声 放大器	主机
D12/GPIO12	H4	双向	主机数据总线位 12 通用输入输出 12	S 波段低噪声 放大器	主机
D13/GPIO13	H5	双向	主机数据总线位 13 通用输入输出 13 天线 2 控制（SDIO、SPI）	VID9（USB）	主机
D14/GPIO14	H6	双向	主机数据总线位 14 通用输入输出 14	VID9（SDIO）、 VID10（USB）	主机
D15/GPIO15/SDCLK	F1	双向	主机数据总线位 15 通用输入输出 15 SDIO 控制信号 LED 0	VID11（USB）	主机
DREQn/SDI/GPIO24	G6	双向	DMA 请求 SPI 数据输入 通用输入输出 24	VID13（SDIO）、 PID3（USB）	主机
INTn/GPIO26	K3	双向	主机中断（漏极开路） 通用输入输出 26	PID1（SDIO）、 PID7（USB）	主机
CSn	K4	双向	主机芯片选择	PID0（SDIO）、 PID6（USB）	主机
WRn	K5	双向	主机写入	VID15（SDIO）、 PID5（USB）	主机
RDn/GPIO25	K2	双向	主机读 通用输入输出 25	VID14（SDIO）、 PID4（USB）	主机
TRSTn	K8	输入	JTAG 测试复位（低电平有效）		主机
TM	L10	输入	测试模式		主机
TMS	K9	输入	JTAG 测试模式选择		主机
TDI	K7	输入	JTAG 测试数据输入		主机
TDO	K6	输出	JTAG 测试数据输出		主机
TCK	K10	输入	JTAG 测试时钟		主机
PDn	L4	输入	掉电控制（低电平有效）		主机
RESETn	L3	输入	复位控制（低电平有效）		主机

（续）

引脚名称	引脚号	类型	描　　述	上电复位功能	电压域
RX/GPIO30	H8	双向	UART 接收信号 通用输入输出 30 天线 0 控制（HIF）	PID4（SDIO）、 PID11（USB）	GPIO
TX/GPIO29	H9	双向	UART 接收信号 通用输入输出 29 天线 1 控制（HIF）	PID5（SDIO）	GPIO
HGSPCLK/GPIO28	H10	双向	主机 GPS 时钟 通用输入输出 28 波段低噪声放大器控制（HIF）	PID2（SDIO）、 PID8（USB）、 LNA Sband、 exist（HIF）	GPIO
HGSPD/GPIO27	G10	双向	主机 GPS 数据 通用输入输出 27	PID3（SDIO）、 PID9（USB）	GPIO
PWM0/GPIO31	H7	双向	PWM0 通用输入输出 31 天线 2 控制（HIF）		GPIO
USB_DN	G13	模拟	USB 差分总线负极端		USB_IO
USB_DP	H13	模拟	USB 差分总线正极端		USB_IO
USB_TUNE	F13	模拟	USB 发射器调节电阻		USB_IO
VBUS	F12	模拟	USB 总线电源		USB_IO
PKG_VERSION3	J2	输入	USB ID UHF 低噪声放大器的控制（HIF）	PID6（SDIO）、 LNA、UHF、exist（HIF）	主机
ADC_CAP_A1	D13	模拟	ADC 外接电容		ADC
ADC_CAP_A2	B13	模拟	ADC 外接电容		ADC
ADC_CAP_B1	C13	模拟	ADC 外接电容		ADC
ADC_CAP_B2	A13	模拟	ADC 外接电容		ADC
VCCK	A9	电源	核心数字电路电源（1.2V）		内核
VCCK	L13	电源	核心数字电路电源（1.2V）		内核
VCCK	L2	电源	核心数字电路电源（1.2V）		内核
VCCK_USB	J13	电源	USB 电源（1.2V）		USB_PHY
VCC_ADC	C11	电源	ADC 模拟电路电源（1.2V）		ADC
VCC_PLL	D12	电源	PLL 电源（1.2V）		PLL
VCC3IO	A6	电源	IO 电源（1.8～3.3V）		主机
VCC3IO	K1	电源	IO 电源（1.8～3.3V）		主机
VCC3IO	K13	电源	IO 电源（1.8～3.3V）		主机
VCC3IO_FUSE	K11	电源	熔丝 0 电源		保险丝 0
VCC3IO_GPIO	K12	电源	SPIA IO 电源（1.8～3.3V）		GPIO
VCC3IO_T18V	A4	电源	调谐 IO 电源（1.8V）		调谐
VCC3IO_USB	G12	电源	USB　IO 电源（3.3V）		USB_IO

（续）

引脚名称	引脚号	类型	描　述	上电复位功能	电压域
GND	A12	接地	核心数字电路接地		内核
GND	A10	接地	核心数字电路接地		内核
GND_USB	H12	接地	USB 域接地(1.2V 和 3.3V)		USB_PHY
GND_ADC	B12	接地	ADC 模拟电路接地		ADC2
GND_PLL	C12	接地	PLL 接地		PLL
GND	F2	接地	IO 电源		主机
GND	L1	接地	IO 电源		主机
GND	L12	接地	SPIA IO 电源(1.8～3.3V)		GPIO
GND3IO_T18V	A5	接地	调谐 IO 接地		调谐
UHF	N4	输入	UHF 输入		调谐
NC	N13	输入	未使用		调谐
SBANDN	N5	双向	S 波段负信号输入		调谐
SBANDP	N6	双向	S 波段正信号输入		调谐
NC	N11	双向	未使用		调谐
NC	N12	双向	未使用		调谐
XI	A7	输入	晶振		调谐
XO	A8	输出	晶振		调谐
LDO1	M8	电源	LDO1 耦合电容		调谐
LDO2	D5	电源	LDO 2 耦合电容		调谐
LDOCAP	N3	双向	LDO 滤波电容		调谐
RFS	D11	输出	精密电流电阻		调谐
AVDDRF	M9	电源	电源(接收器)		调谐
VDDDC	D3	电源	内核电源		调谐
VDDDC	N2	电源	内核电源		调谐
AVDDPLL1	D7	电源	HF 电源(合成器)		调谐
AVDDPLL2	C7	电源	LF 电源(合成器内核、BB)		调谐
AGNDRF	N8	接地	接地(接收器)		调谐
GNDDC	D4	接地	接地(数字内核)		调谐
GNDDC	N1	接地	接地(数字内核)		调谐
AGNDPLL1	D6	接地	接地(合成器内核)		调谐
AGNDPLL2	C6	接地	接地(合成器内核、BB)		调谐
AGND_SBAND	N9	双向	接地(S 波段)		调谐
BB_IO_P	D8	测试	模拟测试信号(BB)		调谐
BB_IO_N	D9	测试	模拟测试信号(BB)		调谐
G1	L11	接地	接地		

（续）

图例如下：

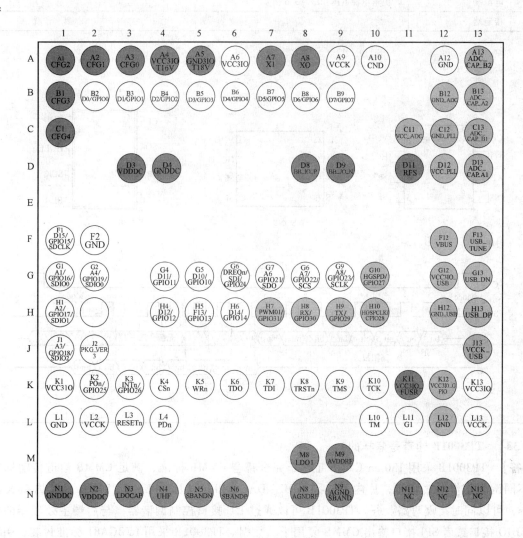

【问 32】 SST25VF080B 速查是怎样的？

【精答】 SST25VF080B 是 8 Mbit 的 SPI 串行闪存，单电压读取和写入操作（2.7～3.6V），高速时钟频率（50/66MHz：SST25VF080B-50-××-××××；80MHz：SST25VF080B-80-××-××××）。SST25VF080B封装结构与引脚功能见表 6-23。

表 6-23 SST25VF080B 封装结构与引脚功能

符号	功 能	解 说
SCK	串行时钟端	提供串行接口的时间。命令、地址或输入数据被锁存对应时钟输入的上升沿,而输出数据对应时钟输入的下降沿
SI	串行数据输入端	传送指令、地址或数据到串行设备,则串行时钟上升沿输入被锁存
SO	串行数据输出端	串行数据输出对应串行时钟的下降沿
CE	芯片启动端	启用时,CE 端为高电平向低电平转换,即低电平有效
WP	写保护端	写入保护引脚用于启用/禁用状态寄存器 BPL 的位

(续)

符　号	功　　能	解　　说
HOLD	保持端	暂时停止与 SPI 闪存没有重新设置串行通信的设备
VDD	电源端	提供电源电压:2.7~3.6V
VSS	接地端	

封装结构

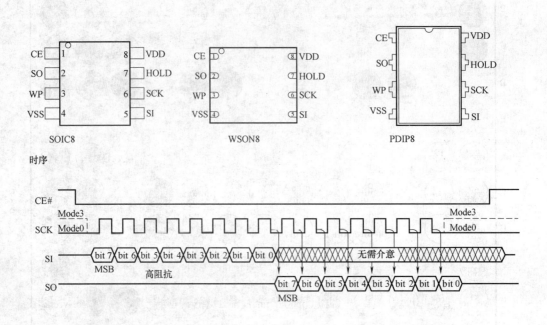

SOIC8　　　　　　　　WSON8　　　　　　　　PDIP8

时序

【问 33】　TP3001B 速查是怎样的?

【精答】　TP3001B 采用 130nm CMOS 工艺,完全符合 CMMB 标准,满足 CMMB 信道传输标准中多种码率和不同调制工作模式状态,片内集成了 ADC、DAC、PLL 以及 CPU,在 8MHz 带宽内最大数据率为 810kbit/s,可以同时接收两路业务。TP3001B 可以通过 I^2C 接口控制调谐器,与后端主处理器的接口只需要使用 SDIO 接口或者 SPI 接口输出 CMMB 复用子帧数据。TP3001B 采用 LFBGA81 标准封装,引脚分布如图 6-33 所示。

【问 34】　TSL2561 与 TSL2560 速查是怎样的?

【精答】　TSL256× 是高速、低功耗、宽量程、可编程灵活配置的光强传感器芯片,该芯片可应用于各类显示屏的监控,在多变的光照条件下,使得显示屏提供最佳的显示亮度并尽可能降低电源功耗。TSL256× 具有可编程设置许可的光强度上下阈值(当实际光照度超过该阈值时给出中断信号)、模拟增益和数字输出时间可编程控制、自动抑制 50Hz/60Hz 的光照波动等特点。TSL256× 包括 TSL2561 与 TSL2560,其中 TSL2560 数字输出符合标准的 SM 总线协议,TSL2561 数字输出符合标准的 I^2C 总线协议。

TSL2561 与 TSL2560 引脚功能见表 6-24。

TSL256× 内部结构如图 6-34 所示。通道 0 与通道 1 是 2 个光敏二极管,其中通道 0 对可见光和红外线都敏感,通道 1 仅对红外线敏感。积分式 A-D 转换器对流过光敏二极管的电流进行积分,并转换为数字量,并且将转换的结果存入芯片内部通道 0 与通道 1 各自的寄存器中。当一个积分周期完成后,积分式 A-D 转换器将自动开始下一个积分转换过程。微控制器与 TSL2560 可通过标准的 SM 总线实现访问,TSL2561 通过 I^2C 总线协议访问。

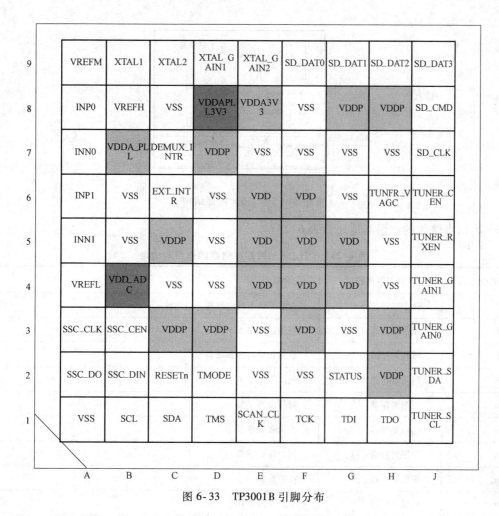

图 6-33　TP3001B 引脚分布

表 6-24　TSL2561 与 TSL2560 引脚功能

符号	后缀 CS(6-LEAD CHIPSCALE 封装)	后缀 T(6-LEAD TMB 封装)	类型	功　能
ADDR SEL	2	2	I	器件访问地址选择引脚端(三态),由于该引脚电平不同,该器件有 3 个不同的访问地址
GND	3	3		电源地端
INT	5	5	O	中断信号输出引脚端。当光强度超过用户编程设置的上、下阈值时,器件会输出一个中断信号
SCL	4	4	I	SM/I^{2}C 总线串行时钟输入端
SDA	6	6	I/O	SM/I^{2}C 总线串行数据输入/输出端
VDD	1	1		电源端,工作电压范围是 2.7 ~ 3.5V

图例如下:

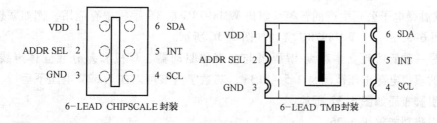

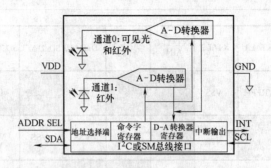

图 6- 34　TSL256×内部结构

TSL256×内部存储器的作用与地址见表 6- 25。

表 6- 25　TSL256×内部存储器的作用与地址

寄存器地址	寄存器名称	作　　用
—	命令字寄存器	指定要访问的内部寄存器地址
00h	控制寄存器	控制芯片是否工作
01h	时间寄存器	控制积分时间和增益
02h	门限寄存器	低门限低字节
03h	门限寄存器	低门限高字节
04h	门限寄存器	高门限低字节
05h	门限寄存器	高门限高字节
06h	中断寄存器	中断控制
08h	校验寄存器	生产商测试用
0Ah	器件 ID 寄存器	区分 TSL2560 和 TSL2561
0Ch	数据寄存器	通道 0 低字节
0Dh	数据寄存器	通道 0 高字节
0Eh	数据寄存器	通道 1 低字节
0Fh	数据寄存器	通道 1 高字节

注：07h、09h 和 0Bh 单元保留。

TSL2561 与微控制器硬件电路连接比较简单，当所选用的微控制器带有 I^2C 总线控制器，则 TSL2561 总线的时钟线和数据线直接与微控制器的 I^2C 总线的 SCL 和 SDA 分别相连。当微控制器内部没有上拉电阻时，则另外需要再用 2 个上拉电阻接到总线上。当微控制器不带 I^2C 总线控制器时，则 TSL2561 的 I^2C 总线的 SCL、SDA 与普通 I/O 口连接即可，只是编程时需要模拟 I^2C 总线的时序来访问 TSL2561。另外，INT 引脚接微控制器的外部中断。

【问 35】　WM8978G 速查是怎样的？

【精答】　欧胜微电子公司生产的音频编解码 WM8978G 在 3G 手机中有应用，例如联想 TD900 TD- SC-DMA 手机，如图 6- 35 所示。WM8978G 实物如图 6- 36 所示。

WM8978G 是一款低功耗立体声编/解码器与扬声器驱动器、耳机和差分或立体声线路输出驱动器。WM8978G 运行的模拟电源电压范围是 2.5 ~ 3.3V，其数字内核可以在 1.62V 电压下运行。

WM8978G 引脚布局如图 6- 37 所示。

WM8978G 引脚功能见表 6- 26。

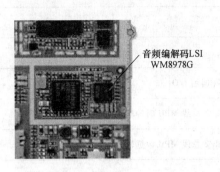

图 6-35　WM8978G 应用

图 6-36　WM8978G 实物

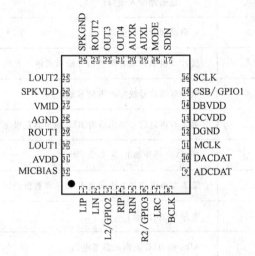

图 6-37　WM8978G 引脚布局

表 6-26　WM8978G 引脚功能

引脚号	符　号	种　类	解　说
1	LIP	模拟信号输入	左 MIC 前置放大器正极信号输入端
2	LIN	模拟信号输入	左 MIC 前置放大器负极信号输入端
3	L2/GPIO2	模拟信号输入	左声道信号输入端/二次 MIC 前置放大器正极信号输入端/ GPIO2 端（通用 I/O2 口）
4	RIP	模拟信号输入	右 MIC 前置放大器正极信号输入端
5	RIN	模拟信号输入	右 MIC 前置放大器负极信号输入端
6	R2/GPIO3	模拟信号输入	右声道信号输入端/二次 MIC 前置放大器正极信号输入端/ GPIO3 端（通用 I/O3 口）
7	LRC	数字信号输入/输出	DAC 和 ADC 采样速率时钟信号端
8	BCLK	数字信号输入/输出	数字音频端口时钟信号端
9	ADCDAT	数字信号输出	ADC 数字音频数据信号输出端
10	DACDAT	数字信号输入	DAC 数字音频数据信号输入端
11	MCLK	数字信号输入	主时钟信号输入端
12	DGND	电源	接地（数字电路）

（续）

引脚号	符 号	种　　类	解　　说
13	DCVDD	电源	数字电路内核逻辑电源端
14	DBVDD	电源	数字缓冲区(I/O)电源端
15	CSB/GPIO1	数字信号输入/输出	3 总线 MPU 片选/ GPIO1 端(通用 I/O1 口)
16	SCLK	数字信号输入/输出	3 总线 MPU 时钟信号输入端/2 总线 MPU 时钟输入端
17	SDIN	数字信号输入/输出	3 总线 MPU 数据信号输入端/2 总线 MPU 数据输入端
18	MODE	数字信号输入	模式选择端
19	AUXL	模拟信号输入	左声道辅助输入接口
20	AUXR	模拟信号输入	右声道辅助输入接口
21	OUT4	模拟信号输入	缓冲耳机信号或右声道信号输出或单声道混合信号输出端
22	OUT3	模拟信号输入	缓冲耳机信号或左声道信号输出端
23	ROUT3	模拟信号输入	第 2 右声道信号输出或者 BTL 扬声器正极驱动信号输出端
24	SPKGND	电源	接地端(扬声器)
25	LOUT2	模拟信号输出	第 2 左声道信号输出或者 BTL 扬声器负极驱动信号输出端
26	SPKVDD	电源	电源端(扬声器)
27	VMID	基准信号	ADC 和 DAC 去耦的参考电压
28	AGND	电源	接地(模拟电路)
29	ROUT1	模拟信号输出	右声道耳机信号输出端
30	LOUT1	模拟信号输出	左声道耳机信号输出端
31	AVDD	电源	电源(模拟电路)
32	MICBIAS	模拟信号输出	MIC 偏置端

【问 36】　X- GOLD 613 速查是怎样的？

【精答】　X- GOLD 613 是英飞凌公司生产的一个蜂窝系统芯片组成的 2G/3G 数字与模拟基带和电源管理功能的高集成芯片。它采用 65nm CMOS 技术制作而成。X- GOLD 613 确立了新标准的、低成本的 3G 解决方案的 Web 2.0 应用程序，增强了移动互联网体验。

该集成电路汇集了强大的基于 ARM11 的 MCU、专用接口的摄像头、显示器、USB 接口、记忆卡、3G 接口。X- GOLD 613 为倒装芯片封装, 0.5mm 间距。X- GOLD 613 应用系统如图 6- 38 所示。

【问 37】　X- GOLD 618 速查是怎样的？

【精答】　X- GOLD 618 是英飞凌公司生产的一个蜂窝系统芯片组成的 2G/3G 数字与模拟基带和电源管理功能的单集成芯片，采用 65nm　CMOS 技术制作而成。X- GOLD 618 应用系统如图 6-39 所示。

【问 38】　一些 3G 手机所用芯片速查是怎样的？

【精答】　一些 3G 手机所用芯片速查见表 6- 27。

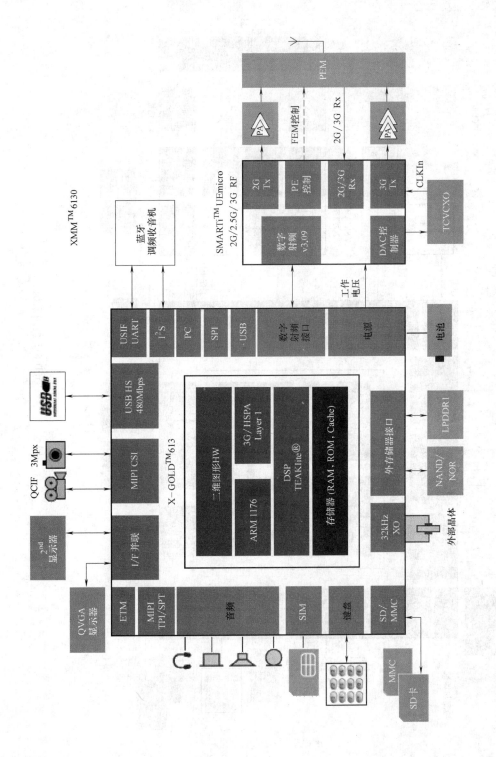

图 6-38　X-GOLD 613 应用系统

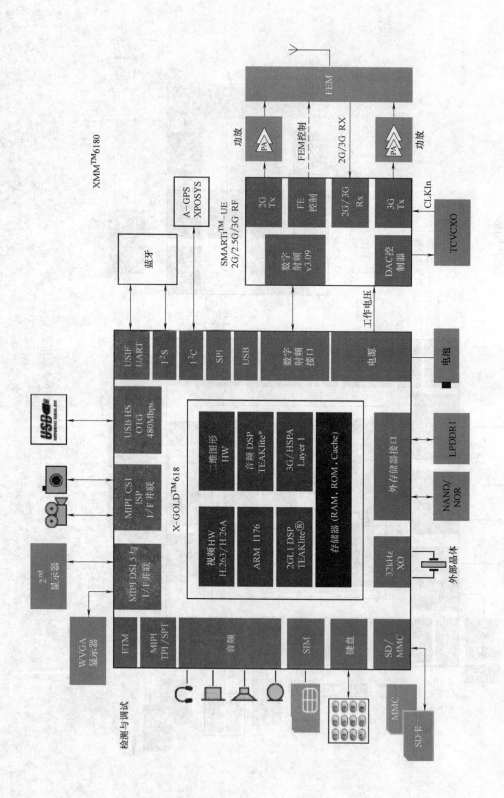

图 6-39　X-GOLD 618 应用系统

表 6-27　一些 3G 手机所用芯片速查

型　　号	所用芯片速查
三星 SGH-J750	BCM2133——EDGE 基带处理器 BCM2141——WCDMA 基带(博通) BCM59001——功率管理(博通) PMB6295——WCDMA/GSM/EDGE 收发器(英飞凌) AWT6225R——WCDMA 功率放大器 AW6172——GSM/GPRS/EDGE 功率放大器 KAP29VN99M——多封装存储器(三星) BCM2045——蓝牙收发器
联想 TD900	CMMB 调谐器——ADMTV102(模拟器件公司) 应用处理器——MV8602C0K(Mtekvision) 音频编解码——WM8978G(欧胜微电子) CMMB 调制集成电路——5C6600DV1(展讯) TD-SCDMA 发送集成电路——MAX2507(美信) TD-SCDMA 接收集成电路——MAX2392(美信) 闪存——K5D1G12DCM(三星)
LG KM900 ARENA	功放——AWT6224、AWT6321、AWT6222
海信 N51	基带芯片——SC8800H(展讯) 射频芯片——QS3200(展讯) CMMB 芯片——SC6600V(展讯)
iPhone 3G	AP 电源管理芯片——PCF50633(NXP) BB 电源管理芯片——PMB6821(英飞凌) COMS 图像传感器——2020(200 万像素)(美光) Display LCD(模组)——爱普生、夏普、东芝、松下显示 GPS 芯片——PMB2525 Hammerhead Ⅱ(英飞凌) MEMS 运动传感器(加速器)——LIS33DL(意法半导体) NAND 内存——TH58G6D1TG80(NAND Flash 8GB/16GB)(东芝) NOR 内存——PF38F3050M0Y0CE(16MB NOR+8MB PSRAM)(恒忆) SDRAM 内存——128 MB Mobile DDR(三星) USB 充电控制——LTC4088-2(负责电池充电,USB 连接识别)(凌特) Wi-Fi 芯片——88W8989(俊茂) 触摸面板(组装)——Balda、TPK(夏普) 触屏控制器——BCM5974(博通) 串行闪存——SST25VF080B(1MB NOR、SIM 卡功能读取)(SST) 电源管理芯片——SMP3i(英飞凌) 功率放大器(PA)——SKY77340(GSM/EDGE)(思佳讯) 功率放大器(PA、输入滤波)——TQM 666032/676031/616035(超群) 光源传感器——TSL2561(TAOS) 基带处理器——PMB8878(英飞凌) 晶体振荡器——FC135(爱普生) 蓝牙芯片——CSR41B14 滤波器——Epcos/Murata 射频收发芯片——PMB6950(英飞凌) 图形控制器——LM2512AA(美国国家半导体) 显示驱动——Renesas 音频解码器——WM6180C(欧胜) 音源芯片——WM6180C(欧胜) 应用处理器——S3C6400(ARM 11)(三星)

（续）

型　号	所用芯片速查
iPhone 3GS	AP 电源管理芯片 Dialog Semiconductor BB 电源管理芯片——PMB6820（英飞凌） COMS 图像传感器——OV3650（300 万像素）（豪威） Display LCD（模组）（东芝） GPS 芯片——PMB2525（英飞凌） MEMS 运动传感器——LIS331DLX（300 万像素） NAND 内存——NAND Flash 16GB/32 GB（东芝） NOR 内存——16MB NOR + 16MB DDR MUX（恒忆） SDRAM 内存——256MB Mobile DDR（尔必达） USB 充电控制——LTC3459（凌特） Wi- Fi 芯片——BCM4325FKWBG（WLAN + Bluetooth + FM）（博通） 触摸面板（组装）（东芝） 触屏控制器——F761586C（德州仪器） 串行闪存——AT25DF081- WBT11N（1MB NOR）（爱特梅尔） 功率放大器（PA）——SKY77340（思佳讯） 功率放大器（PA）——TQM 666032（频带 2）/676031（频带 1）/616035（频带 5/6）（超群） 光源传感器——TSL2561（TAOS） 基带处理器——PMB8878（英飞凌） 晶体振荡器——FC135（爱普生） 蓝牙芯片——CSR 41B14 滤波器——Murata FEM（含 SAW） 罗盘传感器——AK8973（旭化成半导体） 射频收发芯片（WCDMA、GSM/EDGE）——PMB6952（英飞凌） 图形控制器——（通过 PowerVR SGX 整合进入 AP） 显示驱动 IC（三星） 音源芯片——CS42L61（凌云逻辑） 应用处理器——S5PC100（ARM Cortex A8）（三星）
大唐电信 TDW810	CPU——AD6903 字库——71WS256 显示屏——8H0465FPC- A1

【问 39】　一些 LTE 功率放大器模块速查是怎样的?

【精答】　一些 LTE 功率放大器模块速查见表 6-28。

表 6-28　一些 LTE 功率放大器模块速查

型号	功能	解说	内部电路与引脚功能
ALT6701	WCDMA/LTE/CD-MA 线性功率放大器 UMTS2100（频段 1）	频段:1920 ~ 1980MHz LTE 功率峰值:27dBm 效率:35%,当 P_{out} = + 27dBm 静态电流 I_{cq}:2mA 增益:27dB,当 P_{out} = + 27dBm 封装:3mm × 3mm × 1mm	
ALT6702	WCDMA/LTE/CD-MA 线性功率放大器 UMTS PCS（频段 2）	频段:1850 ~ 1915MHz LTE 功率峰值:27.4dBm 效率:34%,当 P_{out} = + 27.4dBm 静态电流 I_{cq}:2mA 增益:27.5 dB,当 P_{out} = + 27.4dBm 封装:3mm × 3mm × 1mm	

（续）

型号	功能	解说	内部电路与引脚功能
ALT6704	WCDMA/LTE/CDMA 线性功率放大器 UMTS1700（频段3，4，9）	频段：1710 ~ 1785 MHz LTE 功率峰值：27.4dBm 效率：35%，当 P_{out} = +27.4dBm 静态电流 I_{cq}：2mA 增益：26.5 dB，当 P_{out} = +27.4dBm 封装：3mm×3mm×1mm	GND at Slug(pad) 1 V_{BATT}　10 V_{CC} 2 RF_{IN}　9 RF_{OUT} 3 V_{MODE2}　8 CPL_{IN} 4 V_{MODE1}　7 GND 5 V_{EN}　6 CPL_{OUT} Bias Control Votage Regutation
ALT6705	WCDMA/LTE/CDMA 线性功率放大器 UMTS800（频段5,6，18，19，26）	频段：814 ~ 849 MHz LTE 功率峰值：27.2dBm 效率：36%，当 P_{out} = +27.2dBm 静态电流 I_{cq}：3mA 增益：29 dB，当 P_{out} = +27.2dBm 封装：3mm×3mm×1mm	GND at Slug(pad) 1 V_{BATT}　10 V_{CC} 2 RF_{IN}　9 RF_{OUT} 3 V_{MODE2}　8 CPL_{IN} 4 V_{MODE1}　7 GND 5 V_{EN}　6 CPL_{OUT} Bias Control Votage Regutation
ALT6707	WCDMA/LTE/CDMA 线性功率放大器 UMTS2600（频段7）	频段：2500 ~ 2570 MHz LTE 功率峰值：27.6dBm 效率：34%，当 P_{out} = +27.6dBm 静态电流 I_{cq}：<4mA 增益：27dB，当 P_{out} = +27.6dBm 封装：3mm×3mm×1mm	GND at Slug(pad) 1 V_{BATT}　10 V_{CC} 2 RF_{IN}　9 RF_{OUT} 3 V_{MODE2}　8 CPL_{IN} 4 V_{MODE1}　7 GND 5 V_{EN}　6 CPL_{OUT} Bias Control Votage Regutation
ALT6708	WCDMA/LTE 线性功率放大器 UMTS900（频段8）	频段：880 ~ 915 MHz LTE 功率峰值：27.7dBm 效率：35%，当 P_{out} = +27.7dBm 静态电流 I_{cq}：3mA 增益：28dB，当 P_{out} = +27.7dBm 封装：3mm×3mm×1mm	GND at Slug(pad) 1 V_{BATT}　10 V_{CC} 2 RF_{IN}　9 RF_{OUT} 3 V_{MODE2}　8 CPL_{IN} 4 V_{MODE1}　7 GND 5 V_{EN}　6 CPL_{OUT} Bias Control Votage Regutation
ALT6712	LTE 线性功率放大器 UMTS700（频段12,17）	频段：698 ~716 MHz LTE 功率峰值：27.5dBm 效率：34%，当 P_{out} = +27.5dBm 静态电流 I_{cq}：4mA 增益：29dB，当 P_{out} = +27.5dBm 封装：3mm×3mm×1mm	GND at Slug(pad) 1 V_{BATT}　10 V_{CC} 2 RF_{IN}　9 RF_{OUT} 3 V_{MODE2}　8 CPL_{IN} 4 V_{MODE1}　7 GND 5 V_{EN}　6 CPL_{OUT} Bias Control Votage Regutation
ALT6713	LTE 线性功率放大器 UMTS700（频段13,14）	频段：777 ~798 MHz LTE 功率峰值：27.5dBm 效率：35%，当 P_{out} = +27.5dBm 静态电流 I_{cq}：3mA 增益：31dB，当 P_{out} = +27.5dBm 封装：3mm×3mm×1mm	GND at Slug(pad) 1 V_{BATT}　10 V_{CC} 2 RF_{IN}　9 RF_{OUT} 3 V_{MODE2}　8 CPL_{IN} 4 V_{MODE1}　7 GND 5 V_{EN}　6 CPL_{OUT} Bias Control Votage Regutation

（续）

型号	功能	解说	内部电路与引脚功能
ALT6738	HELP4TM（频段38）TD-LTE 线性功率放大器	频段:2570 ~ 2620 MHz LTE 功率峰值:27.7dBm 效率:32% ,当 P_{out} = +27.7dBm 静态电流 I_{cq}:2.4mA 增益:32dB,当 P_{out} = +27.7dBm 封装:3mm×3mm×1mm	
ALT6740	HELP4TM LTE2300（频段40）TD-LTE 线性功率放大器	频段:2300 ~ 2400MHz LTE 功率峰值:27.7dBm 效率:31.7% ,当 P_{out} = +27.7dBm 静态电流 I_{cq}:2.5mA 增益:30.5dB,当 P_{out} = +27.7dBm 封装:3mm×3mm×1mm	
TQM700013	集成双工器的 LTE 功率放大器模块（频段13）	封装:3mm×3mm $P_{out(max)}$:27.5dBm E-UTRA　ACLR:−40dBc UTRA　ACLR1:−40dBc UTRA　ACLR2:−60dBc LPM I_{CQ}:11mA 最大功率电流:430mA	
TQM700017	集成耦合器的 LTE 功率放大器模块（频段17）	封装:3mm×3mm $P_{out(max)}$:27.5dBm E-UTRA　ACLR:−40dBc UTRA　ACLR1:−40dBc UTRA　ACLR2:−60dBc LPM I_{CQ}:11mA 最大功率电流:430mA	
TQM7M9050	四频段 GSM-EDGE,五频段 W/CDMA/HSPA +/LTE	输入和输出阻抗:50Ω 封装(42 引脚):5mm×7mm×1mm	
TQP9058	四频段 GSM-EDGE 和五频段 W/CDMA/HSPA + 和 LTE	输入和输出阻抗:50Ω 封装(42 引脚):5mm×7mm×1mm	

【问 40】　一些功率放大器模块速查是怎样的?

【精答】　一些功率放大器模块速查见表6-29。

表 6-29　一些功率放大器模块速查

型　号	解　　说	内部电路与引脚分布
ACPM-7881	应用 WCDMA 手机。频带：1920 ~ 1980MHz。Vdd1、Vdd3：3.5V。Vdd2：2.85V	
ACPM-7311	应用 WCDMA（HSDPA）手机。频带：824 ~ 849MHz。增益：28dB。封装：SM10，4mm × 4mm × 1.1mm	 7、9、10 脚 GND 接地
ACPM-7312	应用 WCDMA（HSDPA）手机。频带：824 ~ 849MHz。封装：4mm × 4mm	
ACPM-7331	应用 WCDMA（HSDPA）手机。频带：1850 ~ 1910MHz。VCC：3.2 ~ 4.2V。Vmode0：2.6V。增益：24.5dB。封装：4mm × 4mm	 6、7、9 脚 GND 接地
ACPM-7332	为 UMTS 功率放大器（频带2）。频带：1850 ~ 1910MHz。Vcc1，Vcc2：3.2 ~ 4.2V。Vmode：2.6V。Vbp：0V（L）、2.6V（H）。封装：4mm × 4mm	 6、7、9 脚 GND 接地

（续）

型　号	解　说	内部电路与引脚分布
ACPM-7355	为 UMTS 双频功率放大器（频带 2、频带 5）。频带：824 ~ 849MHz、1850 ~ 1910MHz。Vcc：3.2 ~ 4.2V。Vmode：2.6V。封装：4mm×5mm （见下表）	
ACPM-7357	为 UMTS 双频功率放大器（频带 1、频带 8）。频带：890 ~ 915MHz、1920 ~ 1980MHz。Vcc：3.2 ~ 4.2V。Ven_Low：0 ~ 0.5V（L）、1.35 ~ 3.1V（H）。Vmode：0 ~ 0.5V（L）、1.35 ~ 3.1V（H）。Vbp：0 ~ 0.5V（L）、1.35 ~ 3.1V（H）。封装：4mm×5mm （见下表）	
ACPM-7371	应用 WCDMA（HSDPA）手机。频带：880 ~ 915MHz。Vcc：3.2 ~ 4.2V。Ven_：0 ~ 0.5V（L）、1.35 ~ 3.1V（H）。Vmode0、Vmode1：0 ~ 0.5V（L）、1.8 ~ 2.9V（H）。封装：4mm×4mm （见下表）	 7、9、10 脚 GND 接地
ACPM-7372	为 UMTS 频带 8（880 ~ 915MHz）功率放大器。Vcc1，Vcc2：3.2 ~ 4.2V。Ven_：0 ~ 0.5 V（L）、1.35 ~ 3.1V（H）。Vmode：0 ~ 0.5V（L）、1.35 ~ 3.1V（H）。Vbp：0 ~ 0.5V（L）、1.35 ~ 3.1V（H）。封装：4mm×4mm （见下表） Pout 1（Rel99） Pout2（HSDPA，HSUPA MPR = 0dB）	 7、9、10 脚 GND 接地

ACPM-7355

Ven	Vbp	Vmode	模　式
H	L	L	大功率模式
H	L	H	中功率模式
H	H	H	旁路模式
L	L	L	关断模式

ACPM-7357

Ven	Vbp	Vmode	模　式
H	L	L	大功率模式
H	L	H	中功率模式
H	H	H	旁路模式
L	L	L	关断模式

ACPM-7371

Ven	Vmode0	Vmode1	范　围	模　式
H	L	L	~ 28dBm	大功率模式（WCMDA）
H	H	L	~ 16dBm	中功率模式
H	H	H	~ 8dBm	低功率模式
L	—	—		关断模式

ACPM-7372

Ven	Vmode	Vbp	Pout1	Pout2	模　式
H	L	L	~ 28.5 dBm	~ 27.5 dBm	大功率模式
H	H	L	~ 17dBm	~ 16dBm	中功率模式
H	H	H	~ 8dBm	~ 7dBm	低功率模式
L	L	L	—	—	关断模式

（续）

型 号	解 说	内部电路与引脚分布
ACPM-7381	应用 WCDMA（HSDPA）手机。频带:1920～1980MHz。Vcc:3.2～4.2V。Ven_:1.9～2.9V（H）。Vmode0,Vmode1:0～0.5V（L）、1.9～2.9V（H）。封装:4mm×4mm 表见下方	图及说明见下方

表（ACPM-7381）：

Vmode0	Vmode1	模 式
L	L	大功率模式
H	L	中功率模式
H	H	低功率模式

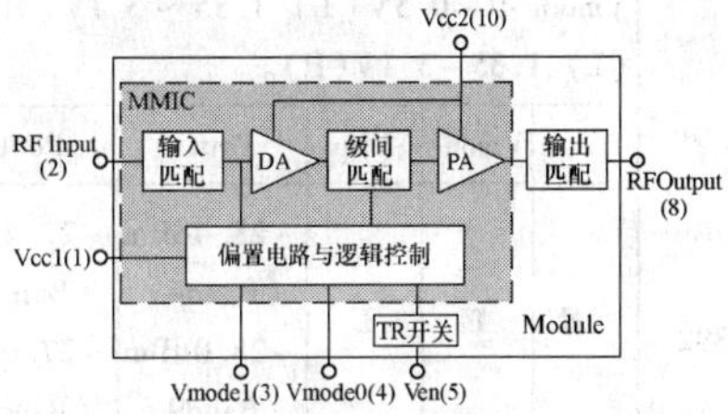

6、7、9 脚 GND 接地

| ACPM-7382 | 为 UMTS 频带 1（1920～1980MHz）功率放大器。Vcc1,Vcc2:3.2～4.2V。Ven_:0～0.5V（L）、1.35～3.1V（H）。Vmode:0～0.5V（L）、1.35～3.1V（H）。Vbp:0～0.5V（L）、1.35～3.1V（H）。封装:4mm×4mm | |

Ven	Vmode	Vbp	Pout1	Pout2	模 式
H	L	L	～28.5 dBm	～27.5 dBm	大功率模式
H	H	L	～17dBm	～16dBm	中功率模式
H	H	H	～8dBm	～7dBm	低功率模式
L	L	L	—	—	关断模式

Pout 1（Rel99）

Pout2（HSDPA,HSUPA MPR=0dB）

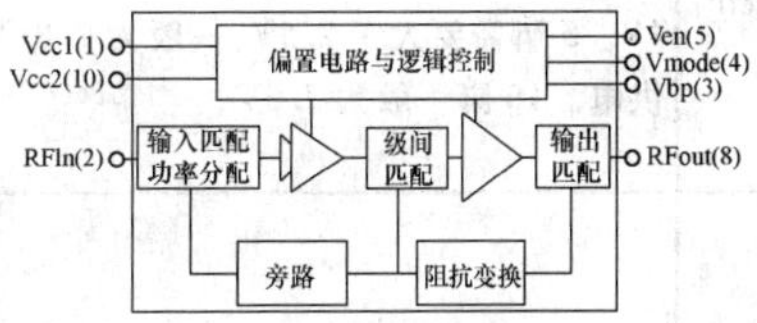

6、7、9 脚 GND 接地

| ACPM-7391 | 应用 WCDMA（HSDPA）手机。频带:1750～1785MHz、1710～1755MHz。Vcc:3.2～4.2V。Ven_:0～0.5V（L）、1.9～2.9V（H）。Vmode0,Vmode1:0～0.5V（L）、1.9～2.9V（H）。封装:4mm×4mm | |

Ven	Vmode0	Vmode1	范围	模 式
H	L	L	～28dBm（WCMDA）	大功率模式
H	H	L	～16dBm	中功率模式
H	H	H	～8dBm	低功率模式
L	—	—	—	关断模式

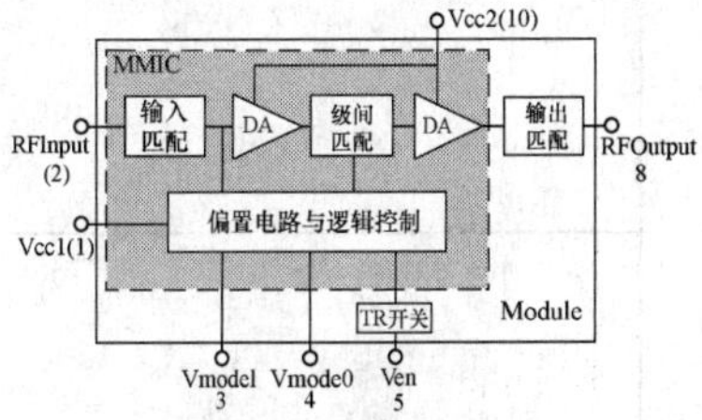

6、7、9 脚 GND 接地

（续）

型　号	解　说	内部电路与引脚分布
ACPM-7392	为 UMTS 双频带功率放大器（频带4、频带9）。Vcc1，Vcc2：3.2~4.2V。Ven_：0~0.5V(L)、1.35~3.1V(H)。Vmode：0~0.5V(L)、1.35~3.1V(H)。Vbp：0~0.5V(L)、1.35~3.1V(H)。 表格见下 Pout 1（Rel99） Pout2（HSDPA，HSUPA MPR=0dB）	 6、7、9 脚 GND 接地
ACPM-7886	应用 TD-SCDMA 手机。频带：2010~2025MHz。增益：28dB。封装：4mm×4mm。1 脚一般是 3.5V。4 脚一般是4V。5 脚需要大于 2.5V，一般为 2.85V，也可以采用电池供电。10 脚一般为 3.5V	
AFEM-7780	应用 WCDMA（HSDPA）手机 频带：1920~1980MHz(Tx)、2110~2170MHz(Rx)。增益：24.5dB。封装：SMT20、4.0mm×7.0mm×1.1mm	 2~4、6~9、11、12、14、17 脚 GND 接地
RF3163	3V 的 900MHz 线性功率放大器模块、可应用于 CDMA/AMPS、cdma2000/1XRTT、WCDMA、cdma2000/1X-EV-DO	
RF3164	3V 的 1900MHz 线性功率放大器模块、可应用于 CDMA、cdma2000/1XRTT、cdma2000/1X-EV-DO 频带：1850~1910MHz。增益：28~1880dB。Vcc：3.2~4.2V	

ACPM-7392 模式表：

Ven	Vmode	Vbp	Pout1	Pout2	模　式
H	L	L	~28.4dBm（Band4） ~28.0dBm（Band9）	~27.4dBm（Band4） ~27.0dBm（Band9）	大功率模式
H	H	L	~17dBm	~16dBm	中功率模式
H	H	H	~8dBm	~7dBm	低功率模式
L	L	L	—	—	关断模式

（续）

型　号	解　　说	内部电路与引脚分布
RF3165	3V 的 1750MHz 线性功率放大器模块、可应用于 WCD-MA 频带 3、4、9 手机、多模式的 WCDMA 3G 手机、扩频系统 　频带：1750～1780MHz。增益：28～1765dB。V_{CC}：3.2～4.2V。封装：QFN16、3mm×3mm	
RF3266	3V 的 WCDMA 功率放大器模块、可应用于多模 WCD-MA 的 3G 手机、TD-SCDMA 手机（2010～2025MHz、1880～1920MHz 频段）、扩频系统。 　频带：1920～1980MHz。增益：28dB。V_{CC}：3.4V。封装：QFN16、3mm×3mm×0.9mm	
RF5184	多频段 UMTS 功率放大器模块、可应用于频带1、频带2、频带5、频带8 的 UMTS 手机。频带：824～915MHz（频带5、频带8）、1850～1980MHz（频带1、频带2）。封装：QFN、4mm×4mm	
RF5188	3V 的 1950MHz WCDMA 线性功率放大器模块、可应用于 WCDMA 频带1 手机、多模 WCDMA 3G 手机、TD-SCD-MA 手机、扩频系统	
RF5198	3V 的 1950MHz WCDMA 功率放大器模块、可应用于 WCDMA 频带1 手机、多模 WCDMA 3G 手机、TD-SCDMA 手机、扩频系统。频带：1920～1980MHz。增益：28.5～1950dB。V_{CC}：3.2～4.2V。封装：QFN16、3mm×3mm	

（续）

型　号	解　说	内部电路与引脚分布
RF6100-1	3V 的 900MHz 线性功率放大器模块、可应用于 CDMA/AMPS、cdma2000/1XRTT。 频带：824 ~ 849MHz。增益：29 ~ 836dB。V_{CC}：3.2 ~ 4.2V	
RF6100-4	3V 的 1900MHz 线性功率放大器模块、可应用于 CDMA、cdma2000/1XRTT、cdma2000/1X-EV-DO。 频带：1850 ~ 1910MHz。增益：28 ~ 1880dB。V_{CC}：3.2 ~ 4.2V	
RF6263	3V 的 824 ~ 849MHz 线性功率放大器模块、可应用于 CDMA/AMPS、cdma2000/1XRTT、cdma2000/1X-EV-DO。 匹配：50Ω。增益：28 ~ 836dB。V_{CC}：3.4V	
RF6266	3V 的 850MHz/900MHz 线性功率放大器模块	
RF7201	3V 的 WCDMA 双频功率放大器模块、可应用于频带 1、频带 8 的 UMTS 手机。 频带：880 ~ 915MHz 和 1920 ~ 1980MHz。V_{CC}：3.4V	

（续）

型　号	解　　说	内部电路与引脚分布
SKY77161	TD- SCDMA（2010～2025MHz）功率放大器模块。V_{CC}：3.2～4.2V。VREF：2.85V。封装：4mm×4mm	
SKY77340	四频 GSM/EDGE 功率放大器（GSM850/900、DCS1800/PCS1900）。	
TQM616020	WCDMA/HSPDA 功率放大器- 双工模块、具有耦合器、检波器等特点。可应用于频带 5、频带 6 的 UMTS 手机。频带：1907.6MHz。增益：25dB。封装：LGA16、7mm×4mm×1.1mm	
TQM616025	WCDMA/HSPDA 功率放大器- 双工模块、具有耦合器、检波器等特点。可应用于频带 5、频带 6 的 UMTS 手机。频带：846.6MHz。增益：25dB。V_{CC}：3V。封装：LGA16、7mm×4mm×1.1mm	
TQM666022	WCDMA/HSPDA 功率放大器- 双工模块、具有耦合器、检波器等特点。可应用于频带 2 的 UMTS 手机。频带：1907.6MHz。增益：25dB。V_{CC}：3V。封装：LGA16、7mm×4mm×1.1mm	
TQM676021	WCDMA/HSPDA 功率放大器- 双工模块、具有耦合器、检波器等特点。可应用于频带 1 的 UMTS 手机。频带：1977.6MHz。增益：25.2dB。V_{CC}：3V。封装：LGA16、7mm×4mm×1.1mm	

（续）

型　号	解　　说	内部电路与引脚分布
TQM6M9014	应用 GSM850/900、DCS/PCS & WCDMA B1,B2,B5/6,B8。封装:7.0mm × 7.5mm × 1.1mm	
TQM7M5003	四频 GSM/EDGE 功率放大器模块	
WS2512-TR1G	应用 WCDMA(HSDPA)手机。频带:1920 ~ 1980MHz。 表	

WS2512-TR1G 模式表:

Vref	Vcont	Vcc	范围	模　　式
2.85	L	3.4	~28dBm	大功率模式
2.85	L	3.4	~16dBm	中功率模式
2.85	H	1.5	~7dBm	低功率模式
0	—	3.4	—	关断模式

3、6、7、9 脚 GND 接地

二、其他

【问 41】 声表面波元件内部结构速查是怎样的?

【精答】 声表面波元件内部结构速查见表 6-30。

表 6-30　声表面波元件内部结构速查

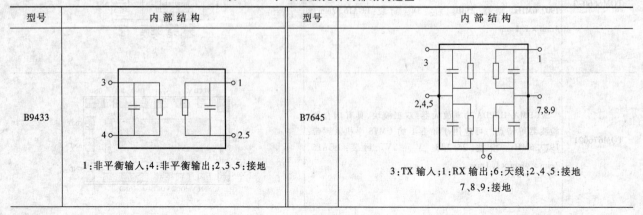

型号	内　部　结　构	型号	内　部　结　构
B9433	1:非平衡输入;4:非平衡输出;2、3、5:接地	B7645	3:TX 输入;1:RX 输出;6:天线;2、4、5:接地 7、8、9:接地

（续）

型号	内 部 结 构	型号	内 部 结 构
B7637	3 — 1 2,4,5 — 7,8,9 6 1:TX 输入；3：RX 输出；6:天线 2、4、5:接地；7、8、9:接地	B9031	1 — 3 4 — 2 1:输入；3:输出；2、4:接地

【问 42】 手机陶瓷瞬时电压抑制器速查是怎样的？

【精答】 手机陶瓷瞬时电压抑制器速查见表 6-31。

表 6-31 手机陶瓷瞬时电压抑制器速查

型 号	最大工作电压/V	冲击电流/A	电容/nF	能量吸收/J
CA04P2S14THSG CA04P2V150THSG CA05P4S14THSG CT0402S14AHSG CT0402V150HSG	14	1～2	2～10	30
CT0402S5ARFG- CT0603V150RFG	4～14		0.6～3	
CT0402L14G- CT0603M7G	4～17	10～30	33～200	7.5～200
CT0603K14G- CT0603S20ACCG	14～25	5～30	10～120	0.075～300
CA05P4S17TCCG	17	10	33	10
CA04P2S17TLCG	17	10	75	0.01
CA05P4S14THSG	14	2	10	30
CA05P4S17TCCG	17	10	33	10

【问 43】 iPhone 3G 手机充电器原理图速查是怎样的？

【精答】 iPhone 3G 充电器原理图如图 6-40 所示。

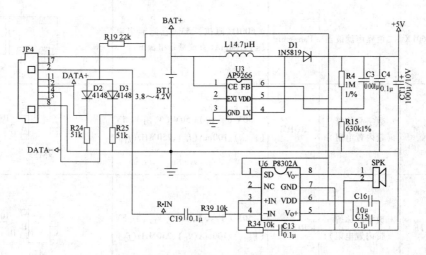

图 6-40 iPhone 3G 充电器原理图

【问 44】 怎样查看三星手机的版本？

【精答】 三星手机查看版本的命令有：

查看软件版本是 * #9999#，行货是 * #1234#，或者 * #8999#8378#。

查看硬件版本是 * #8888#，行货是 * #1111#，或者 * #8999#8378#。

最后一个字符表示版本号：

8——中文版本；

0——欧洲版本；

C——东南亚（马来）版本。

【问 45】 元器件参数与代码速查是怎样的？

【精答】 元器件参数与代码速查见表 6-32。

表 6-32 元器件参数与代码速查

代码	型 号	功能与特点	厂家	参 数	封 装
	EXC24CP121U	二模噪声滤波器	Panasonic	120Ω(阻抗)、5V(直流额定电压)、500mA(直流额定电流)	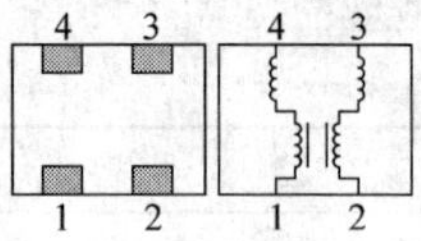
	EXC24CP221U	二模噪声滤波器	Panasonic	220Ω(阻抗)、5V(直流额定电压)、350mA(直流额定电流)	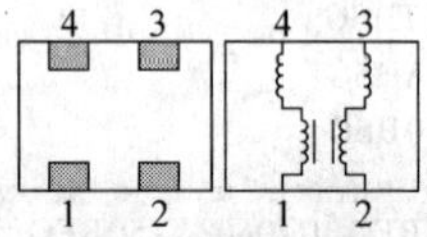
	EXC24CB221U	二模噪声滤波器	Panasonic	220Ω(阻抗)、5V(直流额定电压)、100mA(直流额定电流)	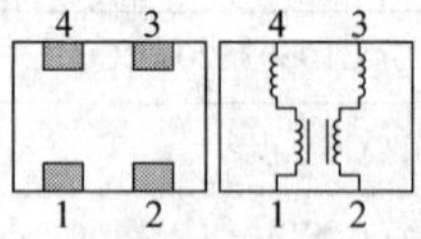
	EXC24CB102U	二模噪声滤波器	Panasonic	1000Ω(阻抗)、5V(直流额定电压)、50mA(直流额定电流)	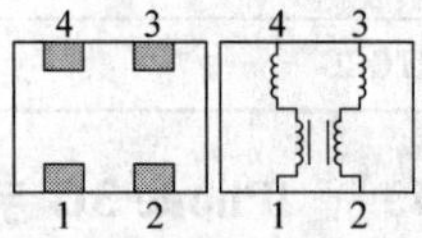
	EXC24CN601X	二模噪声滤波器	Panasonic	600Ω(阻抗)、5V(直流额定电压)、200mA(直流额定电流)	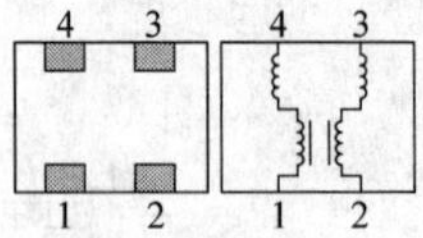
09	DTC115TM	数字晶体管（带内置电阻）	ROHM	50V(V_{CBO})、50V(V_{CEO})、5V(V_{EBO})、100mA(I_C)、250MHz(f_T)	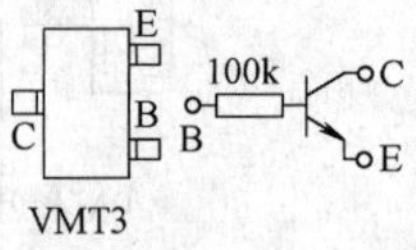
09	DTC115TE	数字晶体管（带内置电阻）	ROHM	50V(V_{CBO})、50V(V_{CEO})、5V(V_{EBO})、100mA(I_C)、250MHz(f_T)	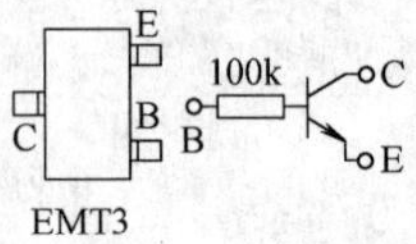

（续）

代码	型　号	功能与特点	厂家	参　数	封　装
09	DTC115TUA	数字晶体管 （带内置电阻）	ROHM	$50V（V_{CBO}）$、$50V（V_{CEO}）$、$5V$$（V_{EBO}）$、$100mA（I_C）$、$250MHz（f_T）$	UMT3
09	DTC115TKA	数字晶体管 （带内置电阻）	ROHM	$50V（V_{CBO}）$、$50V（V_{CEO}）$、$5V$$（V_{EBO}）$、$100mA（I_C）$、$250MHz（f_T）$	SMT3
123	DTC143ZUA	数字晶体管 （带有内置电阻）	ROHM	$50V（V_{CC}）$、$-5\sim30V（V_{IN}）$、$100mA（I_O）$、$200mW（P_D）$、$0.1V$$（V_{O(on)}）$、$250MHz（f_T）$	UMT3
1A*[①]	BC846AW	NPN	Philips	$80V（V_{CBO}）$、$65V（V_{CEO}）$、$6V$$（V_{EBO}）$、$100mA（I_C）$、$200mW$$（P_{tot}）$	SOT-323
1B*[①]	BC846BW	NPN	Philips	$80V（V_{CBO}）$、$65V（V_{CEO}）$、$6V$$（V_{EBO}）$、$100mA（I_C）$、$200mW$$（P_{tot}）$	SOT-323
1D*[①]	BC846W	NPN	Philips	$80V（V_{CBO}）$、$65V（V_{CEO}）$、$6V$$（V_{EBO}）$、$100mA（I_C）$、$200mW$$（P_{tot}）$	SOT-323
1E*[①]	BC847AW	NPN	Philips	$50V（V_{CBO}）$、$45V（V_{CEO}）$、$6V$$（V_{EBO}）$、$100mA（I_C）$、$200mW$$（P_{tot}）$	SOT-323
1F*[①]	BC847BW	NPN	Philips	$50V（V_{CBO}）$、$45V（V_{CEO}）$、$6V$$（V_{EBO}）$、$100mA（I_C）$、$200mW$$（P_{tot}）$	SOT-323
1G*[①]	BC847CW	NPN	Philips	$50V（V_{CBO}）$、$45V（V_{CEO}）$、$6V$$（V_{EBO}）$、$100mA（I_C）$、$200mW$$（P_{tot}）$	SOT-323

（续）

代码	型　号	功能与特点	厂家	参　　数	封　装
1H*①	BC847W	NPN	Philips	50V（V_{CBO}）、45V（V_{CEO}）、6V（V_{EBO}）、100mA（I_C）、200mW（P_{tot}）	SOT-323
1M*①	BC848W	NPN	Philips	30V（V_{CBO}）、30V（V_{CEO}）、5V（V_{EBO}）、100mA（I_C）、200mW（P_{tot}）	SOT-323
24	RN47A4	NPN + PNP	TOSHIBA	VT1：50V（V_{CBO}）、50V（V_{CEO}）、10V（V_{EBO}）、100mA（I_C） VT2：- 50V（V_{CBO}）、- 50V（V_{CEO}）、- 6V（V_{EBO}）、- 100mA（I_C）	VT1:RN1104F；VT2:RN2107FUSV
2C	RB851Y	肖特基二极管、硅外延平面型、高频检测	ROHM	3V（V_R）、30mA（I_F）、125℃（T_j）、0.46V（V_{FM}）、0.7μA（I_{RM}）、0.8pF（C_t）	EMD4、SC-75A
2C	RB851YT2R	肖特基二极管	ROHM	3V（V_R）、30mA（I_F）、0.46V（V_F）、0.7μA（I_R）、0.8pF（C_t）	EMD4
3	1SS400GT2R	高频开关、开关二极管、硅外延平面型	ROHM	90V（V_{RM}）、80V（V_R）、225mA（I_{FM}）、100mA（I_o）、500mA（I_{surge}）、150℃（T_j）、1.2V（V_{FM}）、100nA（I_{RM}）、3pF（C_{TM}）、4ns（t_{rrM}）	VMD2
3D	RB715F	共阴双肖特基二极管	ROHM	40V（V_{RM}）、30mA（I_o）、200mA（I_{FSM}）、125℃（T_j）、0.37V（V_{FM}）、1μA（I_{RM}）、2pF（C_t）	UMD3、SC-70 SOT-323
3E	RB717F	肖特基二极管	ROHM	40V（V_{RM}）、30mA（I_o）、200mA（I_{FSM}）、125℃（T_j）、0.37V（V_{FM}）、1μA（I_{RM}）、2pF（C_t）	UMD3、SC-70 SOT-323

（续）

代码	型　号	功能与特点	厂家	参　数	封　装
7	DF2S6.8FS	外延平面型	TOSHIBA	$150\text{mW}(P)$、$150℃(T_j)$、6.8V (V_Z)、$30\Omega(R_{ZM})$、$0.5\mu\text{A}(I_{RM})$、$25\text{pF}(C_T)$	 1-1L1A
99	DTA115TM	数字晶体管 （带内置电阻）	ROHM	$-50\text{V}(V_{CBO})$、$-50\text{V}(V_{CEO})$、$-5\text{V}(V_{EBO})$、$-100\text{mA}(I_C)$、$150\text{mW}(P_C)$	 VMT3
99	DTA115TE	数字晶体管 （带内置电阻）	ROHM	$-50\text{V}(V_{CBO})$、$-50\text{V}(V_{CEO})$、$-5\text{V}(V_{EBO})$、$-100\text{mA}(I_C)$、$150\text{mW}(P_C)$	 EMT3
99	DTA115TUA	数字晶体管 （带内置电阻）	ROHM	$-50\text{V}(V_{CBO})$、$-50\text{V}(V_{CEO})$、$-5\text{V}(V_{EBO})$、$-100\text{mA}(I_C)$、$200\text{mW}(P_C)$	 UMT3
99	DTA115TKA	数字晶体管 （带内置电阻）	ROHM	$-50\text{V}(V_{CBO})$、$-50\text{V}(V_{CEO})$、$-5\text{V}(V_{EBO})$、$-100\text{mA}(I_C)$、$200\text{mW}(P_C)$	 SMT3
A	Si1012X	NMOSFET	VISHAY	$20\text{V}(V_{DS})$、$\pm6\text{V}(V_{GS})$、500mA (I_D)、$150\text{mW}(P_D)$、2000V (V_{ESD})、$\pm0.5\mu\text{A}(I_{GSS})$、$0.3\text{nA}$ (I_{DSS})、$0.53\Omega(r_{DS(on)})$	 SC-89(SOT-490)
AL	BFP405	NPN型射频 晶体管	INFINEON	$4.5\text{V}(V_{CEO})$、$15\text{V}(V_{CES})$、25mA (I_C)、$1\text{mA}(I_B)$、$75\text{mW}(P_{tot})$、95 (h_{FE})、$25\text{GHz}(f_T)$	 SOT-343
AMs	BFP420	NPN型射频 晶体管	INFINEON	$4.5\text{V}(V_{CEO})$、$15\text{V}(V_{CBO})$、1.5V (V_{EBO})、$35\text{mA}(I_C)$、160mW (P_{tot})、$25\text{GHz}(f_T)$	 SOT-343

（续）

代码	型　号	功能与特点	厂家	参　数	封　装
B	RB520S-30	肖特基二极管	ROHM	30V（V_R）、200mA（I_o）、1A（I_{FSM}）、150℃（T_j）、0.6V（V_{FM}）、1μA（I_{RM}）	 EMD2、SOD-523、SC-79
BA	Si5441DC	PMOSFET	VISHAY	−20V（V_{DS}）、±12V（V_{GS}）、−3.9A（I_D）、−1.1A（I_S）、1.3W（P_D）	 1206-8 ChipFE T
BGF100	BGF100	ESD 保护＋滤波器	INFINEON	4V（V_{A2M}）、14V（V_{PM}）、1mW（P_{IN}）、15kV（V_{EM}）、2kV（V_{IM}）	 WLP-11-2
C	RB521S-30	肖特基二极管、硅外延平面型	ONSEMI	30V（V_R）、200mA（I_o）、1A（I_{FSM}）、0.5V（V_{FM}）、30μA（I_{RM}）	 EMD2、SC-79、SOD-523
C	Si1012R	NMOSFET	VISHAY	20V（V_{DS}）、±6V（V_{GS}）、500mA（I_D）、150mW（P_D）、2000V（V_{ESD}）、±0.5μA（I_{GSS}）、0.3nA（I_{DSS}）、0.53Ω（$r_{DS(on)}$）	 SC-75A(SOT-416)
E23	DTC143ZM	数字晶体管（带有内置电阻）	ROHM	50V（V_{CC}）、−5～30V（V_{IN}）、100mA（I_0）、150mW（P_D）、0.1V（$V_{O(on)}$）、250MHz（f_T）	 VMT3
E23	DTC143ZE	数字晶体管（带有内置电阻）	ROHM	50V（V_{CC}）、−5～30V（V_{IN}）、100mA（I_0）、150mW（P_D）、0.1V（$V_{O(on)}$）、250MHz（f_T）	 EMT3
E23	DTC143ZKA	数字晶体管（带有内置电阻）	ROHM	50V（V_{CC}）、−5～30V（V_{IN}）、100mA（I_0）、200mW（P_D）、0.1V（$V_{O(on)}$）、250MHz（f_T）	 SMT3

（续）

代码	型　号	功能与特点	厂家	参　　数	封　装
EA	ESDA14V2-4BF2	ESD 保护二极管	ST	$\pm 25kV$（V_{PP}）、$50W$（P_{PP}）、$125℃$（T_j）、$18V$（V_{BRM}）	 Flip-Chip
EA	ESDA14V2-4BF2	四路双向 ESD 保护阵列	ST	$\pm 25kV$（V_{PP}）、$50W$（P_{PP}）、$18V$（V_{BR}）、$1\mu A$（I_{RM}）、3.2Ω（R_d）、$15pF$（C）	 Flip-Chip
EA	ESDA14V2-4BF2	双向 ESD 保护阵列	ST	$\pm 25kV$（V_{PP}）、$50W$（P_{PP}）、$18V$（V_{BR}）、$1\mu A$（I_{RM}）、3.2Ω（R_d）、$15pF$（C）	 Flip-Chip
EF	ESDA14V2-4BF3	四路双向保护阵列	ST	$\pm 25kV$（V_{PP}）、$50W$（P_{PP}）、$18V$（V_{BR}）、$0.5\mu A$（I_{RM}）、$3.2W$（R_d）、$15pF$（C）	 Flip-Chip
EG	ESDA14V2-2BF3	四路双向保护阵列	ST	$\pm 25kV$（V_{PP}）、$50W$（P_{PP}）、$18V$（V_{BR}）、$0.5\mu A$（I_{RM}）、3.2Ω（R_d）、$12pF$（C）	 Flip-Chip
F3	PMEG3002AEL	肖特基二极管	NXP	$30V$（V_R）、$0.2A$（I_F）、$1A$（I_{FRM}）、$3A$（I_{FSM}）、$17pF$（C_d）	 SOD-882
F3	PMEG3002AEL	肖特基二极管	Philips	$0.2A$（I_F）、$30V$（V_R）、$1A$（I_{FRM}）、$3A$（I_{FSM}）	 SOD-882

（续）

代码	型　号	功能与特点	厂家	参　数	封　装
FC	EMIF03-SIM01F2	EMI 滤波器 + ESD 保护	ST	6V（V_{BR}）、1μA（I_{RM}）、1.5Ω（R_d）	 Flip- Chip
FJ	EMIF02-MIC02F2	EMI 滤波器 + ESD 保护	ST	125℃（T_j）、- 40 ~ + 85℃（T_{op}）、- 55 ~ 150℃（T_{stg}）、16V（V_{BR}）、500nA（I_{RM}）、470Ω（$R_{I/O}$）、40pF（C_{line}）	
GH	EMIF06-HMC01F2	EMI 滤波器 + ESD 保护	ST	2kV（V_{PP}）、14V（V_{BR}）、0.1μA（I_{RM}）、20pF（C_{line}）、50Ω（R_2，R_3，R_4，R_5，R_6，R_7）、75kΩ（R_{10}，R_{11}，R_{12}，R_{13}）、7kΩ（R_{14}）。引脚功能：A1：cmd。A2：clk。A3：Vmmc/Vdd。A4：MMCclk。B1：dat1。B2：dat0。B3：gnd。B4：MMCcmd。C1：dat2。C2：gnd。C3：MMCdat1。C4：MMCdat0。D1：dat3。D2：gnd。D3：MMCdat3。D4：MMCdat2。	 Flip- Chip
GJ	EMIF03-SIM02F2	EMI 滤波器 + ESD 保护	ST	2kV（V_{PP}）、20V（V_{BR}）、1.5Ω（R_d）	 Flip- Chip
MKE	1PMT5.0AT1，T3	齐纳二极管瞬态电压抑制器	ONSEMI	5V（V_{RWM}）、6.7V（V_{BR}）、10mA（I_T）、800μA（I_R）、9.2V（V_C）、21.7A（I_{PP}）	 EMD4
MKM	1PMT7.0AT1，T3	齐纳二极管瞬态电压抑制器	ONSEMI	7V（V_{RWM}）、8.2V（V_{BR}）、10mA（I_T）、500μA（I_R）、12V（V_C）、16.7A（I_{PP}）	 EMD4

（续）

代码	型号	功能与特点	厂家	参数	封装
MLE	1PMT12AT1,T3	齐纳二极管瞬态电压抑制器	ONSEMI	12V（V_{RWM}）、14V（V_{BR}）、1mA（I_T）、5μA（I_R）、19.9V（V_C）、10.1A（I_{PP}）	EMD4
MLP	1PMT16AT3	稳压二极管	ONSEMI	16V（V_{RWM}）、17.8V（V_{BRMIN}）、1mA（I_T）、5μA（I_R）、26V（V_C）	DO-216AA
MLP	1PMT16AT1,T3	齐纳二极管瞬态电压抑制器	ONSEMI	16V（V_{RWM}）、18.75V（V_{BR}）、1mA（I_T）、5μA（I_R）、26V（V_C）、7.7A（I_{PP}）	EMD4
MLT	1PMT18AT1,T3	齐纳二极管瞬态电压抑制器	ONSEMI	18V（V_{RWM}）、21.0V（V_{BR}）、1mA（I_T）、5μA（I_R）、29.2V（V_C）、6.8A（I_{PP}）	EMD4
MLX	1PMT22AT1,T3	齐纳二极管瞬态电压抑制器	ONSEMI	22V（V_{RWM}）、25.6V（V_{BR}）、1mA（I_T）、5μA（I_R）、35.5V（V_C）、5.6A（I_{PP}）	EMD4
MLZ	1PMT24AT1,T3	齐纳二极管瞬态电压抑制器	ONSEMI	24V（V_{RWM}）、28.1V（V_{BR}）、1mA（I_T）、5μA（I_R）、38.9V（V_C）、5.1A（I_{PP}）	EMD4
MME	1PMT26AT1,T3	齐纳二极管瞬态电压抑制器	ONSEMI	26V（V_{RWM}）、30.4V（V_{BR}）、1mA（I_T）、5μA（I_R）、42.1V（V_C）、4.8A（I_{PP}）	EMD4
MMG	1PMT28AT1,T3	齐纳二极管瞬态电压抑制器	ONSEMI	28V（V_{RWM}）、32.8V（V_{BR}）、1mA（I_T）、5μA（I_R）、45.4V（V_C）、4.4A（I_{PP}）	EMD4

（续）

代码	型　号	功能与特点	厂家	参　数	封　装
MMK	1PMT30AT1、T3	齐纳二极管瞬态电压抑制器	ONSEMI	$30V(V_{RWM})$、$35.1V(V_{BR})$、$1mA$ (I_T)、$5\mu A(I_R)$、$48.4V(V_C)$、$4.1A$ (I_{PP})	EMD4
MMM	1PMT33AT1	齐纳二极管瞬态电压抑制器	ONSEMI	$33V(V_{RWM})$、$38.7V(V_{BR})$、$1mA$ (I_T)、$5\mu A(I_R)$、$53.3V(V_C)$、$3.8A$ (I_{PP})	EMD4
MMP	1PMT36AT1	齐纳二极管瞬态电压抑制器	ONSEMI	$36V(V_{RWM})$、$42.1V(V_{BR})$、$1mA$ (I_T)、$5\mu A(I_R)$、$58.1V(V_C)$、$3.4A$ (I_{PP})	EMD4
MMR	1PMT40AT1	齐纳二极管瞬态电压抑制器	ONSEMI	$40V(V_{RWM})$、$46.8V(V_{BR})$、$1mA$ (I_T)、$5\mu A(I_R)$、$64.5V(V_C)$、$2.7A$ (I_{PP})	EMD4
MMX	1PMT48AT1	齐纳二极管瞬态电压抑制器	ONSEMI	$48V(V_{RWM})$、$56.1V(V_{BR})$、$1mA$ (I_T)、$5\mu A(I_R)$、$77.4V(V_C)$、$2.3A$ (I_{PP})	EMD4
MMZ	1PMT51AT1	齐纳二极管瞬态电压抑制器	ONSEMI	$51V(V_{RWM})$、$59.7V(V_{BR})$、$1mA$ (I_T)、$5\mu A(I_R)$、$82.4V(V_C)$、$2.1A$ (I_{PP})	EMD4
MNG	1PMT58AT1	齐纳二极管瞬态电压抑制器	ONSEMI	$58V(V_{RWM})$、$67.8V(V_{BR})$、$1mA$ (I_T)、$5\mu A(I_R)$、$93.6V(V_C)$、$1.9A$ (I_{PP})	EMD4
p1A、t1A、W1A[②]	PMST3904	NPN	NXP	$40V(V_{CEO})$、$60V(V_{CBO})$、$6V$ (V_{EBO})、$200mA(I_C)$、$200mW$ (P_{tot})、$50nA(I_{CBO})$、$300(h_{FE})$	SOT-323

（续）

代码	型　号	功能与特点	厂家	参　数	封　装
P04	DDTA123ECA	PNP 小信号晶体管	DIODE	$-50\text{V}(V_{CC})$、$10\sim-12\text{V}(V_{IN})$、$-100\text{mA}(I_O)$、$200\text{mW}(P_d)$、$-3.8\text{mA}(I_I)$、$250\text{MHz}(f_T)$	SOT-23
P08	DDTA143ECA	PNP 小信号晶体管	DIODE	$-50\text{V}(V_{CC})$、$10\sim-30\text{V}(V_{IN})$、$-100\text{mA}(I_O)$、$200\text{mW}(P_d)$、$-1.8\text{mA}(I_I)$、$250\text{MHz}(f_T)$	SOT-23
P13	DDTA114ECA	PNP 小信号晶体管	DIODE	$-50\text{V}(V_{CC})$、$10\sim-40\text{V}(V_{IN})$、$-50\text{mA}(I_O)$、$200\text{mW}(P_d)$、$-0.88\text{mA}(I_I)$、$250\text{MHz}(f_T)$	SOT-23
P17	DDTA124ECA	PNP 小信号晶体管	DIODE	$-50\text{V}(V_{CC})$、$10\sim-40\text{V}(V_{IN})$、$-30\text{mA}(I_O)$、$200\text{mW}(P_d)$、$-0.36\text{mA}(I_I)$、$250\text{MHz}(f_T)$	SOT-23
P20	DDTA144ECA	PNP 小信号晶体管	DIODE	$-50\text{V}(V_{CC})$、$10\sim-40\text{V}(V_{IN})$、$-30\text{mA}(I_O)$、$200\text{mW}(P_d)$、$-0.18\text{mA}(I_I)$、$250\text{MHz}(f_T)$	SOT-23
P24	DDTA115ECA	PNP 小信号晶体管	DIODE	$-50\text{V}(V_{CC})$、$10\sim-40\text{V}(V_{IN})$、$-20\text{mA}(I_O)$、$200\text{mW}(P_d)$、$-0.15\text{mA}(I_I)$、$250\text{MHz}(f_T)$	SOT-23
P9	DAP222T1G	频段转换二极管	ONSEMI	$80\text{V}(V_R)$、$100\text{mA}(I_F)$、$300\text{mA}(I_{FM})$、$150\text{mW}(P_D)$、$3.5\text{pF}(C_{DM})$、$4\text{ns}(t_{rrM})$	SC-75
R2	BFR93AW	5GHz 宽带晶体管	Philips	$15\text{V}(V_{CBO})$、$12\text{V}(V_{CEO})$、$35\text{mA}(I_C)$、$300\text{mW}(P_{tot})$、$90(h_{FE})$	SOT-23
RCs	BFP193	NPN 射频晶体管	SIEMENS	$12\text{V}(V_{CEO})$、$20\text{V}(V_{CES})$、$80\text{mA}(I_C)$、$10\text{mA}(I_B)$、$580\text{mW}(P_{tot})$、$8\text{GHz}(f_T)$	SOT-143
SA	BSS123	NMOSFET	FAIRCHILD	$100\text{V}(V_{DSS})$、$\pm20\text{V}(V_{GSS})$、$0.17\text{A}(I_D)$、$0.36\text{W}(P_D)$、$1.2\Omega(R_{DS(on)})$	SOT-23

（续）

代码	型　号	功能与特点	厂家	参　　数	封　装
SD0	SMS7630-020	检波二极管	ALPHA	$1V(V_{BMin})$、$0.3pF(C_T)$、$60 \sim 120mA(V_F)$、$5000\Omega(R_V)$	SOT-143
T4	NTS4409NT1G	NMOSFET	ONSEMI	$25V(V_{DSS})$、$\pm 8V(V_{GS})$、$0.75A$ (I_D)、$0.28W(P_D)$、$100nA(I_{GSS})$、$249m\Omega(R_{DS(on)})$	SC-70(SOT-323)
TS	NTS2101PT1G	PMOSFET	ONSEMI	$-8V(V_{DSS})$、$\pm 8V(V_{GS})$、$-1.4A(I_D)$、$0.29W(P_D)$、$-20V$ $(V_{(BR)DSS})$、$-0.7V(V_{GS(TH)})$、$65m\Omega(R_{DS(on)})$、$640pF(C_{ISS})$、$120pF(C_{OSS})$、$82pF(C_{RSS})$	SC-70(SOT-323)
XH	RN1107	NPN	TOSHIBA	$50V(V_{CBO})$、$50V(V_{CEO})$、$6V$ (V_{EBO})、$100mA(I_C)$、$100mW$ (P_C)、$100nA(I_{CBO})$、$80(h_{FE})$	SSM
XI	RN1108	NPN	TOSHIBA	$50V(V_{CBO})$、$50V(V_{CEO})$、$7V$ (V_{EBO})、$100mA(I_C)$、$100mW$ (P_C)、$100nA(I_{CBO})$、$80(h_{FE})$	SSM
XJ	RN1109	NPN	TOSHIBA	$50V(V_{CBO})$、$50V(V_{CEO})$、$15V$ (V_{EBO})、$100mA(I_C)$、$100mW$ (P_C)、$100nA(I_{CBO})$、$70(h_{FE})$	SSM

（续）

代码	型号	功能与特点	厂家	参数	封装
ZS2	ZHCS2000	二极管、高频整流、DC/DC 转换	ZETEX	$40V(V_R)$、$2A(I_F)$、$4A(I_{FAV})$、$20A(I_{FSM})$、$1.1W(P_{tot})$、$5.5ns$ (t_{rr})、$50pF(C_D)$、$290mV(V_F)$、$40V(V_{(BR)RMIn})$	 SOT23-6

① ＊=－表示中国香港制造，＊=t 表示马来西亚制造。
② p 表示中国香港制造，t 表示马来西亚制造，W 表示中国制造。

【问 46】 4G 手机的一些滤波器、双工器、开关速查是怎样的？

【精答】 4G 手机的一些滤波器、双工器、开关速查见表 6-33。

表 6-33　4G 手机的一些滤波器、双工器、开关速查

型号	功能	解说	内部电路与引脚功能
TQC9112	GSM/WCDMA/LTE 开关	频率范围:0.4 ~ 2.7GHz	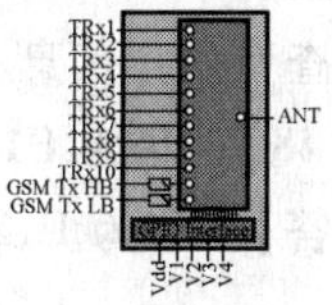
TQC9012	GSM/WCDMA/LTE 10-Linear Throw SP12T MIPI 天线开关模块	频率范围:0.4 ~ 2.7GHz	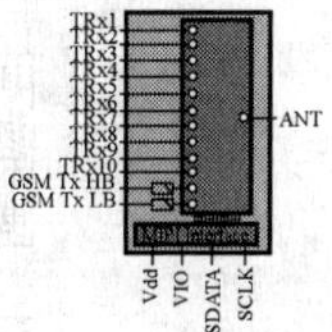
856879	LTE SAW 滤波器，SE/BAL（频段 13）	插入损耗:1.5 dB（Tx），1.6 dB（Rx） 中心频率:751 MHz 封装(mm)：2.5×2.0×0.6	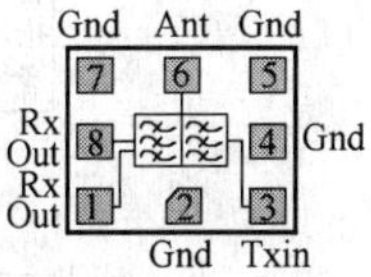
856931	LTE SAW 滤波器，SE/BAL（频段 17）	插入损耗（dB）:1.8（Tx），2.0（Rx） 中心频率:710 MHz 封装(mm)：2.5×2.0×0.6	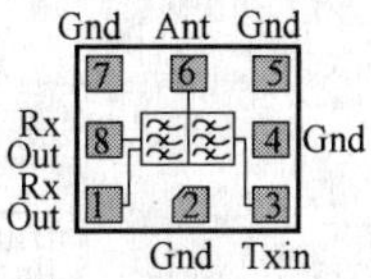
856979	LTE SAW 双工器，SE/BAL（频段 20）	插入损耗（dB）:2.5（Tx），2.5（Rx） 中心频率:847 MHz 封装：2.5 mm×2.0 mm×0.6 mm	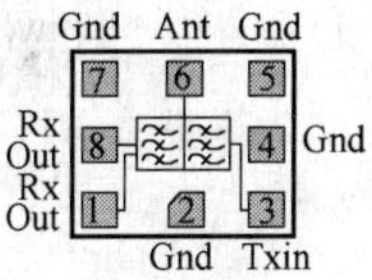

（续）

型号	功能	解说	内部电路与引脚功能
885032	2.4GHz WLAN/BT LTE 共存滤波器	封装：1.4mm×1.2mm×0.46mm 带宽：79MHz 通带插入损耗：1.4dB 陷波频率抑制：50dB	Gnd Input ① Output ④ Gnd ③ Gnd

【问 47】 中兴 C700 cdma2000 1X 版本验证的特殊指令是怎样的？

【精答】 中兴 C700 cdma2000 1X 版本验证的特殊指令如下：

1）手机自检：＊983＊0#（可以检测手机的显示、键盘、振动、铃音、音频回路）。

2）查看 FLASH 版本：＊983＊837#。

3）查看 EEPROM 版本：＊983＊33837#。

4）查看生产信息：＊983＊8#。

【问 48】 华为 U1280 元器件位置与故障速查是怎样的？

【精答】 华为 U1280 元器件位置与故障速查如图 6-41、图 6-42 所示。

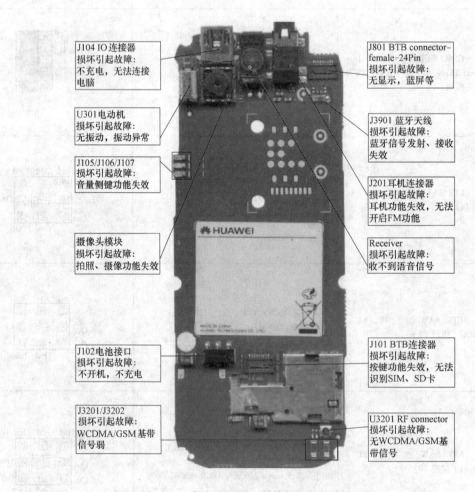

图 6-41　华为 U1280 元器件位置与故障速查图 1

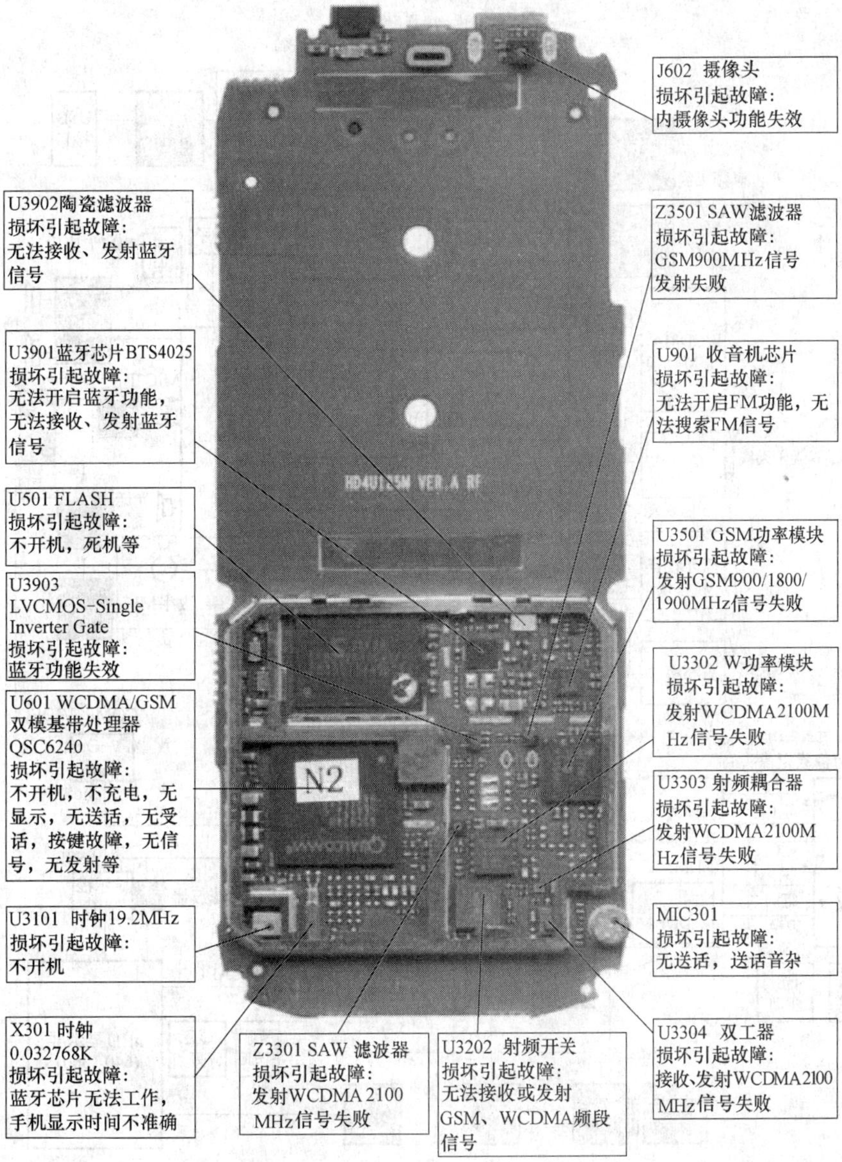

U3902陶瓷滤波器
损坏引起故障:
无法接收、发射蓝牙
信号

U3901蓝牙芯片BTS4025
损坏引起故障:
无法开启蓝牙功能,
无法接收、发射蓝牙
信号

U501 FLASH
损坏引起故障:
不开机,死机等

U3903
LVCMOS-Single
Inverter Gate
损坏引起故障:
蓝牙功能失效

U601 WCDMA/GSM
双模基带处理器
QSC6240
损坏引起故障:
不开机,不充电,无
显示,无送话,无受
话,按键故障,无信
号,无发射等

U3101　时钟19.2MHz
损坏引起故障:
不开机

X301 时钟
0.032768K
损坏引起故障:
蓝牙芯片无法工作,
手机显示时间不准确

Z3301 SAW 滤波器
损坏引起故障:
发射WCDMA 2100
MHz信号失败

U3202　射频开关
损坏引起故障:
无法接收或发射
GSM、WCDMA频段
信号

J602　摄像头
损坏引起故障:
内摄像头功能失效

Z3501 SAW滤波器
损坏引起故障:
GSM900MHz信号
发射失败

U901　收音机芯片
损坏引起故障:
无法开启FM功能,无
法搜索FM信号

U3501 GSM功率模块
损坏引起故障:
发射GSM900/1800/
1900MHz信号失败

U3302 W功率模块
损坏引起故障:
发射WCDMA2100M
Hz信号失败

U3303 射频耦合器
损坏引起故障:
发射WCDMA2100M
Hz信号失败

MIC301
损坏引起故障:
无送话,送话音杂

U3304　双工器
损坏引起故障:
接收、发射WCDMA2100
MHz信号失败

图 6-42　华为 U1280 元器件位置与故障速查图 2

【问 49】 诺基亚 X6 原理框图是怎样的?

【精答】 诺基亚 X6 原理框图如图 6-43 所示。

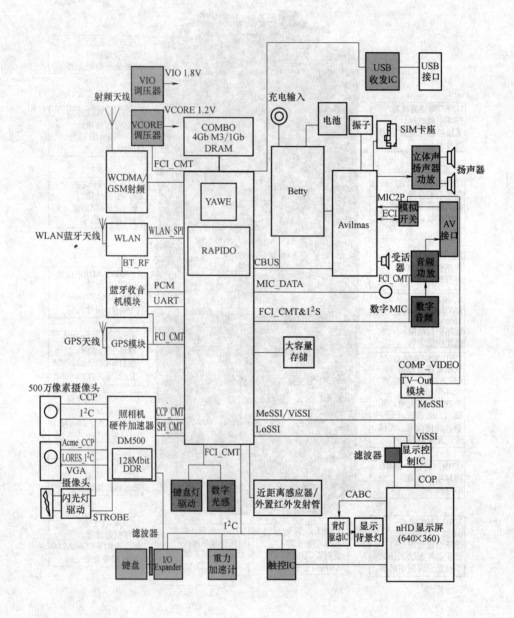

图 6-43　诺基亚 X6 原理框图

【问 50】　诺基亚 N800 内部主要组件图解是怎样的?

【精答】　诺基亚 N800 内部主要组件图解如图 6-44、图 6-45 所示。

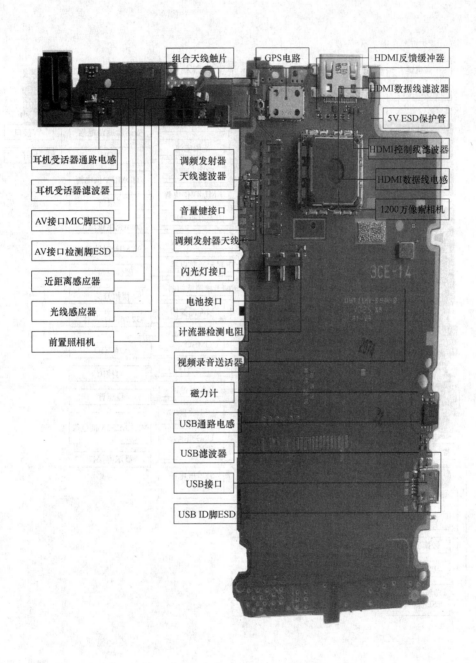

组合天线触片　GPS电路　HDMI反馈缓冲器

HDMI数据线滤波器

5V ESD保护管

HDMI控制线滤波器

HDMI数据线电感

1200万像素相机

耳机受话器通路电感

耳机受话器滤波器

AV接口MIC脚ESD

AV接口检测脚ESD

近距离感应器

光线感应器

前置照相机

调频发射器天线滤波器

音量键接口

调频发射器天线

闪光灯接口

电池接口

计流器检测电阻

视频录音送话器

磁力计

USB通路电感

USB滤波器

USB接口

USB ID脚ESD

图 6-44　诺基亚 N800 内部主要组件图解 1

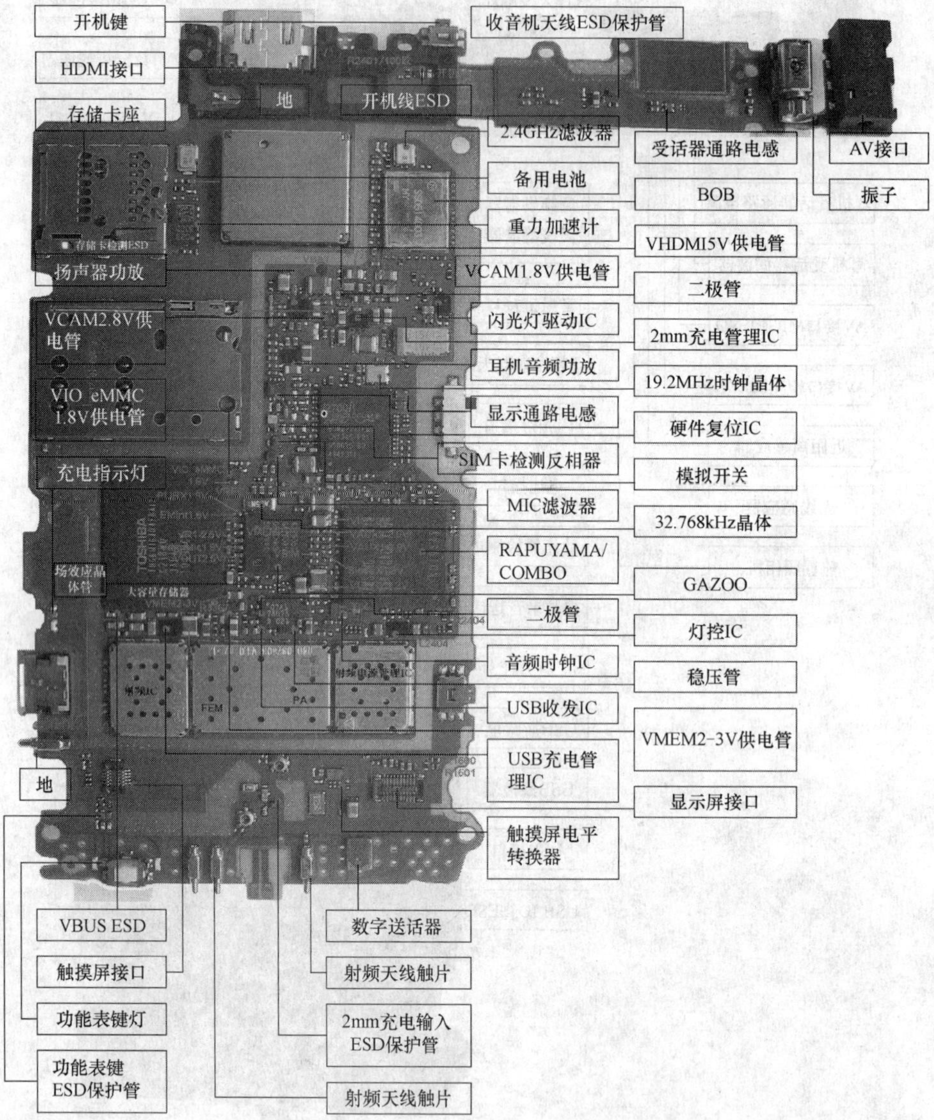

图 6-45　诺基亚 N800 内部主要组件图解 2

【问 51】　诺基亚 N9 内部主要组件图解是怎样的？

【精答】　诺基亚 N9 内部主要组件图解如图 6-46 所示。

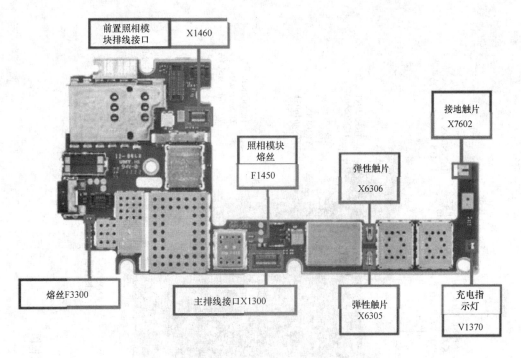

a) 顶部

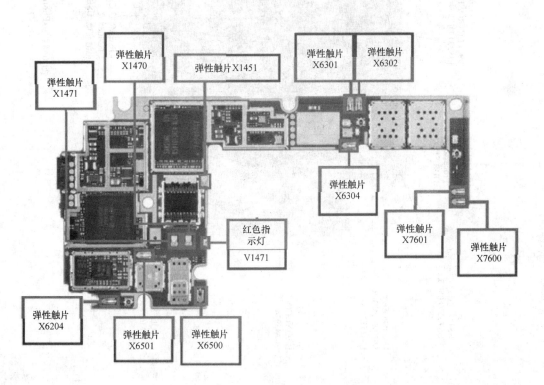

b) 底部

图 6-46　诺基亚 N9 内部主要组件图解

[问 52]　iPhone 3G 主板图是怎样的？

[精答]　iPhone 3G 主板图如图 6-47 所示。

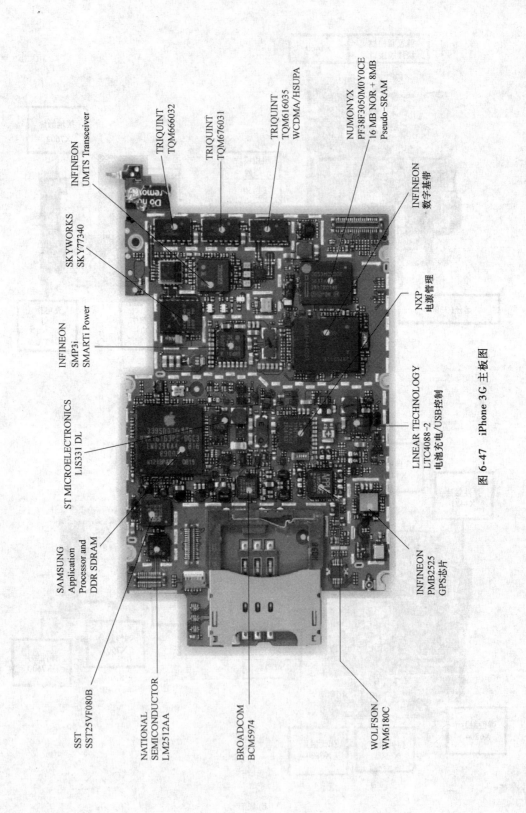

图 6-47　iPhone 3G 主板图

SST
SST25VF080B

NATIONAL
SEMICONDUCTOR
LM2512AA

SAMSUNG
Application
Processor and
DDR SDRAM

ST MICROELECTRONICS
LIS331 DL

INFINEON
SMP3i
SMARTi Power

SKYWORKS
SKY77340

INFINEON
UMTS Transceiver

TRIQUINT
TQM666032

TRIQUINT
TQM676031

TRIQUINT
TQM61035
WCDMA/HSUPA

NUMONYX
PF38F3050M0Y0CE
16 MB NOR + 8MB
Pseudo-SRAM

INFINEON
数字基带

NXP
电源管理

LINEAR TECHNOLOGY
LTC4088-2
电池充电/USB控制

INFINEON
PMB2525
GPS芯片

WOLFSON
WM6180C

BROADCOM
BCM5974

【问 53】 **iPhone 4 主要应用元器件速查是怎样的？**

【精答】 iPhone 4 主要应用元器件如下：

3 轴加速器 STM33DH（意法半导体）。

A4 处理器（三星）。

GPS 接收器 BCM4750IUB8（Broadcom）。

GSM/GPRS 前端模块 SKY77541。

Tx- Rx iPAC FEM 的 SKY77542（Skyworks）。

触摸屏控制器 Texas Instruments 343S0499（德州仪器）。

蓝牙 2.1 + EDR 和 FM 接收器 BCM4329FKUBG 802.11n（Broadcom）。

闪存 K9PFG08（三星，苹果 iPhone 4 目前有 16GB、32GB 两种配置）。

音频解码器 338S0589（Cirrus Logic）。

【问 54】 **iPhone 4 内部主要组件图解是怎样的？**

【精答】 iPhone 4 内部主要组件图解如图 6-48 所示。

图 6-48 iPhone 4 内部主要组件图解

【问 55】　怎样维修 iPhone 4S 主板？

【精答】　iPhone 4S 主板维修情况如图 6-49 所示。

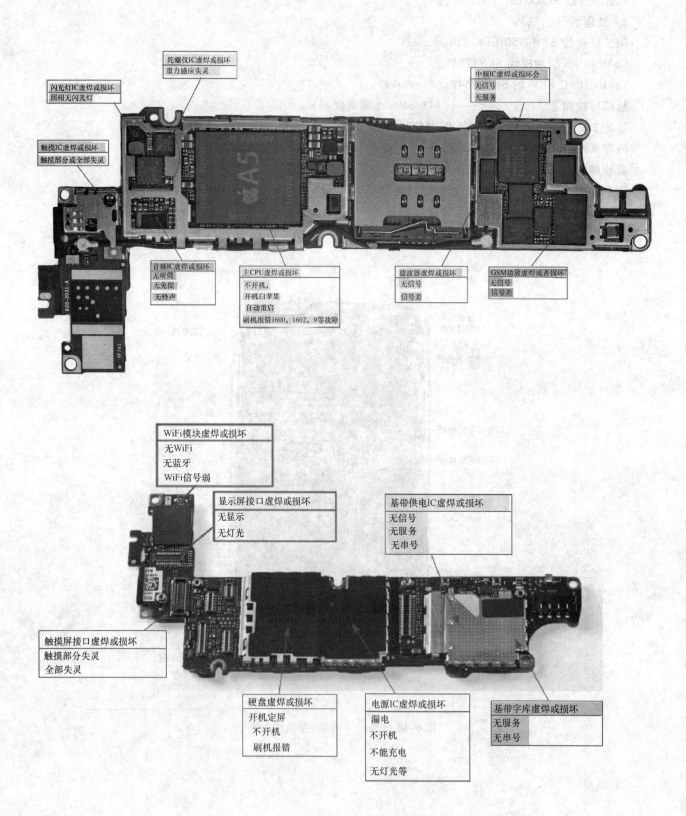

图 6-49　iPhone 4S 主板维修情况

【问 56】　**iPhone 5 内部主要组件图解是怎样的？**

【精答】　iPhone 5 内部主要组件图解如图 6-50 所示。

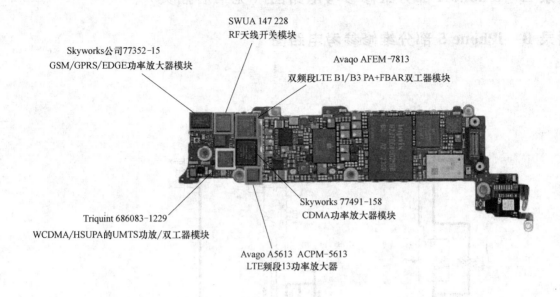

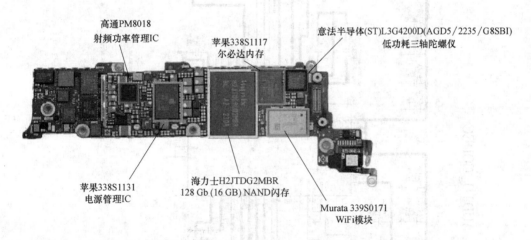

图 6-50　iPhone5 内部主要组件图解

【问 57】　**小米 1S 主板元器件分布是怎样的？**

【精答】　小米 1S 主板元器件分布如图 6-51 所示（见书后插页）。

附　　录

附录 A　iPhone 4 部分维修参考电路图（见书后插页）

附录 B　iPhone 5 部分维修参考电路图

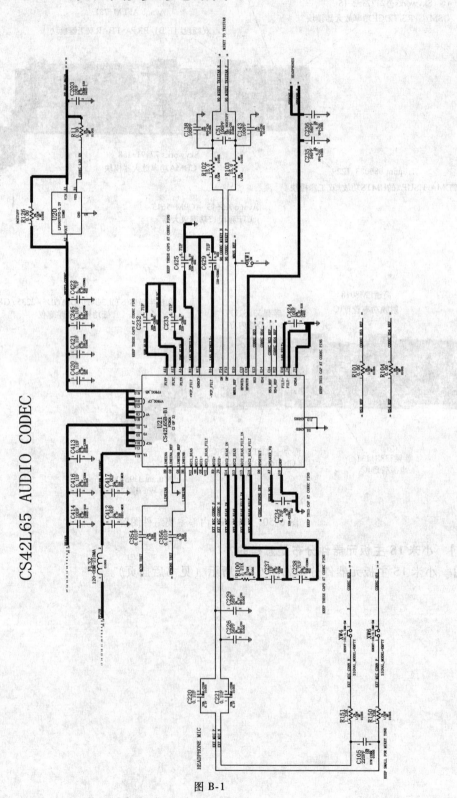

图 B-1

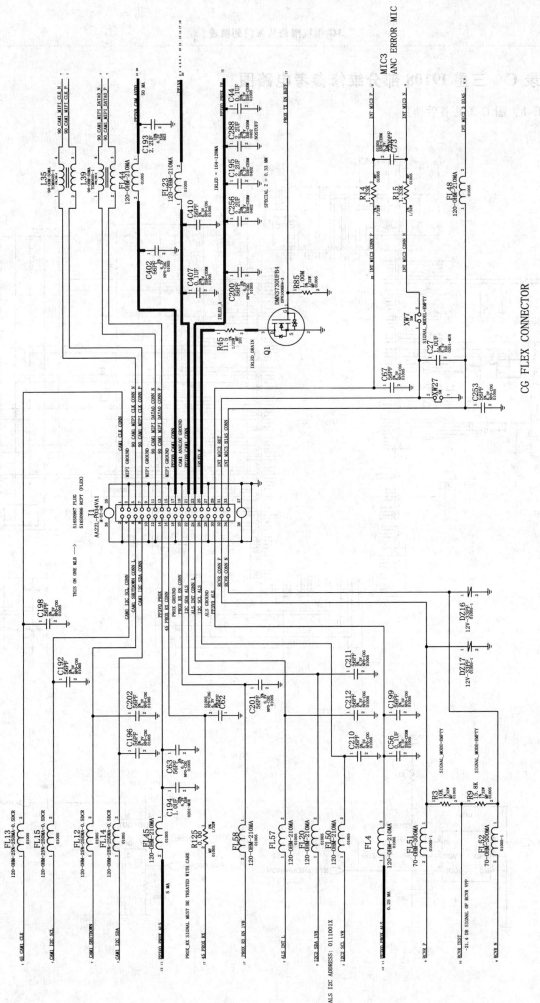

CG FLEX CONNECTOR

图 B-2

附录 C　三星 I9108 部分维修参考电路图

图 C-1、图 C-2 见书后插页。

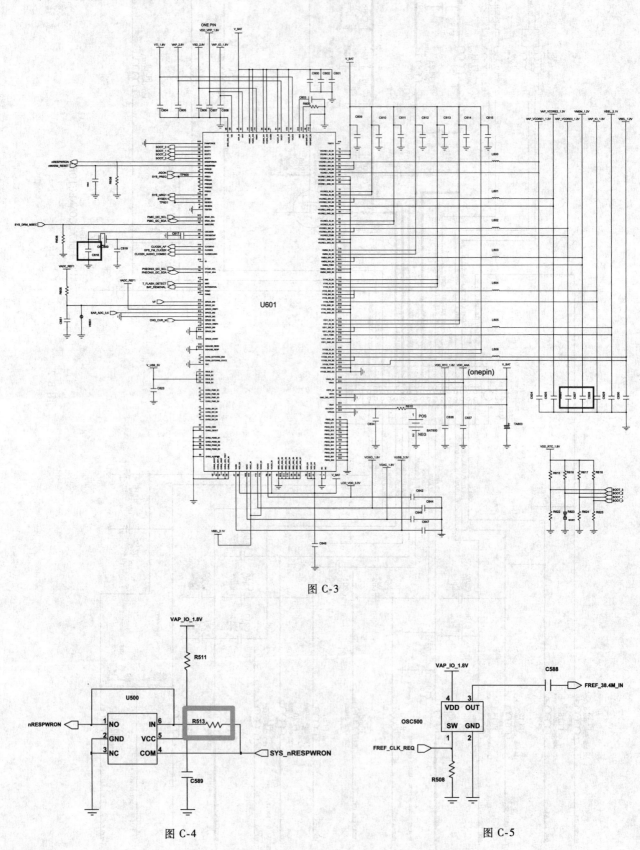

图 C-3

图 C-4

图 C-5

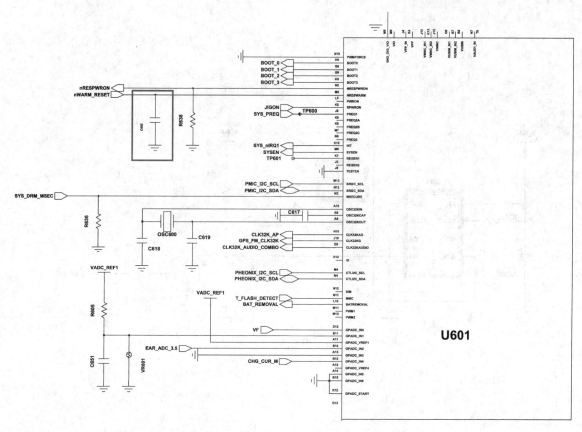

图 C-6

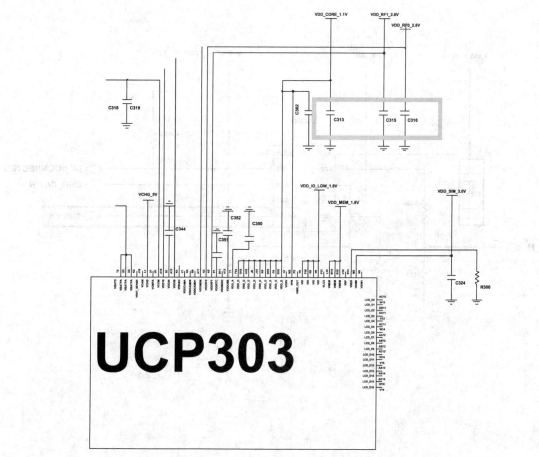

图 C-7

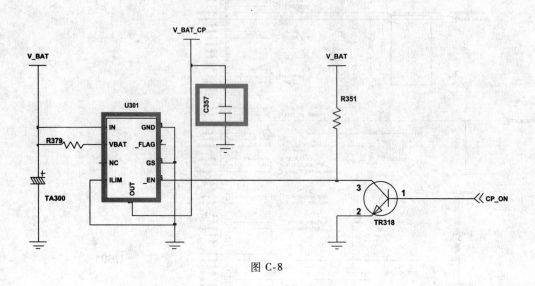

图 C-8

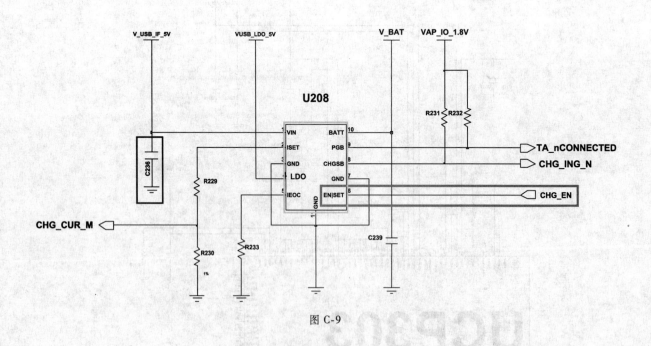

图 C-9

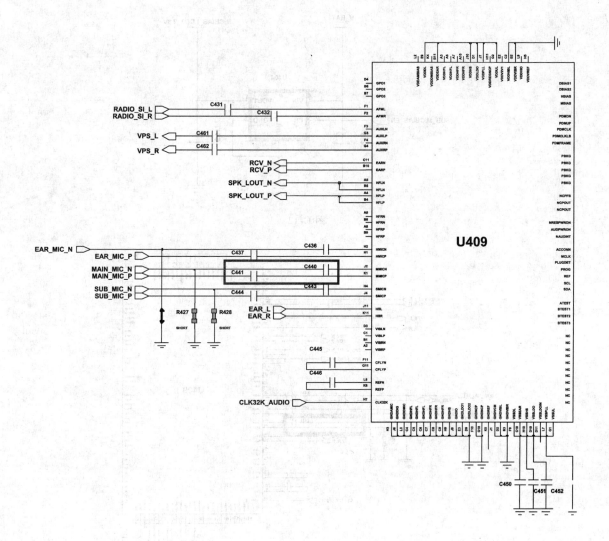

图 C-10

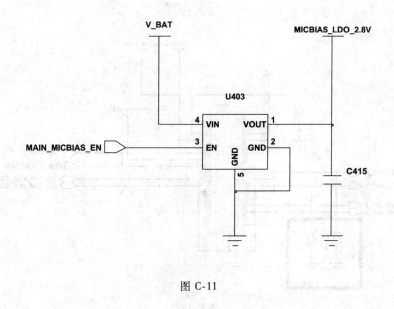

图 C-11

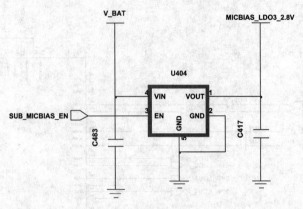

图 C-12

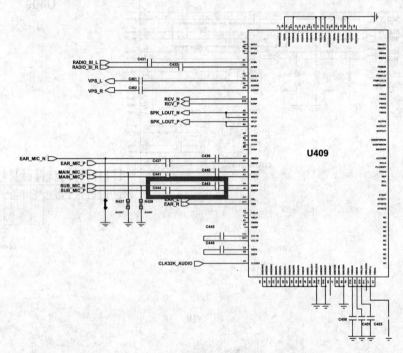

图 C-13

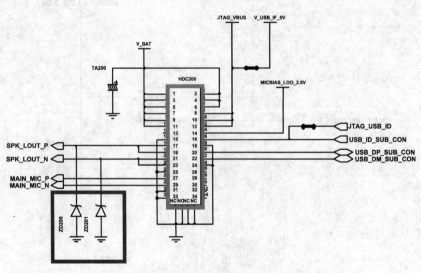

图 C-14

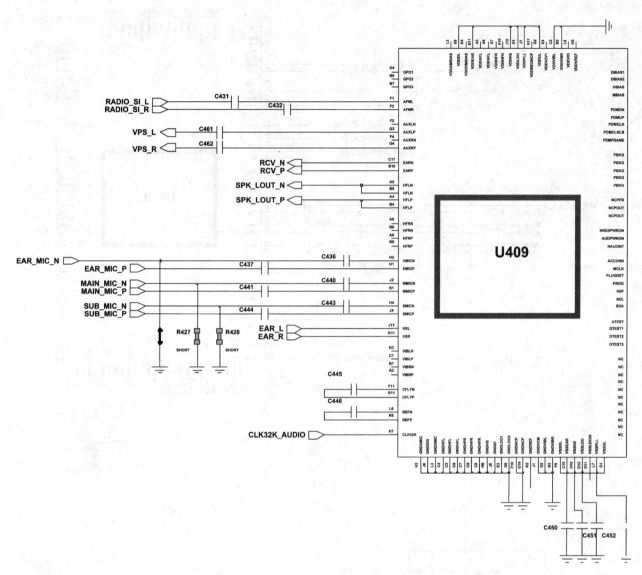

图 C-15

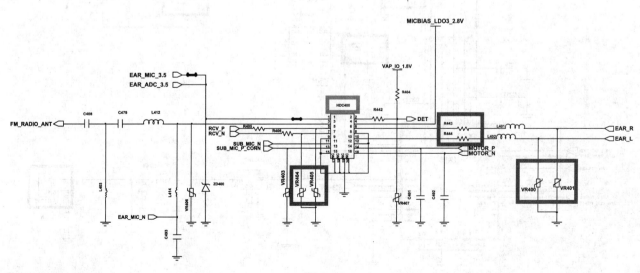

图 C-16

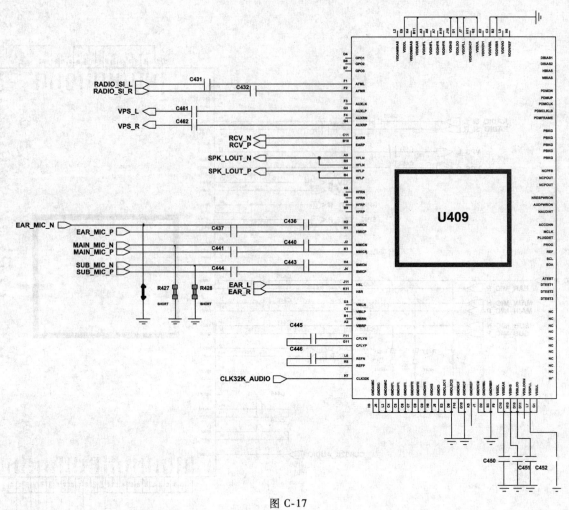

图 C-17

图 C-18

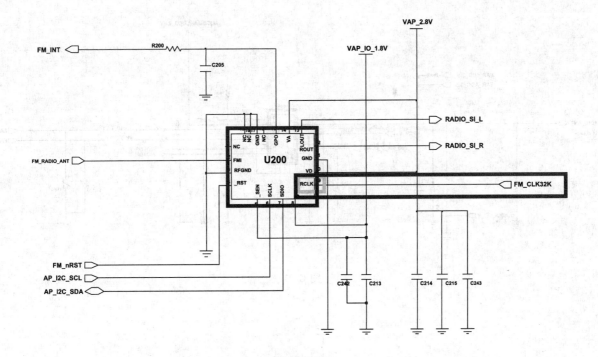

图 C-19

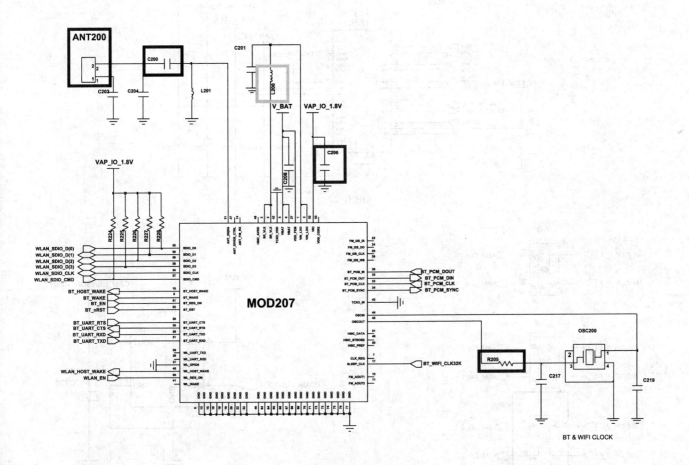

图 C-20

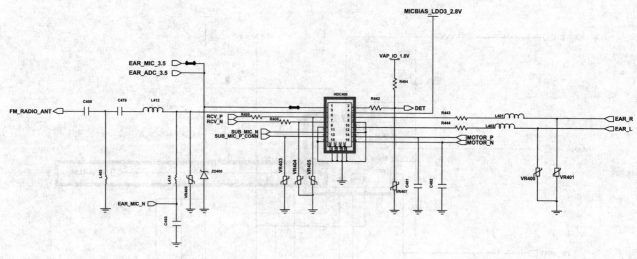

图 C-21

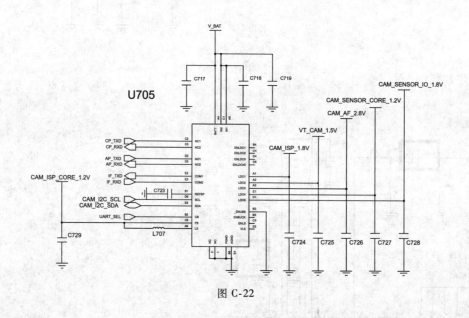

图 C-22

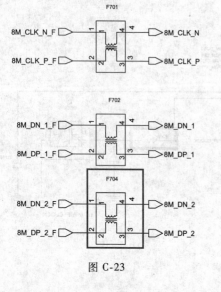

图 C-23

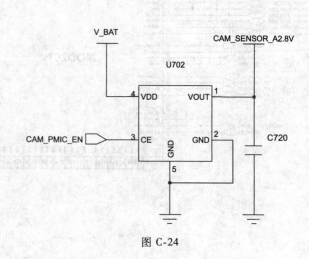

图 C-24

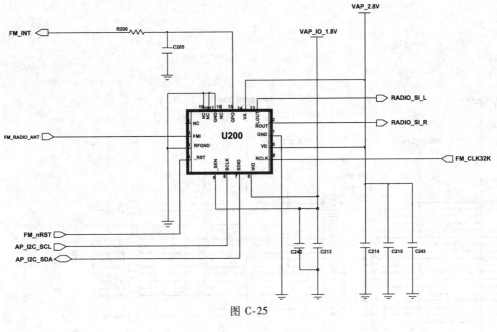

图 C-25

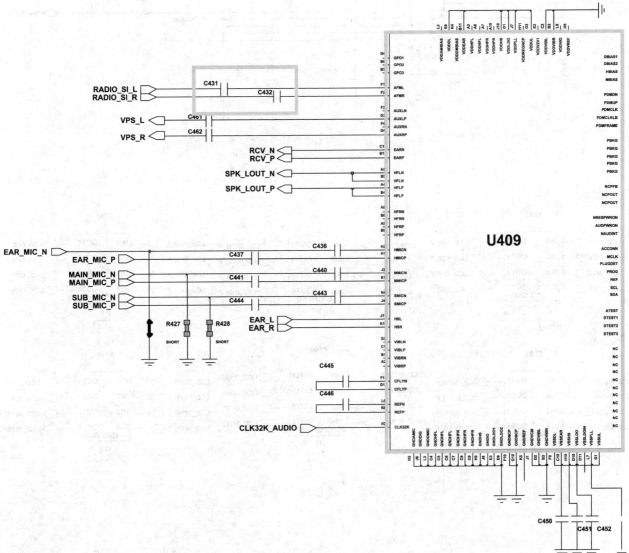

图 C-26

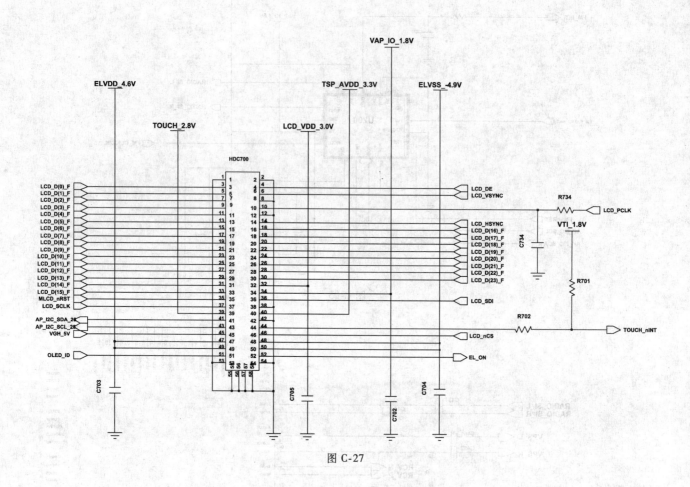

图 C-27

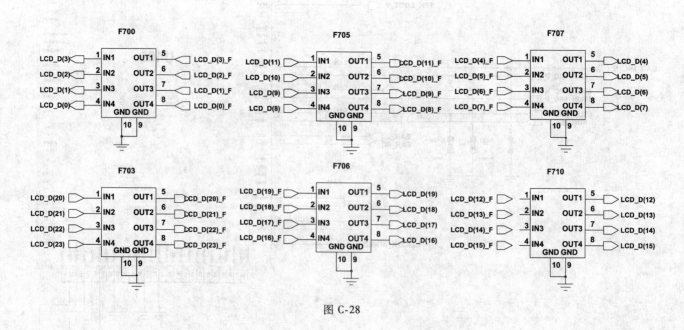

图 C-28

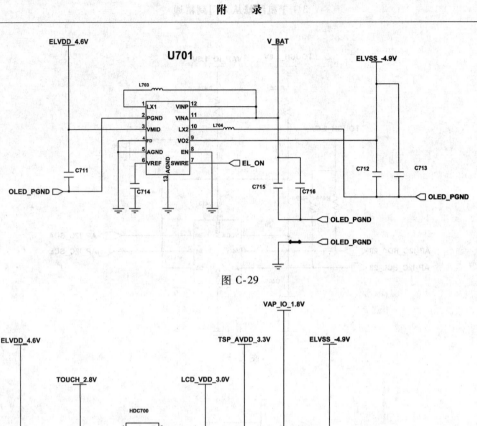

图 C-29

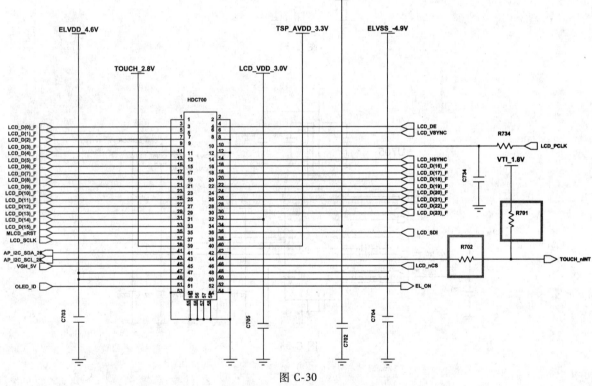

图 C-30

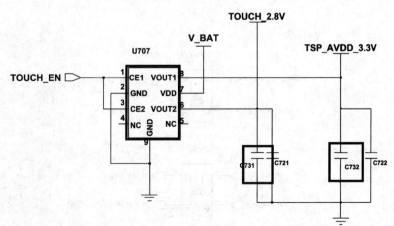

图 C-31

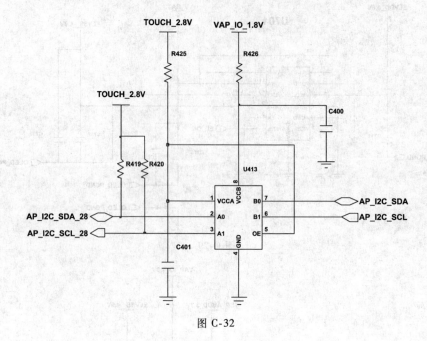

图 C-32

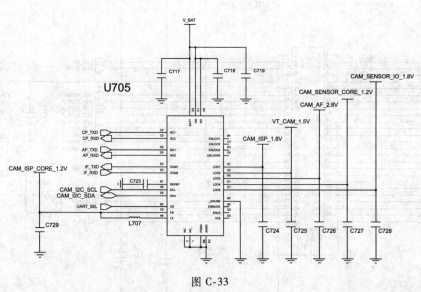

图 C-33

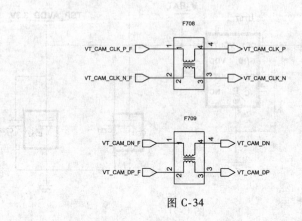

图 C-34

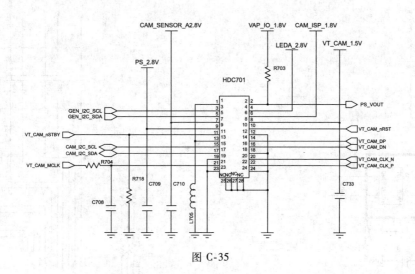

图 C-35

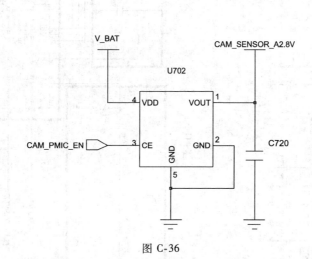

图 C-36

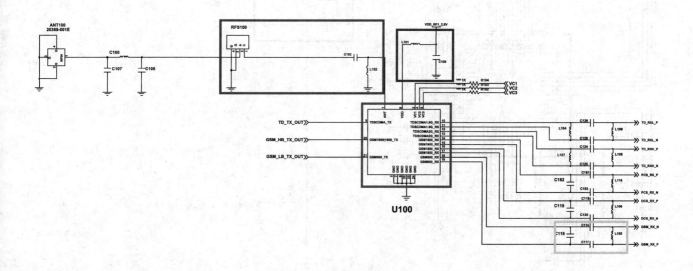

图 C-37

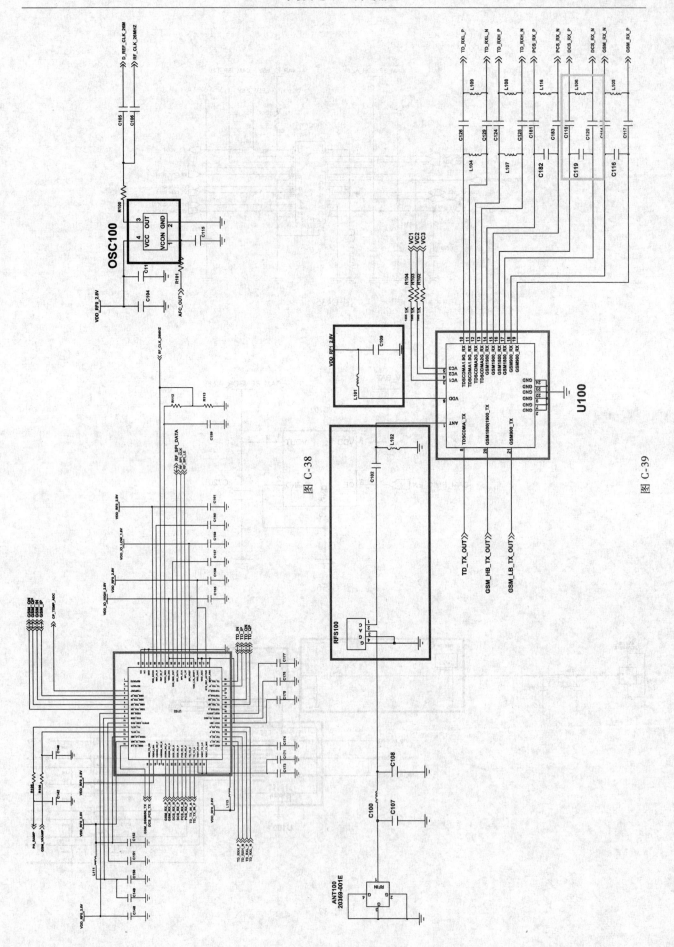

图 C-38

图 C-39

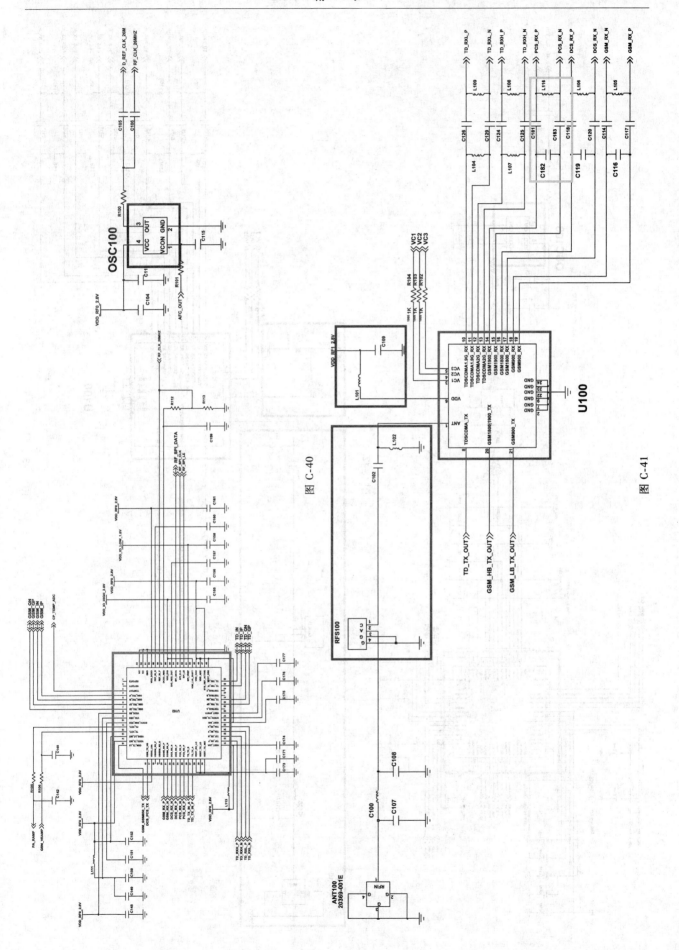

图 C-40

图 C-41

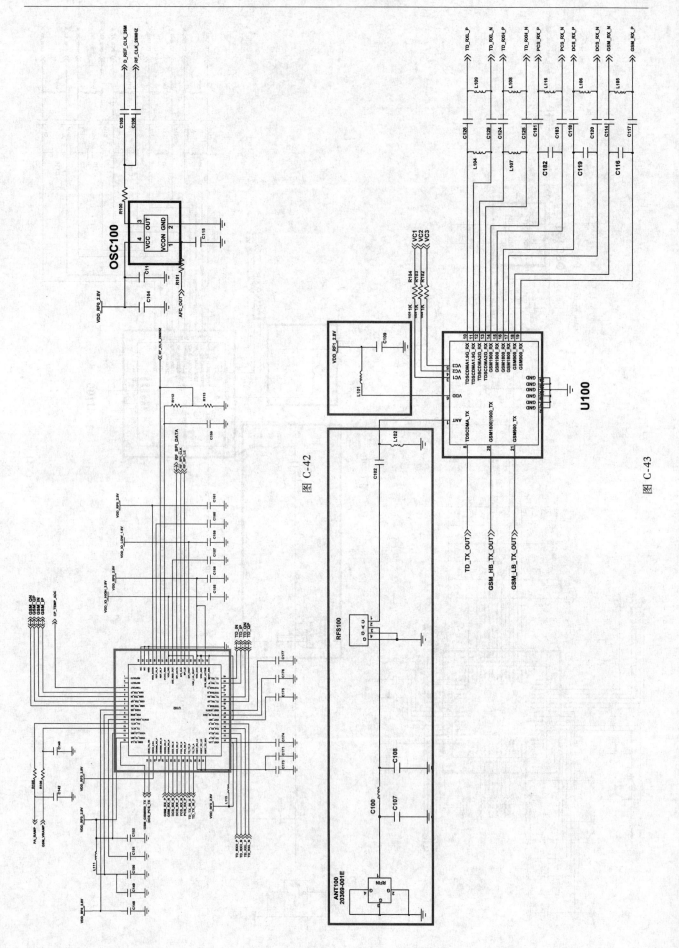

图 C-42

图 C-43

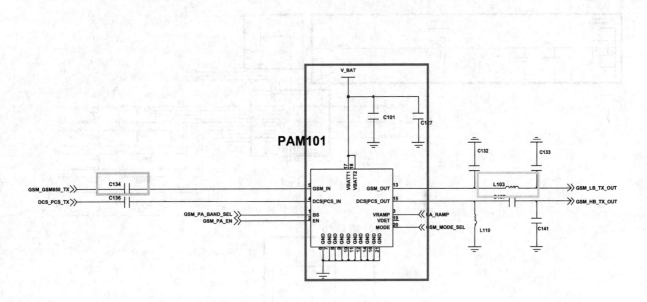

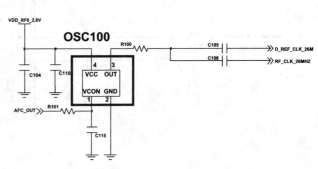

图 C-44

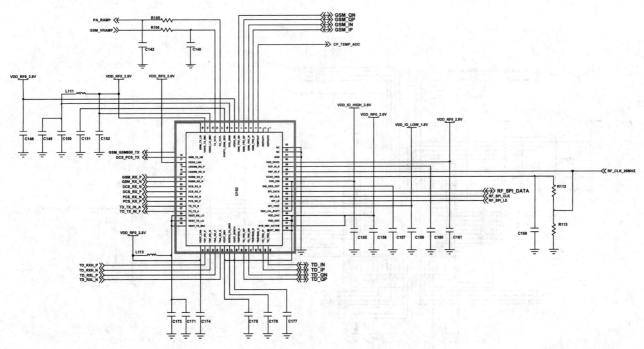

图 C-45

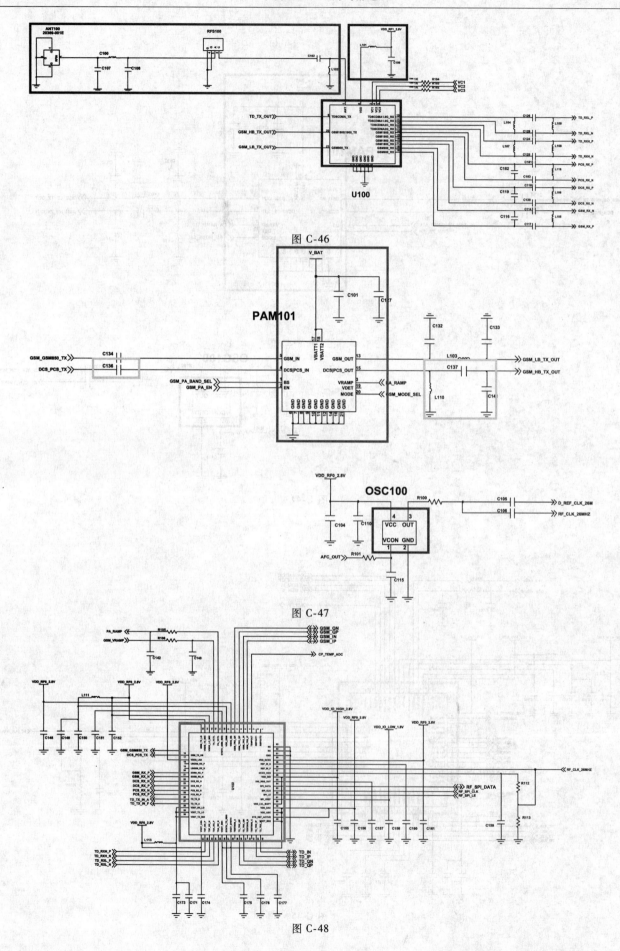

图 C-46

图 C-47

图 C-48

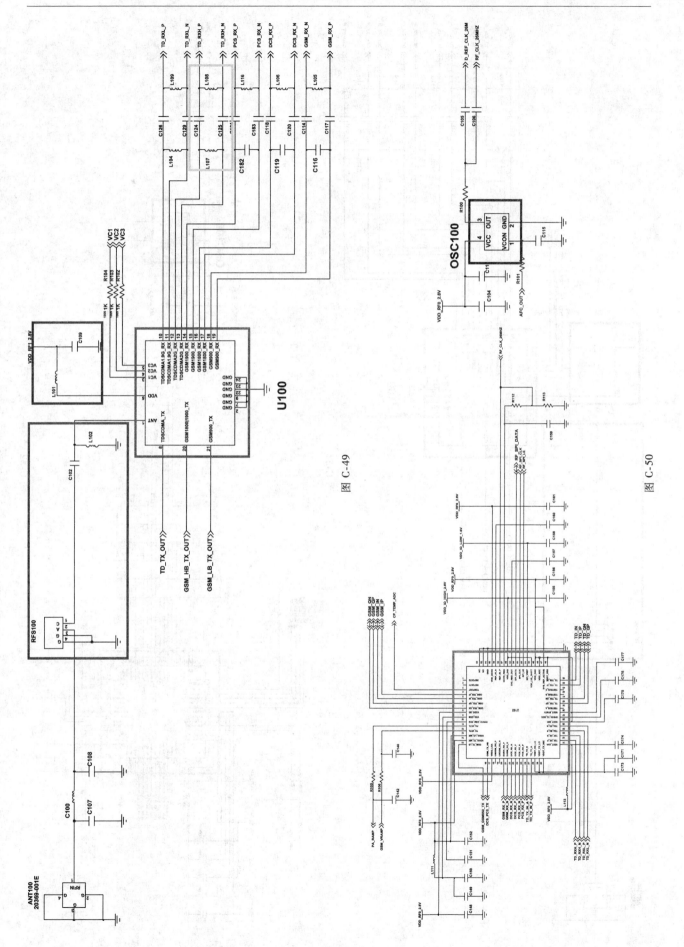

图 C-49

图 C-50

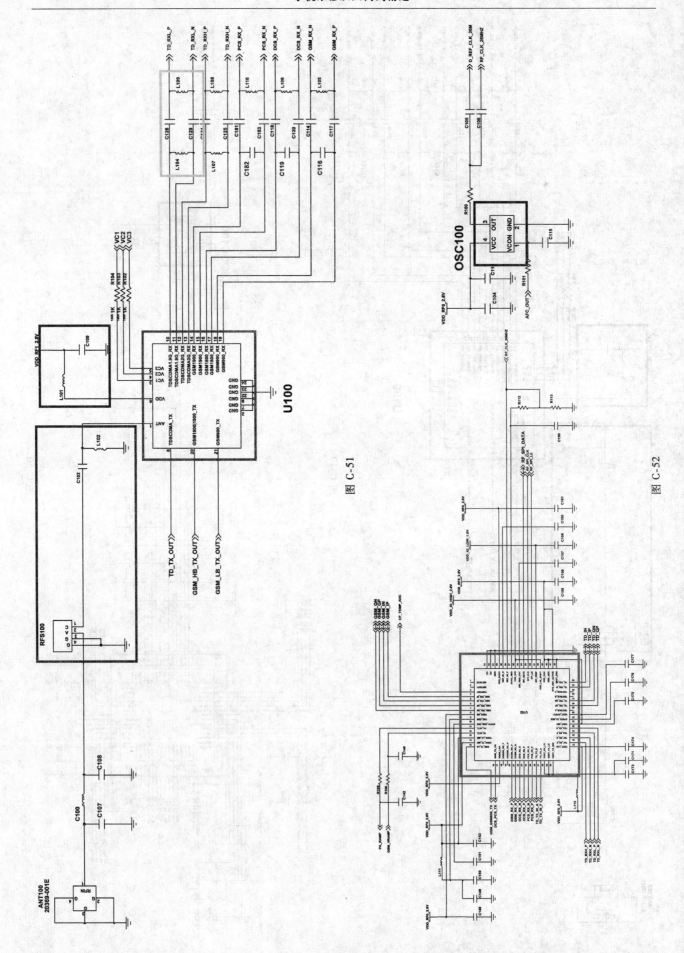

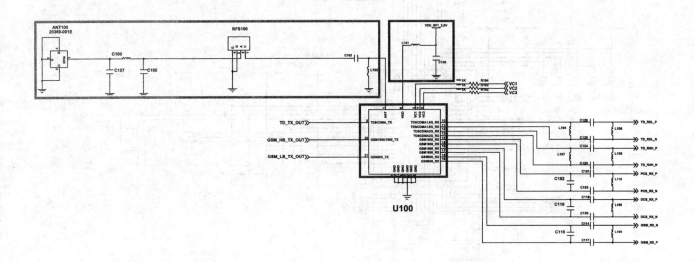

图 C-53

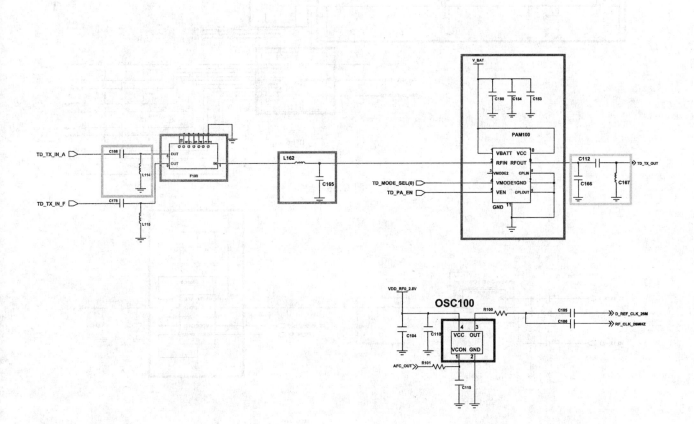

图 C-54

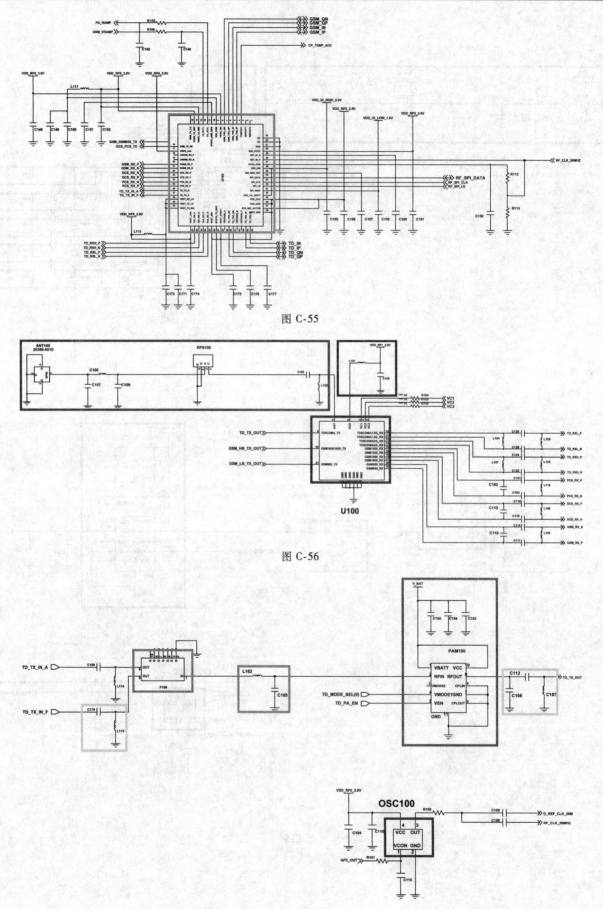

图 C-55

图 C-56

图 C-57

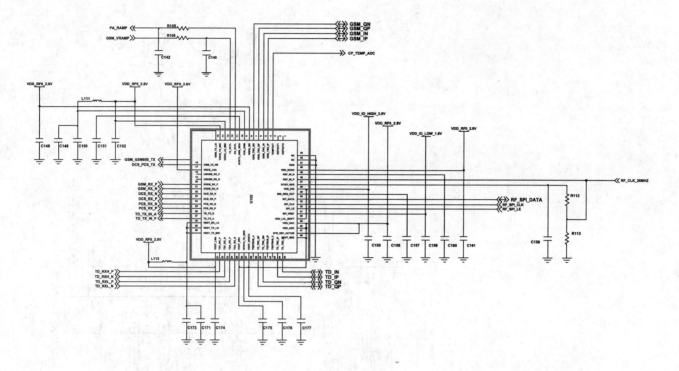

图 C-58

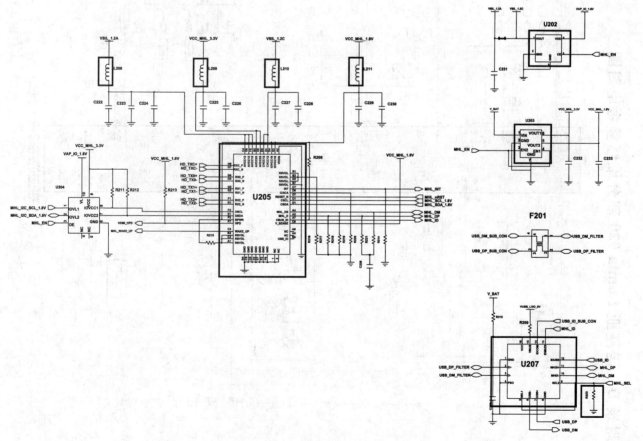

图 C-59

附录 D　诺基亚 Lumia 920 部分维修参考电路图

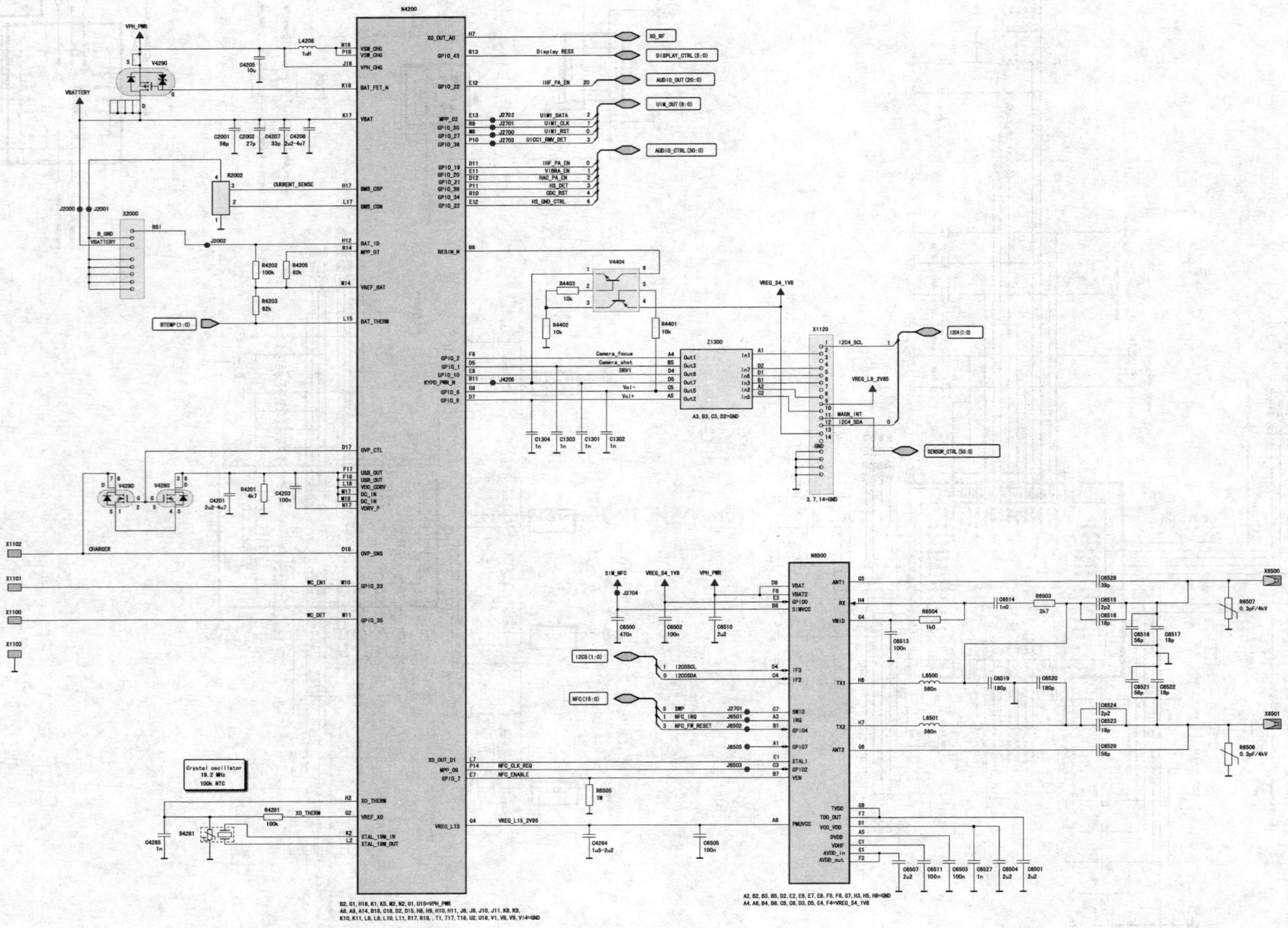

图 D-1

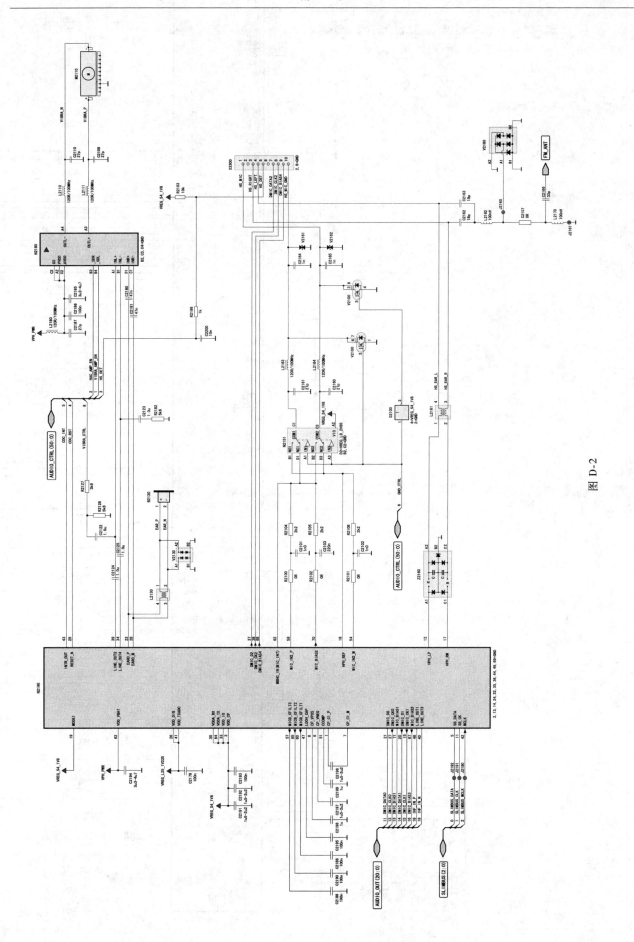

图 D-2

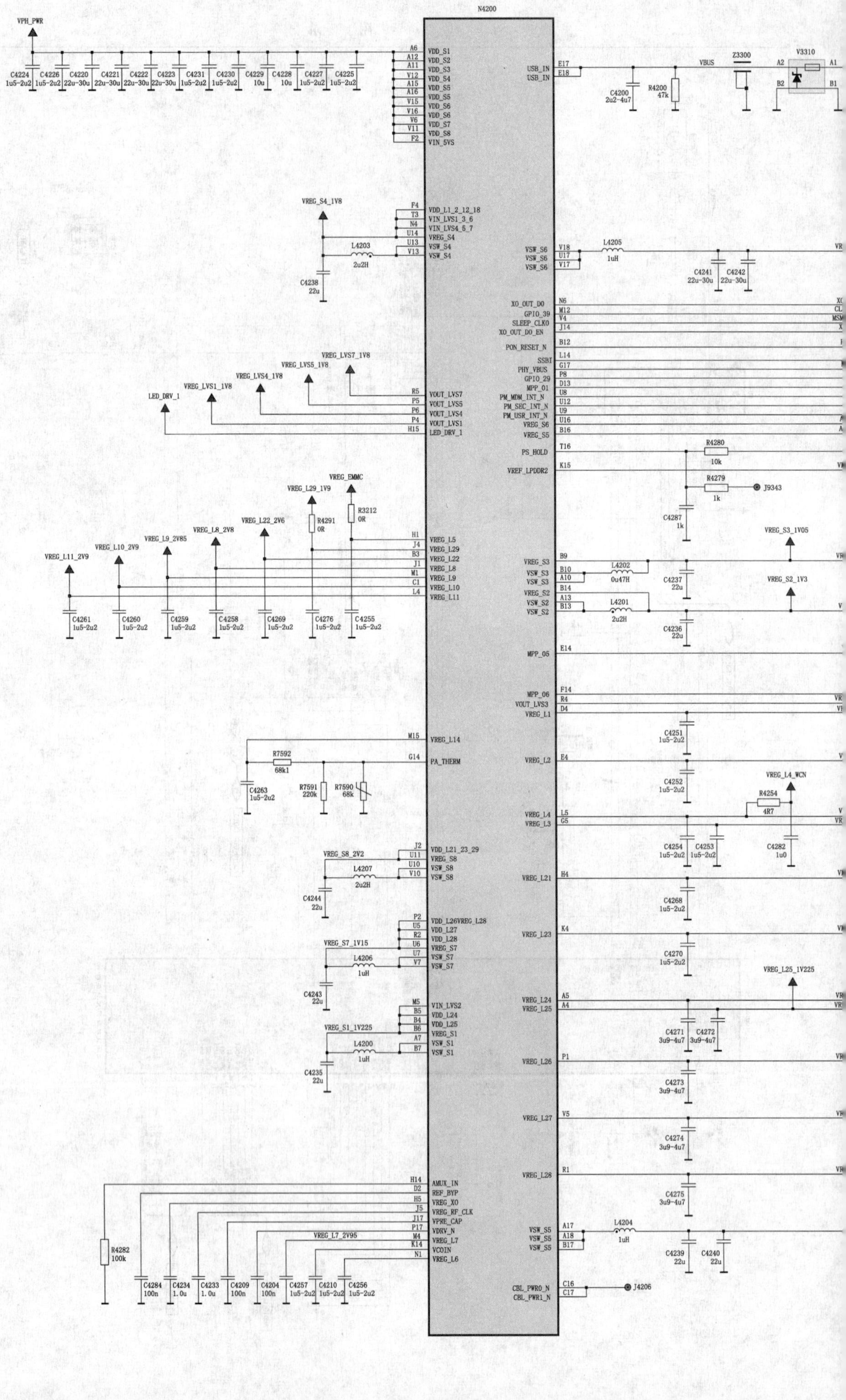

N4200
VPH_PWR
C4224 1u5-2u2
C4226 1u5-2u2
C4220 22u-30u
C4221 22u-30u
C4222 22u-30u
C4223 22u-30u
C4231 1u5-2u2
C4230 1u5-2u2
C4229 10u
C4228 10u
C4227 1u5-2u2
C4225 1u5-2u2
A6 VDD_S1
A12 VDD_S2
A11 VDD_S3
V12 VDD_S4
A15 VDD_S5
A16 VDD_S5
V15 VDD_S6
V16 VDD_S6
V6 VDD_S7
V11 VDD_S8
F2 VIN_5VS
USB_IN E17
USB_IN E18
VBUS
C4200 2u2-4u7
R4200 47k
Z3300
V3310
A2 A1 B2 B1
VREG_S4_1V8
F4 VDD_L1_2_12_18
T3 VIN_LVS1_3_6
N4 VIN_LVS4_5_7
U14 VREG_S4
U13 VSW_S4
V13 VSW_S4
L4203 2u2H
C4238 22u
VSW_S6 V18
VSW_S6 U17
VSW_S6 V17
L4205 1uH
C4241 22u-30u
C4242 22u-30u
XO_OUT_D0 N6
GPIO_39 M12
SLEEP_CLK0 V4
XO_OUT_D0_EN J14
PON_RESET_N B12
SSBI L14
PHY_VBUS G17
GPIO_29 P8
MPP_01 D13
PM_MDM_INT_N U8
PM_SEC_INT_N U12
PM_USR_INT_N U9
VREG_S6 U16
VREG_S5 B16
VREG_LVS7_1V8
VREG_LVS5_1V8
VREG_LVS4_1V8
VREG_LVS1_1V8
LED_DRV_1
R5 VOUT_LVS7
P5 VOUT_LVS5
P6 VOUT_LVS4
P4 VOUT_LVS1
H15 LED_DRV_1
PS_HOLD T16
R4280 10k
VREF_LPDDR2 K15
R4279 1k
J9343
C4287 1k
VREG_EMMC
VREG_L29_1V9
R3212 0R
R4291 0R
VREG_L22_2V6
VREG_L8_2V8
VREG_L9_2V85
VREG_L10_2V9
VREG_L11_2V9
H1 VREG_L5
J4 VREG_L29
B3 VREG_L22
J1 VREG_L8
M1 VREG_L9
C1 VREG_L10
L4 VREG_L11
C4261 1u5-2u2
C4260 1u5-2u2
C4259 1u5-2u2
C4258 1u5-2u2
C4269 1u5-2u2
C4276 1u5-2u2
C4255 1u5-2u2
VREG_S3 B9
VSW_S3 B10
VSW_S3 A10
L4202 0u47H
C4237 22u
VREG_S3_1V05
VREG_S2 B14
VSW_S2 A13
VSW_S2 B13
L4201 2u2H
C4236 22u
VREG_S2_1V3
MPP_05 E14
MPP_06 F14
VOUT_LVS3 R4
VREG_L1 D4
C4251 1u5-2u2
M15 VREG_L14
G14 PA_THERM
R7592 68k1
C4263 1u5-2u2
R7591 220k
R7590 68k
VREG_L2 E4
C4252 1u5-2u2
VREG_L4_WCN
R4254 4R7
VREG_L4 L5
VREG_L3 G5
C4254 1u5-2u2
C4253 1u5-2u2
C4282 1u0
J2 VDD_L21_23_29
U11 VREG_S8
U10 VSW_S8
V10 VSW_S8
VREG_S8_2V2
L4207 2u2H
C4244 22u
VREG_L21 H4
C4268 1u5-2u2
P2 VDD_L26VREG_L28
U5 VDD_L27
R2 VDD_L28
U6 VREG_S7
U7 VSW_S7
V7 VSW_S7
VREG_S7_1V15
L4206 1uH
C4243 22u
VREG_L23 K4
C4270 1u5-2u2
M5 VIN_LVS2
B5 VDD_L24
B4 VDD_L25
B6 VREG_S1
A7 VSW_S1
B7 VSW_S1
VREG_S1_1V225
L4200 1uH
C4235 22u
VREG_L25_1V225
VREG_L24 A5
VREG_L25 A4
C4271 3u9-4u7
C4272 3u9-4u7
VREG_L26 P1
C4273 3u9-4u7
VREG_L27 V5
C4274 3u9-4u7
VREG_L28 R1
C4275 3u9-4u7
H14 AMUX_IN
D2 REF_BYP
H5 VREG_XO
J5 VREG_RF_CLK
J17 VPRE_CAP
P17 VDRV_N
M4 VREG_L7
K14 VCOIN
N1 VREG_L6
VREG_L7_2V95
R4282 100k
C4284 100n
C4234 1.0u
C4233 1.0u
C4209 100n
C4204 100n
C4257 1u5-2u2
C4210 1u5-2u2
C4256 1u5-2u2
VSW_S5 A17
VSW_S5 A18
VSW_S5 B17
L4204 1uH
C4239 22u
C4240 22u
CBL_PWR0_N C16
CBL_PWR1_N C17
J4206

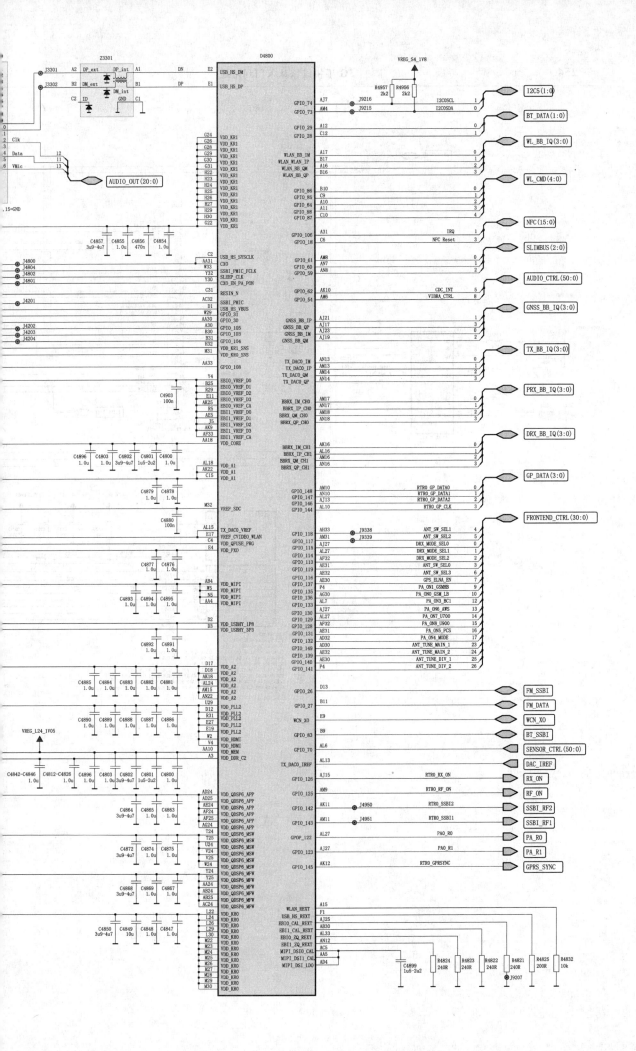

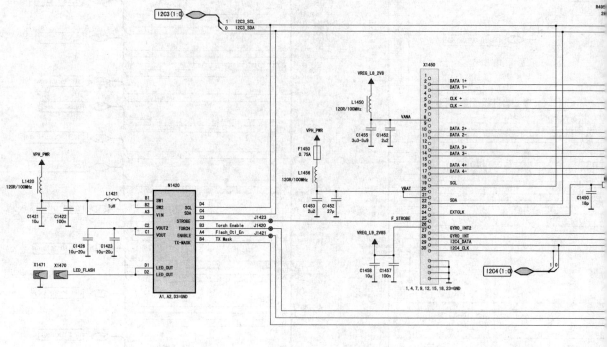

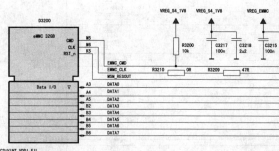

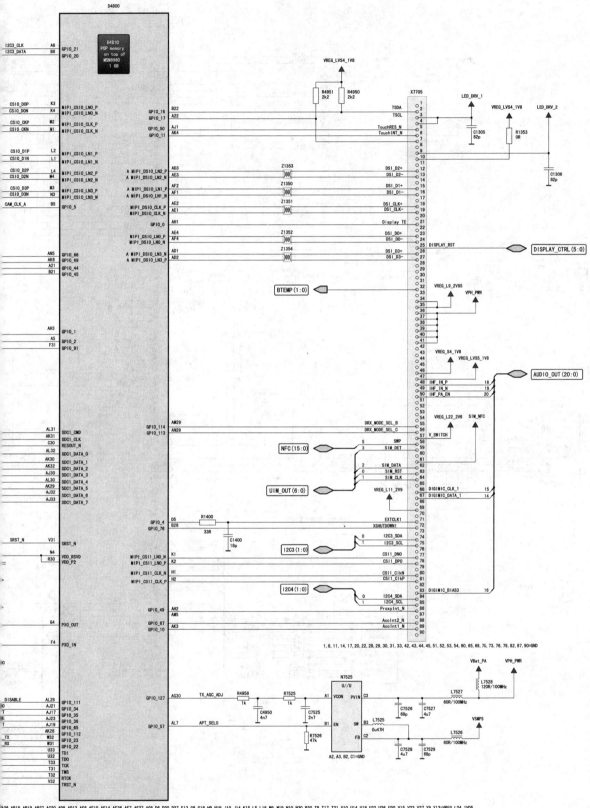

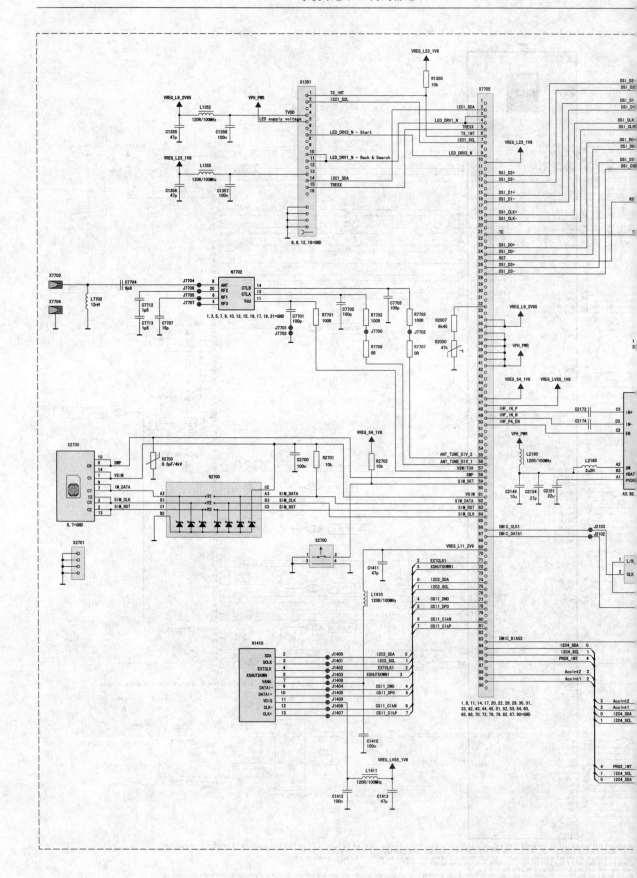

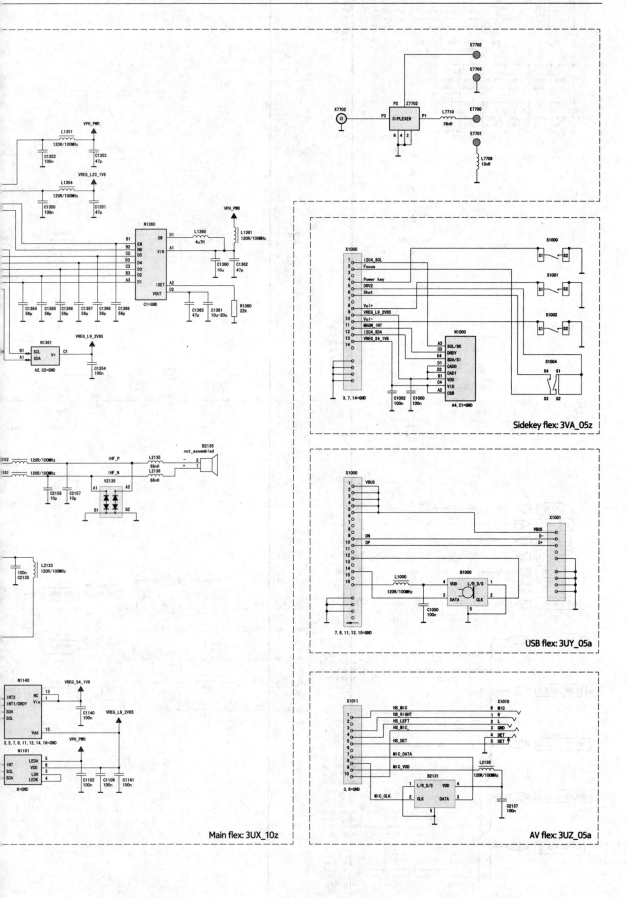

Sidekey flex: 3VA_05z

USB flex: 3UY_05a

Main flex: 3UX_10z

AV flex: 3UZ_05a

N7650

VREG_S2_1V3

L7654 18nH
L7680 4n7H
L7655 18nH
L7670 12nH
L7681 10nH

M10 VDD_RF1
P10 VDD_RF1
H5   VDD_RF1
U5   VDD_RF1
R5   VDD_RF1
R11 VDD_RF1
P13 VDD_RF1
L14 VDD_RF1
R13 VDD_RF1

C7681 1u
C7674 330p
C7678 470p
C7677 220n

C7688 1u
C7667 330p
C7668 330p
C7669 3u3-4u7
C7679 220n
C7676 330p

C7675 100n
C7684 1u
C7683 33n
C7682 3u3-4u7
C7680 1u
C7686 100n
C7687 100n

VREG_L4_FIL

P5 VDD_X0

C7689 100n

VREG_LVS7_1V8

H4 VDD_DIG_IO
M4 VDD_DIG

C7685 100n

VREG_L29_1V9

T5   VDD_RF2
V10 VDD_RF2
K7   VDD_RF2
K10 VDD_RF2
E8   VDD_RF2
L13 VDD_RF2
E9   VDD_RF2

C7673 100n
C7672 3u3-4u7
C7671 1u

R7650 4k7
C14 RBIAS

C7662 100p
N5 XO_RF

XO_RF
DAC_IREF   P1 DAC_REF
SSBI_RF1   M2 SSBI_1
SSBI_RF2   M1 SSBI_2
RX_ON   N2 RX_ON
RF_ON   N1 RF_ON
GPRS_SYNC   V3 GPRS_SYNC

GNSS_BB_IQ(3:0)
0 C2 GNSS_BB_I1
1 B2 GNSS_BB_I2
2 D2 GNSS_BB_Q1
3 D1 GNSS_BB_Q2

TX_BB_IQ(3:0)
0 R2 TX_BB_IM
1 T2 TX_BB_IP
2 T1 TX_BB_QM
3 R1 TX_BB_QP

PRX_BB_IQ(3:0)
0 F2 PRX_BB_IM
1 G2 PRX_BB_IP
2 E1 PRX_BB_QM
3 F1 PRX_BB_QP

DRX_BB_IQ(3:0)
0 H2 DRX_BB_IM
1 J2 DRX_BB_IP
2 H1 DRX_BB_QM
3 J1 DRX_BB_QP

GP_DATA(3:0)
0 V4 GP_DATA0
1 V5 GP_DATA1
2 V6 GP_DATA2
3 V2 GP_CLK

VREG_L22_2V

C7702 22p

GNSS_INM A5   L7660 10nH   C7661 1p5   Z7650 BAL/BAL
GNSS_INP A4   L7661 10nH

DRX_HB_INM E14   L7640 3n9H   C7640 10p   L7641 12nH   C7588 22p
DRX_HB_INP D14   L7641 10p   C7641   C7589 22p

VREG_
C7590 33p

VREG_
C7591 220n

DRX_MB2_INM E13   L7642 3n9H   C7642 2p7   L7643 12nH   DRX_MB2_INM   Z7591 1842.5MHz
DRX_MB2_INP F13   C7643 2p7   DRX_MB2_INP   C7593
                                                         L7591 8n2H   27p

DRX_LB2_INM H13   L7646 12nH   C7646 2p7   DRX_LB2_INM   Z7594 942.5MHz
DRX_LB2_INP J13   C7647 2p7   DRX_LB2_INP   C7596 27p

DRX_LB1_INM J14   L7652 3n9H   DRX_LB1_INM   Z7592
DRX_LB1_INP H14   L7649 18nH   DRX_LB1_INP   C7594 33p
                   L7653 3n9H

B5, B6, D6, D8, D9, E7, E11, F11, G5, G8, G11, H7, K4, M5, M8, P11, T10=VREG_S2_1V3
A1, A2, A3, A6, A13, A14, B1, B3, B4, B13, B14, D5, E4, E6, G4, H6, J7, K5, L4, L5, L7, L8, L11
, M7, N4, N10, P4, R4, R7, R8, T4, T7, T8, U1, U2, U3, U4, U7, U8, U11, U12, V1, V8, V9, V14=GND

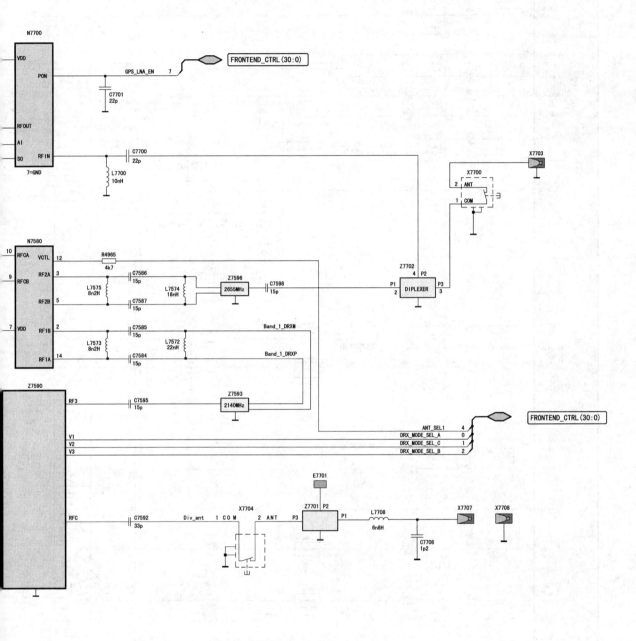

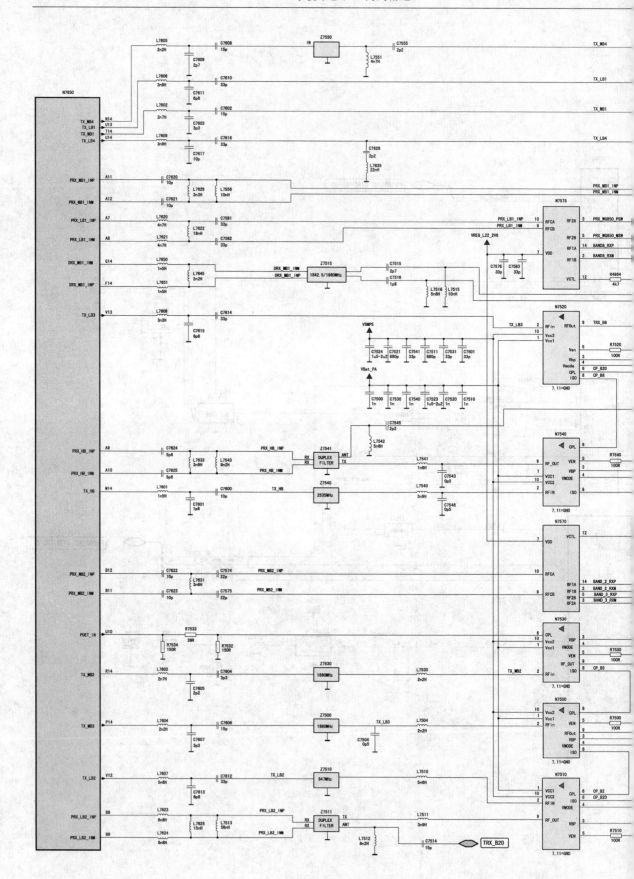

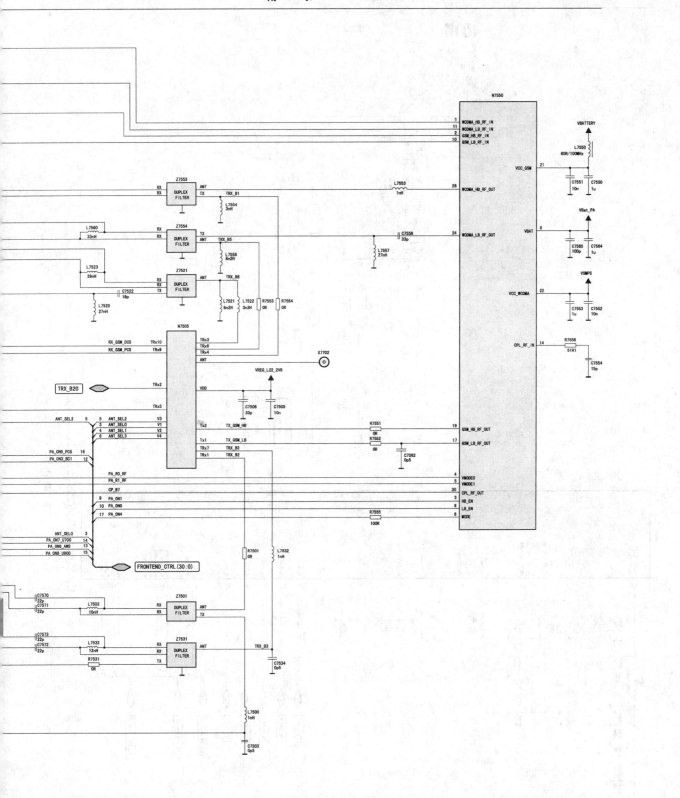

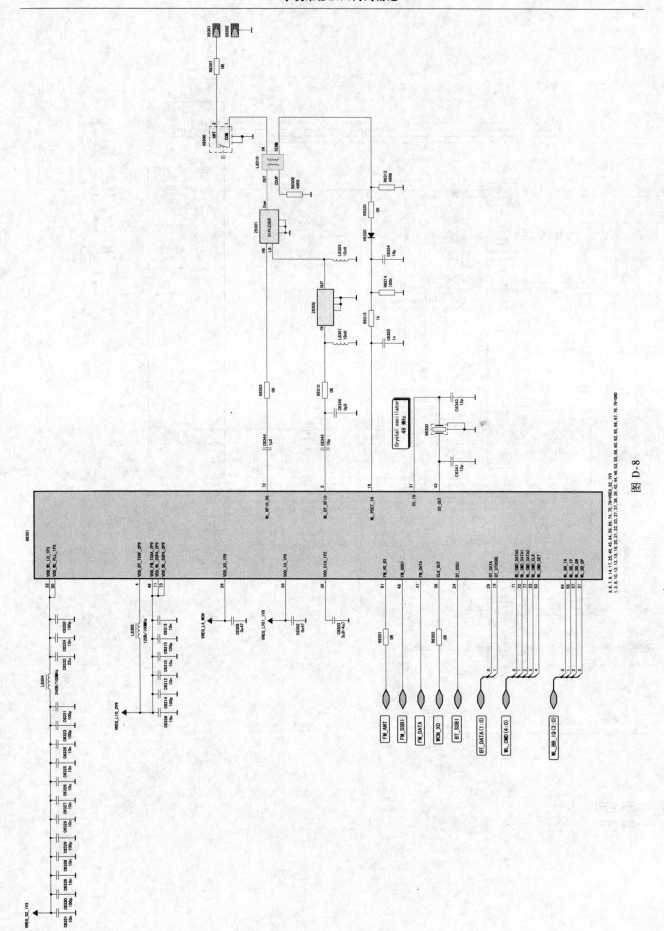

图 D-8

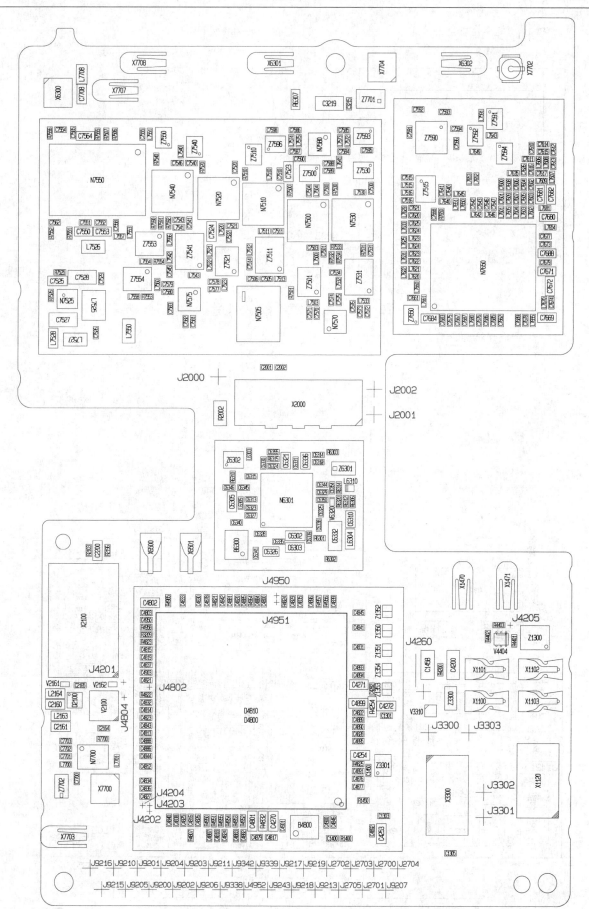

图 D-9

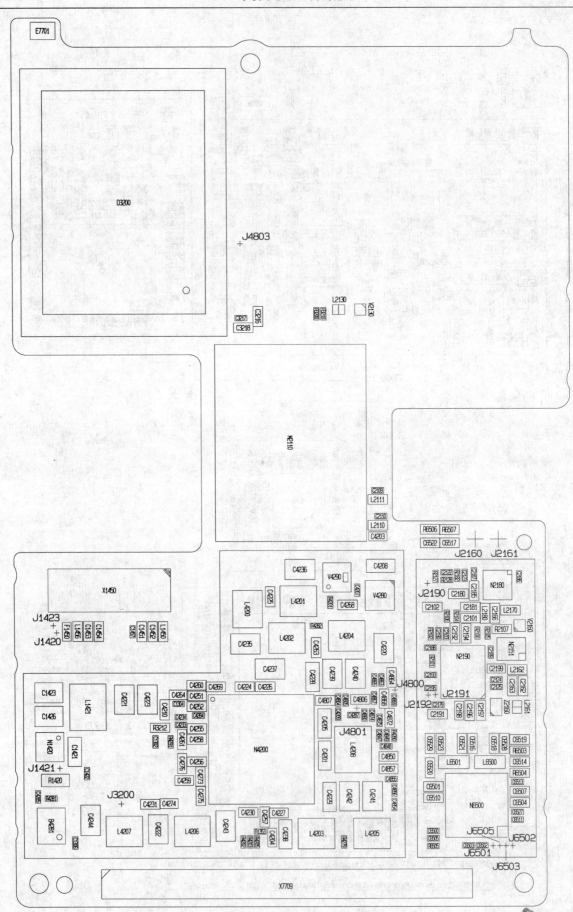

图 D-10